"十三五"国家重点出版物出版规划项目

地球观测与导航技术丛书

地理空间异常探测理论与方法

邓　敏　石　岩　杨学习　眭海刚　著

本书得到以下项目资助：
国家重点研发计划"云计算和大数据"重点专项项目(2018YFB1004603)
国家自然科学基金重点项目(41730105)

U0311054

科学出版社

北　京

内 容 简 介

　　地理空间异常探测是地理空间数据挖掘领域的一个重要研究内容和前沿研究方向,已广泛应用于地理学、地质学、气象学、公共安全及公共卫生等诸多领域。本书基于地理空间/时空数据的基本特征、性质及隐含的不同类型异常,提出了以"空间异常→时空异常→实时异常、一元异常→二元异常→多元异常、异常探测→异常关联→异常演化"为核心的地理空间异常研究框架,并以位置、属性、时间信息为基础,根据不同类型的地理空间数据分门别类地对异常探测方法进行阐述,包括基于位置信息的空间异常探测、基于位置和属性信息的空间异常探测、时空轨迹异常探测和时空序列异常探测及地理空间异常可靠性分析。本书注重基本概念、模型方法、应用案例相结合,结构严谨、内容翔实、理论方法新颖。

　　本书可作为地理信息系统及相关专业高年级本科生、研究生、高校教师及研究人员的参考用书。

图书在版编目(CIP)数据

地理空间异常探测理论与方法/邓敏等著. —北京:科学出版社,2021.5
(地球观测与导航技术丛书)
"十三五"国家重点出版物出版规划项目
ISBN 978-7-03-064613-2

Ⅰ. ①地… Ⅱ. ①邓… Ⅲ. ①地理信息系统–探测技术 Ⅳ. ①P208

中国版本图书馆 CIP 数据核字(2020)第 038505 号

责任编辑:张艳芬 李 娜 / 责任校对:王 瑞
责任印制:吴兆东 / 封面设计:蓝 正

科学出版社 出版
北京东黄城根北街 16 号
邮政编码:100717
http://www.sciencep.com

北京中石油彩色印刷有限责任公司 印刷
科学出版社发行 各地新华书店经销
*

2021 年 5 月第 一 版 开本:720×1000 1/16
2021 年 5 月第一次印刷 印张:14 1/2 插页:2
字数:277 000
定价:118.00 元
(如有印装质量问题,我社负责调换)

"地球观测与导航技术丛书"编写说明

地球空间信息科学与生物科学和纳米技术三者被认为是当今世界上最重要、发展最快的三大领域。地球观测与导航技术是获得地球空间信息的重要手段,而与之相关的理论与技术是地球空间信息科学的基础。

随着遥感、地理信息、导航定位等空间技术的快速发展和航天、通信和信息科学的有力支撑,地球观测与导航技术相关领域的研究在国家科研中的地位不断提高。我国科技发展中长期规划将高分辨率对地观测系统与新一代卫星导航定位系统列入国家重大专项;国家有关部门高度重视这一领域的发展,国家发展和改革委员会设立产业化专项支持卫星导航产业的发展;工业和信息化部、科学技术部也启动了多个项目支持技术标准化和产业示范;国家高技术研究发展计划(863计划)将早期的信息获取与处理技术(308、103)主题,首次设立为"地球观测与导航技术"领域。

目前,"十一五"规划正在积极向前推进,"地球观测与导航技术领域"作为863计划领域的第一个五年规划也将进入科研成果的收获期。在这种情况下,把地球观测与导航技术领域相关的创新成果编著成书,集中发布,以整体面貌推出,当具有重要意义。它既能展示973计划和863计划主题的丰硕成果,又能促进领域内相关成果传播和交流,并指导未来学科的发展,同时也对地球观测与导航技术领域在我国科学界中地位的提升具有重要的促进作用。

为了适应中国地球观测与导航技术领域的发展,科学出版社依托有关的知名专家支持,凭借科学出版社在学术出版界的品牌启动了《地球观测与导航技术丛书》。

丛书中每一本书的选择标准要求作者具有深厚的科学研究功底、实践经验,主持或参加863计划地球观测与导航技术领域的项目、973计划相关项目以及其他国家重大相关项目,或者所著图书为其在已有科研或教学成果的基础上高水平的原创性总结,或者是相关领域国外经典专著的翻译。

我们相信,通过丛书编委会和全国地球观测与导航技术领域专家、科学出版社的通力合作,将会有一大批反映我国地球观测与导航技术领域最新研究成果和实践水平的著作面世,成为我国地球空间信息科学中的一个亮点,以推动我国地球空间信息科学的健康和快速发展!

李德仁

2009 年 10 月

前　　言

随着对地观测技术、传感器技术、互联网技术等的快速发展，地理空间数据获取能力大大增强，地理空间数据量呈爆炸式增长。为了从海量的地理空间数据中有效地发掘隐藏的、深层次的信息，李德仁院士于 1994 年在加拿大渥太华会议上首次提出了从地理信息系统数据库中发现知识的思想，为从事地理信息系统的学者开创了一个崭新的研究领域：地理空间数据挖掘与知识发现。随后二十多年来，该研究领域受到了来自计算机、测绘、地理等领域学者的广泛关注，大力推进了地理空间数据挖掘与知识发现的蓬勃发展。从海量地理空间数据中挖掘得到的地理模式、规律或知识主要包括集聚模式、异常模式、关联规则、演化规律等。其中，诸如极端气候事件、交通拥堵现象、环境严重污染、疾病突然暴发等异常模式更能引起人们的兴趣，使得人们更加好奇异常模式背后隐藏的发生机制，进而寻找异常模式发生的关联因素。鉴于此，异常探测必将成为地理空间数据挖掘与知识发现的主要技术手段之一，目前其已在气象、交通、环境、流行病等领域得到广泛关注和成功应用。

"异常"最初被学者 Hawkins 定义为"严重偏离整体的观测对象，以至于令人怀疑它由不同机制产生"。基于这个定义，学者利用统计模型对数据进行归纳分析，将分布于模型两端的数据判别为异常。针对更加复杂的数据，基于邻近关系、聚类分析等工具的异常探测方法相继被提出。这些异常探测方法主要针对事务型数据，而对于类型丰富并具有相关性、异质性、尺度依赖性等的地理空间数据，却难以简单移植应用，需要发展面向地理空间数据的异常探测方法(简称地理空间异常探测)。目前，国内外已出版多部关于数据挖掘方面的著作，但仍没有系统地针对地理空间异常探测理论、技术、方法及应用问题开展研究探讨。为此，作者结合多年来在地理空间数据挖掘领域的研究心得与成果，尝试撰写一部专门阐述地理空间异常探测的学术著作。本书旨在进一步明确地理空间异常探测的基本研究问题，希望结合国内外学者的现有研究成果和作者在地理空间异常探测领域取得的一些研究成果，促进地理空间异常探测研究的深入发展与广泛应用。

本书基于空间/时空数据的基本特征、性质及隐含的不同类型异常，提出以"空间异常→时空异常→实时异常、一元异常→二元异常→多元异常、异常探测→异常关联→异常演化"为核心的地理空间异常研究框架，进而以位置、属性、时间信息为基础，从方法论的视角，针对具体内容分别进行系统阐述。在内容设置上，为了使读者较为全面地了解地理空间异常探测，本书详细回顾国内外学者在该领域所取得的代表性研究成果，在此基础上，重点阐述作者针对新的应用需求所发展的地理空间异常探测方法。在内容组织上，本书根据不同类型的地理空间数据分门别类地对异常探测方法进行探讨，包括基于位置信息的空间异常探测、基于位置和属性信息的空间异常探测、时空轨迹异常探测、时空序列异常探测及地理空间异常可靠性分析。在进行内容阐述时，注重基本概念、模型方法、应用案例相结合。

　　　本书的出版得到了国家自然科学基金重点项目(41730105)、"十三五"国家重点研发计划项目(2018YFB1004603)、国家 863 计划主题项目(2013AA122301)的联合支持。感谢作者研究团队刘慧敏副教授、刘启亮副教授、杨文涛博士、何占军博士、唐建波博士、蔡建南博士在本书撰写过程中给予的有益建议。本书的出版也得到了中南大学各级领导的关心与支持，在此一并表示感谢！

　　　时空异常探测研究方兴未艾，希望本书的出版能起到抛砖引玉的作用。限于作者的学识与经验，难免存在不妥之处，敬请读者批评指正。

作　者

2021 年 3 月

目　　录

彩图

第1章 绪 论

1.1 研 究 背 景

随着对地观测技术、传感网技术、网络通信技术、空间科学技术的迅速发展，地理空间数据的获取能力大大增强，地理空间数据量呈指数级增长。如何从这些海量地理空间数据中挖掘人们感兴趣的、隐藏的、潜在有用的信息和知识，是一项极具挑战性的研究难题，称为地理空间数据挖掘(李德仁等，2006；龚健雅，2007)。

地理空间数据挖掘是计算机科学与地理信息科学领域的交叉前沿方向。在计算机领域，数据挖掘正是为了解决"数据极度丰富而信息极度匮乏"这一难题而诞生的(Han & Kamber, 2000；Tan et al., 2006)。数据挖掘最初以"从数据库中发现知识"(knowledge discovery in databases，KDD)的概念诞生于 1989 年在美国底特律召开的第 11 届国际联合人工智能学术会议上。此后，美国人工智能协会(Association for the Advancement of Artificial Intelligence，AAAI)每年主办一次KDD 国际学术研讨会；自 1997 年起在欧洲和亚洲地区也每年分别召开一次亚太数据挖掘与知识发现(Data Mining and Knowledge Discovery, DMKD)会议和欧洲DMKD 会议。1993 年，美国电气和电子工程师协会(Institute of Electrical and Electronics Engineers，IEEE)中的知识与数据工程(Knowledge and Data Engineering, KDE)会议期刊首次收录了有关 KDD 的论文集，这些论文对 KDD 与机器学习、专家系统、数理统计之间的区别及联系进行了详细阐述。1996 年，学者 Fayyad等首次对数据挖掘进行了详细定义，将数据挖掘描述为从海量的数据集中提取潜在的、有用的、新颖的、有意义的知识和模式的过程(Fayyad et al., 1996)，这个经典的定义一直沿用至今。1997 年，*Data Mining and Knowledge Discovery* 杂志诞生，这是国际上第一本有关 KDD 的正式杂志。2000 年，Han 和 Kamber 出版了世界上第一本数据挖掘专著 *Data Mining: Concepts and Techniques*(Han & Kamber, 2000)。2006 年，Tan 等出版了另一部有关数据挖掘的专著 *Introduction in Data Mining*(Tan et al., 2006)。

数据挖掘融合了数据库技术、机器学习、模式识别、数理统计、专家系统、人工智能等多个领域的相关理论和方法，主要技术手段包括聚类分析、异常探测、关联规则挖掘、分类、预测等，这些技术手段通常可以单独用来挖掘知识(Han & Kamber, 2000; Fayyad et al., 1996)。当数据集或分布模式较为复杂时，需要融合多种技术手段进行挖掘分析。

空间数据通常具有空间相关性、异质性和尺度依赖性等特征，较传统的事务型数据更为复杂。为了从空间数据库中发现潜在的、有用的、新颖的、有意义的规则、规律和模式等知识，李德仁院士从地理信息系统(geographic information system, GIS)数据库中发现知识，并系统地阐述了空间数据挖掘的特点和方法，标志着空间数据挖掘的概念正式诞生(Li & Cheng, 1994)。空间数据挖掘可以视为传统数据挖掘技术在空间数据库中的扩展，已成为数据挖掘领域的重要发展方向，引起了众多国际学术组织的广泛关注和重视(Miller & Han, 2001; 邸凯昌, 2000)。通过二十多年的相关国际会议主题可以发现，空间数据挖掘一直都是 ACM- SIGMD (Association for computing Machineny-Special Interest Group on Management of Data)数据管理国际会议、大型空间数据库研讨会(Symposium on Large Spatial Databases, SLSD)、DMKD 会议、国际摄影测量遥感(International Society of Photogrammetry and Remote Sensing, ISPRS)会议、空间数据处理(Spatial Data Handling, SDH)会议、国际空间信息理论会议(Conference on Spatial Information Theory, COSIT)等重要国际会议的热点讨论主题。国际著名学者 Han、Easter、Miller、Shekhar 等均对空间数据挖掘开展了持续性的研究工作，促进了空间数据挖掘的蓬勃发展(Han et al., 1997; Ester et al., 1997; Miller & Han, 2001; Shekhar et al., 2003)。

空间数据通常同时包含空间位置信息(如经纬度)和非空间专题属性信息(如降水、气温等)(王家耀, 2001)。此外，空间数据还可能具有非线性、多尺度、高维、不完备等特性(裴韬等, 2001)，这些特性使得传统的数据挖掘技术不能直接用于空间数据挖掘，而需要在顾及空间数据特性的基础上，融合各种数据挖掘技术来得到空间实体或地理现象之间的联系，以揭示空间实体或地理现象的发展趋势和变化规律。

随着时空数据的空间或时间分辨率不断提高以及时空数据量呈指数倍地急剧增长，如何从海量、复杂的时空数据库中快速、有效地分析挖掘各类潜在的、有用的知识和模式，以深入地理解和预测各种空间实体、地理现象以及它们之间的复杂关系、动态变化和发展趋势，亟须发展时空数据挖掘的理论、技术和方法，主要研究内容包括时空聚类、时空异常探测、时空关联挖掘、时空预测建模等。其中，时空异常具体可表现为极端气候事件、交通拥堵现象、环境污染、疾病暴发等，已引起人们的广泛关注，准确探测时空异常模式并深入分析其内在的关联机制和发展规律将有助于精准预测，从而辅助政府相关部门进行科学决策。

相对来说，时空数据挖掘技术起步较晚，近年来开始受到较为广泛的关注，一些代表性的国际会议包括：空间与时空数据挖掘(Spatial and Spatio-temporal Data Mining, SSDM)、国际知识发现与数据挖掘会议(International Conference on Knowledge Discovery and Data Mining, ICKDDM)、国际数据工程会议(International

Conference on Data Engineering, ICDE)、国际地理信息系统发展会议(International Conference on Advances in Geographic Information Systems, ICAGIS)、国际时空数据库发展会议(International Symposium on Advances in Spatial and Temporal Databases, ISASTD)等, 时空数据挖掘作为这些会议的重要议题, 主要探讨时空数据挖掘的理论、模型、算法和应用等问题。

1.2 研 究 意 义

"异常" 最初被定义为严重偏离数据整体分布的观测对象, 以至于令人怀疑它由不同机制产生(Hawkins, 1980)。在这种情况下, 异常探测一方面可以过滤海量数据中的噪声, 以达到数据清理的目的; 另一方面可以发现一些不同寻常的行为或变化, 以便及时采取应急或预防措施。例如, 金融欺诈行为实际上是盗卡人的购买模式, 与持卡人通常具有明显差异, 通过对这类异常购买行为进行准确识别并进行重点关注, 可以帮助持卡人发现信用卡被盗窃, 从而最大限度地降低持卡人的经济损失。

海量地理空间数据通常蕴含着丰富而又极其复杂的异常信息或异常模式, 这些异常信息或异常模式可能是无用的噪声, 亦可能代表着事物发展的某种特殊规律, 如交通领域的交通拥堵事件、环境领域的土壤重金属污染、气象领域的厄尔尼诺现象、流行病领域的疾病暴发等, 在现实生活中这些时空异常模式往往更能引起人们的关注。

① 城市交通管制。通过有效识别城市交通拥堵事件, 进一步分析交通拥堵的内在成因, 有助于交通高效管制, 方便市民制订合理的出行计划。

② 环境保护。工业污染一直是严重的环境问题, 工厂排出的废水废气严重影响土壤和空气质量, 通过探寻污染异常严重的区域, 有助于追根溯源, 科学制定相关政策进行环境治理。

③ 极端气候事件探测。十多年来, 我国受极端气候的影响较为严重, 造成了重大的人员伤亡和经济损失, 通过时空异常探测手段对极端气候事件进行准确识别, 可有助于深入分析极端气候事件的内在发展规律, 为未来极端气候事件的准确预测奠定重要的先验知识。

④ 流行病爆发热点探测。流行病的爆发通常呈现出时空聚集特性, 根据大量的历史数据对流行病爆发热点进行探测识别, 将有利于进一步掌握流行病爆发的时空演变规律, 实现流行病爆发的准确预测。

因此, 地理空间异常模式的高效探测已成为时空数据挖掘的重要研究内容之一, 并引起了相关领域学者的广泛关注。

为了能够进一步准确预测时空异常事件(如极端气候事件)的发生和发展, 需要研究时空异常事件间的关联机制，其主要目的在于深入挖掘时空异常事件的内因和外因，以及它们之间存在的单向或者双向甚至多向的影响链，亦有助于深入分析时空异常的可靠性。总而言之，时空异常模式属于地理空间数据中的一类特殊知识，可能蕴含着某些未知的、具有特殊意义的时空现象或时空变化规律，在气象、环保、交通等领域将具有重要的实际应用价值。

1.3　地理空间异常研究概况

自"异常"的概念被提出以来，计算机领域的学者针对事务型数据发展了大量异常探测法。随着空间数据挖掘的概念相继被提出(Li & Cheng, 1994)，许多学者针对空间数据的特点提出了一系列空间异常探测方法。进入 21 世纪以来，学者们开始重点关注空间实体或现象的动态性及其演化规律或发展趋势，研究的注意力也从空间异常探测拓展到时空异常探测，甚至实时异常探测，并提出了诸多代表性方法。

通过对现有地理空间异常探测的相关研究进行归纳总结，本书以异常探测所涉及的数据类型为依据进行分类，大致分为以下类型：①基于位置信息的空间异常探测；②基于位置和属性信息的空间异常探测；③基于时间和位置信息的时空轨迹异常探测；④基于时间、位置和属性信息的时空序列异常探测。学者们针对不同类型的地理空间异常探测，从探测手段的角度进行更为细致的划分，并给出相应的探测方法，整个分类体系如表 1.1 所示。下面分别对各种类型地理空间异常探测研究进行详细阐述。

1. 基于位置信息的空间异常探测

自 Hawkins 提出"异常"的概念以来，来自计算机领域的学者们针对事务型数据发展了一系列异常探测方法，最初从全局角度提出了基于统计(Barnett & Lewis, 1994)、基于欧氏距离度量(Knorr & Ng, 1998)等的方法，后来又相继发展了基于局部密度度量(Breunig et al., 2000)、基于空间聚类(Jiang et al., 2001)及基于角度度量(Krirgel et al., 2008)等的方法。这些异常探测方法将数据的多维属性统一为一个高维向量进行差异性度量，因而可以直接用于仅包含位置信息的空间数据(如空间点事件)异常探测分析。

2. 基于位置和属性信息的空间异常探测

Shekhar 等学者最早将空间异常定义为与其空间邻域内实体间专题属性值差异明显偏大，而在整体上与其他实体相比可能并无明显差异的空间实体(Shekhar et al., 2001; Shekhar & Chawla, 2002; Shekhar et al., 2003)。针对包含空间位置和专

表 1.1　地理空间异常探测分类体系

异常探测类型	代表性探测方法	方法描述
基于位置信息的空间异常	统计的方法(Barnett & Lewis, 1994)	采用参数/非参数统计方法估计数据概率分布模型，将数据集中出现概率较低的实体探测为异常
	欧氏距离度量的方法(Knorr & Ng, 1998)	从全局视角将数据集中与其他实体间欧氏距离明显偏大的实体探测为异常
	局部密度度量的方法(Breunig et al., 2000)	从局部视角将数据集中局部分布密度偏小的实体探测为异常
	角度度量的方法(Krirgel et al., 2008)	从全局视角将数据集中与其他任意两个实体所构成角度明显偏大的实体探测为异常
	空间聚类的方法(Jiang et al.,2001)	借助空间聚类分析技术将数据集中偏离空间簇结构的实体探测为异常
基于位置和属性信息的空间异常	变量关系可视化的方法(Haslett et al., 1991)	通过二维平面坐标对实体间的空间邻近关系和专题属性差异可视化，借助肉眼观察识别异常
	属性距离度量的方法(Shekhar et al., 2001; Adam et al., 2004)	将数据集中与其空间邻近域内实体间专题属性值明显偏大的实体探测为异常
	密度估计的方法(Sun & Chawla, 2006)	考虑实体间专题属性距离，将数据集中局部分布密度明显偏小的实体探测为异常
	空间聚类的方法(李光强等，2008)	同时考虑空间位置和专题属性进行空间聚类，将孤立点和小簇识别为异常
	智能计算的方法(Liu et al., 2010)	以数据为驱动，采用机器学习方法对数据进行建模分析实现异常探测
	图论的方法(Lu et al., 2011)	借助图论工具对数据集进行表达，通过删除不一致边分离得到空间异常点和异常区域
基于时间和位置信息的时空轨迹异常	划分的方法(Lee et al., 2008)	充分度量时空轨迹之间的空间关系，通过聚类划分实现异常轨迹提取
	方向和密度的方法(Ge et al., 2010)	从轨迹的移动方向和局部分布密度的视角度量轨迹异常程度，以此指导异常轨迹提取
	格网计数的方法(Zhang et al., 2011)	将研究区域空间格网化，通过统计时空轨迹经过空间格网的频率差异来指导异常轨迹提取
	距离度量的方法(Liu et al., 2011; Pan et al.,2013)	将时空轨迹与研究区域空间格网进行映射匹配，考虑经过格网的轨迹数目来度量格网之间的差异性，异常探测空间轨迹异常区域
	PCA分析的方法(Chawla et al., 2012)	将时空轨迹与研究区域空间格网进行映射匹配形成起点-终点数据对，考虑格网之间经过的轨迹频度并采用主成分分析技术探测空间轨迹异常区域
	扫描统计的方法(Pang et al., 2011)	将空间区域划分为三维时空格网，获取经过各格网的轨迹数目，借助扫描统计技术探测轨迹分布异常密集区域
基于时间、位置和属性信息的时空序列异常	距离度量的方法(Sun et al., 2005)	分别从空间维和时间维采用属性距离度量的方法探测同时属于空间异常和时间异常的实体
	扫描统计的方法(Wu et al., 2010)	从空间视角采用扫描统计技术获取k个具有明显偏离分布的空间区域，通过对不同时间段的空间异常进行连接获得时空异常
	聚类的方法(Cheng & Li, 2004)	同时顾及空间邻近关系和专题属性值距采用空间聚类探测空间异常，进而从时间维对空间异常进行验证来筛选时空异常
	多尺度探测的方法(Barua & Alhajj, 2007)	采用小波变换等技术手段从空间多尺度的视角探测空间异常，将其中时间维变化频率较高的实体探测为时空异常

题属性的地理空间数据，一些学者通过借鉴传统异常探测方法的基本思想提出了一系列空间异常探测方法。通过分析可以将这些方法归纳为：基于变量关系可视化(Haslett et al., 1991)、基于属性距离度量(Shekhar et al., 2001; Adam et al., 2004)、

基于密度估计(Sun & Chawla, 2006)、基于空间聚类(李光强等, 2008)、基于智能计算(Liu et al., 2010)和基于图论(Lu et al., 2011)的方法。

3. 基于时间和位置信息的时空轨迹异常探测

城市计算已成为时空数据挖掘的一个重要应用研究领域，城市计算的主要研究对象为通过全球定位系统(global positioning system, GPS)获取的城市车辆行驶轨迹、城市居民的出行轨迹等(Zheng & Zhou, 2011)。针对包含位置信息和时间信息的时空轨迹数据，一些学者也进行了异常探测的相关研究工作，根据设计思路可以将这些方法大致分为基于划分(Lee et al., 2008)、基于方向和密度(Ge et al., 2010)、基于格网计数(Zhang et al., 2011)等时空轨迹的形状异常探测方法，以及基于属性距离度量(Liu et al., 2011; Pan et al., 2013)、基于主成分分析(principal component analysis, PCA)(Chawla et al., 2012)、基于空间扫描统计(Pang et al., 2011)等时空轨迹的分布异常探测方法。

4. 基于时间、位置和属性信息的时空序列异常探测

时空序列是一类同时包含时间、位置和属性的地理空间数据，其中空间实体的专题属性值以时间序列的形式进行记录。通过分析总结，可以将现有时空序列异常探测方法大致分为基于属性距离度量(Sun et al., 2005)、基于空间扫描统计(Wu et al., 2010)、基于聚类分析(Cheng & Li, 2004)及基于尺度空间的多尺度(Barua & Alhajj, 2007)的方法。

1.4 地理空间异常研究框架

结合 1.3 节所述的研究概况，作者发现现有地理空间异常研究主要从三个维度进行开展，分别是：①时间-空间维度(简称时空维度)，即空间异常→时空异常(静态时空序列)→实时异常(实时动态时空序列)；②属性维度，即一元异常→二元异常(交叉异常)→多元异常(高维异常)；③分析维度，即异常探测→异常关联(异常机制分析)→异常演化(异常预测分析)。这三个维度的地理空间异常研究内容将构成一个地理空间异常研究框架，如图 1.1 所示。

(1) 时空维度异常。这个维度研究对象仍然集中在空间异常和时空异常，其中空间异常主要包括空间实体的位置显著偏离和空间邻域范围内属性显著偏离两类；时空异常则涵盖了特定时间区间内的时空轨迹异常偏离及与时空邻近实体间的属性显著差异。总之，空间异常和时空异常均蕴含于时间区间固定的历史数据中，从而表现出静态不变性。随着大数据时代的来临，地理空间数据的更新频率

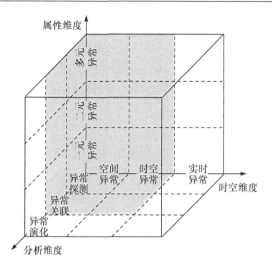

图 1.1 地理空间异常研究框架

明显加快，实时数据流的获取与分析挖掘已成为当前的主要发展趋势，从而迫切需要从地理空间大数据流中实时挖掘和发现异常，这种类型的异常也称为实时异常。

(2) 属性维度异常。这个维度主要是从地理实体或地理现象之间空间或时空相关性(包括自相关和互相关)的角度对异常进行分类研究。其中，由单一类型属性变量(如疾病发病率)的空间或时空自相关性受到破坏而引发的局部变异，称为一元异常。这类异常可通过领域专家知识进行合理释疑，例如，某种疾病发病率的局部区域分布异常可能由该区域经济发展水平、医疗水平、饮食结构等要素联合导致。对于某类属性变量，如果该变量与其他某类或某几类变量之间存在空间或时空互相关性，那么这种空间或时空互相关关系的局部破坏可称为二元异常或多元异常，这类异常与一元异常相比隐藏更深、可解释度更低、蕴含未知知识更多，这也是大数据支持下时空异常分析的重要研究问题。

(3) 分析维度异常。在对地理空间异常的挖掘分析方面，现有研究大都仅局限于对异常的探测上，缺乏对探测得到的异常进行可靠性评价和发生的机制分析，导致地理空间异常在实际应用中缺乏领域说服力。目前，多源地理空间大数据带来了跨领域的多元属性变量，这为地理问题的深度理解提供了崭新的思维。其中，多元属性变量与地理空间异常之间的关联分析可以作为异常可靠性评价和发生机制的一种有效分析手段(李光强, 2009)。另外，随着地理空间大数据流的实时更新及异常的实时感知，异常本身也将呈现出动态演变特性，对异常的时空演变规律进行探索并实现异常的时空预测，这些亦将为复杂地理时空过程的理解提供有力的信息支撑。因此，从时空分析的角度，异常的关联分析和演化分析将是大数据时代地理空间异常研究的发展趋势。

通过总结可以发现，本书提出的地理空间异常研究体系框架具有三个主要特点：①时空维度、属性维度和分析维度三个研究维度之间相互独立，并且是从不同的视角对地理空间异常进行分类研究；②同一维度的研究内容具有递进性，如一元异常→二元异常→多元异常；③现有的地理空间异常探测方法(如基于位置信息、基于位置和属性信息、基于时间和位置信息及基于时间、位置和属性信息的异常探测)可贯穿体系框架中各个维度的异常研究。因此，对地理空间异常研究框架中各个维度元素进行抽取和组合，实现地理空间异常各类形态的探索及多层次内涵的理解。

1.5 本书的内容组织

在 1.4 节构建的地理空间异常研究框架中，本书将结合地理空间异常的研究进展及作者近年来的相关研究成果，详细阐述以下三方面的研究内容：①属性维度的一元异常和二元异常；②时空维度的空间异常和时空异常；③分析维度的异常探测和异常关联分析。针对每个方面的内容，本书主要阐述不同类型的异常探测方法，具体阐述基于位置信息的空间异常探测、基于位置和属性信息的空间异常探测、时空轨迹异常探测和时空序列异常探测。本书一方面通过对现有的代表性方法进行梳理、总结和分析；另一方面针对现有方法存在的局限性进行深入研究，提出一些新模型、新方法，如图 1.2 所示。本书共 8 章，各章主要内容如下。

第 1 章，绪论。地理空间异常探测作为地理空间数据挖掘的重要研究手段之一，其研究背景蕴含于地理空间数据挖掘的各个发展阶段；本章分析了地理空间异常探测在地学各领域中的重要应用；对国内外现有方法进行归纳总结和系统分类，提出了一个全新的地理空间异常研究框架。

第 2 章，地理空间异常的定义与分类描述。本章针对不同类型地理空间数据的性质进行深入分析，以事务型数据的异常为出发点，充分结合不同类型地理空间数据的性质和特征，分别对空间异常、时空异常进行详细定义、分类和特征描述，为进一步研究地理空间异常探测的模型方法提供重要的理论指导。

第 3 章，基于位置信息的空间异常探测。基于位置信息的空间异常探测就是根据空间位置来探测偏离全局或局部空间分布的空间实体，主要包括基于统计、基于邻近关系度量、基于聚类分析、基于层次约束 TIN 等的方法，本章分别对其中的代表性方法进行阐述。

第 4 章，基于位置和属性信息的空间异常探测。基于位置和属性信息的空间异常探测就是在空间领域范围内探测专题属性值呈现显著偏离的空间实体，主要包括基于变量关系可视化、基于属性距离度量、基于密度估计、基于聚类分析、基于智能计算、基于图论等的方法，本章分别对其中的代表性方法进行阐述。

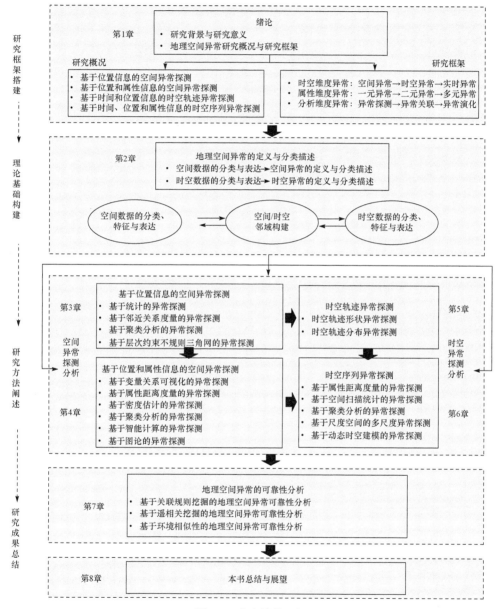

图 1.2　本书结构组织

　　第 5 章，时空轨迹异常探测。时空轨迹异常探测问题已成为近年来城市计算领域的研究热点，学者针对不同的应用需求提出了大量的异常探测方法。本章通过对现有时空轨迹异常探测方法进行归纳总结，将其分为形状异常探测和分布异常探测两类，并分别对其中的代表性方法进行展开分析。

第6章，时空序列异常探测。时空序列异常探测就是探测专题属性明显偏离时空领域内其他数据的时空实体，主要有基于属性距离度量、基于空间扫描统计、基于聚类分析、基于尺度空间的多尺度、基于动态时空建模等的方法，本章分别对其中的代表性方法进行阐述和分析。

第7章，地理空间异常的可靠性分析。地理空间异常的可靠性分析就是通过空间或时空关联分析来剔除根据规则或知识可以进行合理解释的候选异常。本章以空间或时空关联模式挖掘为技术手段，阐述了几种代表性方法。

第8章，总结与展望。本章对本书的研究工作内容进行全面总结，分析其中存在的不足之处，并对未来研究工作进行了展望。

1.6　本章小结

本章首先阐述了地理空间数据挖掘的产生及发展历程，由此引出地理空间数据挖掘的一个重要研究内容和技术手段——地理空间异常探测，分析了地理空间异常探测在不同应用领域所发挥的重要作用。其次，详细回顾了地理空间异常探测的国内外研究现状，对现有的异常探测方法进行了归纳总结和分类，并从时空维度、属性维度和分析维度三个维度提出一个地理空间异常研究框架；最后，介绍了本书的主要研究内容及结构组织安排。本章对地理空间异常探测方法进行了系统梳理和总结分析，对后续章节开展研究地理空间异常探测的模型方法及其在地学中的应用具有重要的指导意义。

参 考 文 献

邸凯昌. 2000. 空间数据挖掘与知识发现. 武汉: 武汉大学出版社.

龚健雅. 2007. 对地观测数据处理与分析研究进展. 武汉: 武汉大学出版社.

李德仁, 王树良, 李德毅. 2006. 空间数据挖掘理论及应用. 北京: 科学出版社.

李光强. 2009. 时空异常探测的理论与方法. 长沙: 中南大学博士学位论文.

李光强, 邓敏, 程涛, 等. 2008. 一种基于双重距离的空间聚类方法. 测绘学报, 37(4): 482-487.

裴韬, 周成虎, 骆剑承, 等. 2001. 空间数据知识发现研究进展评述. 中国图像图形学报, 6(9): 854-860.

王家耀. 2001. 空间信息系统原理. 北京: 科学出版社.

Adam N, Janeja V P, Atluri V. 2004. Neighborhood based detection of anomalies in high dimensional spatio-temporal Sensor Datasets//Proceedings of the 19th ACM Symposium on Applied Computing, New York: 576-583.

Barnett V, Lewis T. 1994. Outliers in Statistical Data. 3rd ed. Hoboken: John Wiley & Sons.

Barua S, Alhajj R. 2007. Parallel wavelet transform for spatio-temporal outlier detection in large meteorological data. Intelligent Data Engineering and Automated Learning-IDEAL, 4881: 684-694.

Breunig M M, Kriegel H P, Ng R T, et al. 2000. LOF: Identifying density-based local outliers// Proceedings of the 2000 ACM SIGMOD International Conference on Management of Data, Dallas: 93-104.

Chawla S, Zheng Y, Hu J. 2012. Inferring the root cause in road traffic anomalies//Proceedings of the 2012 IEEE 12th International Conference on Data Mining, Brussels: 141-150.

Cheng T, Li Z. 2004. A hybrid approach to detect spatio-temporal outliers//Proceedings of the 12th International Conference on Geoinformatics-Geospatial Information Research, Sweden: 173-178.

Ester M, Kriegel H P, Sander J. 1997. Spatial data mining: A database approach//Proceedings of the SSD'97, Berlin: 47-66.

Fayyad U M, Piatetsky-Shapiro G, Smyth P. 1996. From data mining to knowledge discovery: An overview//Proceeding of Advances in Knowledge Discovery and Data Mining, Cambridge: 83-115.

Ge Y, Xiong H, Zhou Z H, et al. 2010. TOP-EYE: Top-k evolving trajectory outlier detection //Proceedings of the 19th ACM International Conference on Information and Knowledge Management, Toronto: 1733-1736.

Han J W, Koperski K, Stefanovic N. 1997. GeoMiner: A system prototype for spatial data mining. ACM SIGMOD Record, 26(2): 553-556.

Han J W, Kamber M. 2000. Data Mining: Concepts and Techniques. San Francisco: Morgan Kaufmann Publishers.

Haslett J, Brandley R, Craig P, et al. 1991. Dynamic graphics for exploring spatial data with application to locating global and local anomalies. The American Statistician, 45(3): 234-242.

Hawkins D. 1980. Identification of Outliers. London: Chapman and Hall.

Jiang M F, Tseng S S, Su C M. 2001. Two-phase clustering process for outliers detection. Pattern Recognition Letters, 22(6): 691-700.

Knorr E M, Ng R T. 1998. Algorithms for mining distance-based outliers in large dataset//Proceedings of the 24th International Conference on Very Large Data Bases, New York: 392-403.

Krirgel H P, Schubert M, Zimek A. 2008. Angle-based outlier detection in high-dimensional data// Proceedings of the 14th ACM SIGKDD International Conference on Knowledge Discovery and Data Mining, Las Vegas: 444-452.

Lee J G, Han J, Li X. 2008. Trajectory outlier detection: A partition-and-detect framework//Proceedings of the 2008 IEEE 24th International Conference on Data Engineering, Cancun: 140-149.

Li D R, Cheng T. 1994. KDG-knowledge discovery from GIS//Proceedings of the Canada Conference on GIS, Ottawa: 1001-1012.

Liu W, Zheng Y, Chawla S. 2011. Discovering spatio-temporal causal interactions in traffic data streams//Proceedings of the 17th ACM SIGKDD International Conference on Knowledge Discovery and Data Mining, San Diego: 1010-1018.

Liu X, Lu C T, Chen F. 2010. Spatial outlier detection: Random walk based approaches//Proceedings of the 18th SIGSPATIAL International Conference on Advances in Geographic Information Systems, San Jose: 370-379.

Lu C T, dos Santos J R F, Liu X, et al. 2011. A graph-based approach to detect abnormal spatial points and regions. International Journal on Artificial Intelligence Tools, 20(4): 721-751.

Miller H J, Han J. 2001. Geographic Data Mining and Knowledge Discovery. London: Taylor and Francis.

Pan B, Zheng Y, Wilkie D, et al. 2013. Crowd sensing of traffic anomalies based on human mobility and social media//Proceedings of the 21st ACM SIGSPATIAL International Conference on Advances in Geographic Information Systems, Orlando: 344-353.

Pang L X, Chawla S, Liu W, et al. 2011. On mining anomalous patterns in road traffic streams// Proceedings of the 7th International Conference on Advanced Data Mining and Applications, Beijing: 237-251.

Shekhar S, Chawla S. 2002. A Towr of Spatial Databases. Englewood Cliffs, New Jersey: Prentice Hall.

Shekhar S, Lu C T, Zhang P S. 2001. Detecting graph-based spatial outliers: Algorithms and applications//Proceedings of the 7th ACM SIGKDD International Conference on Knowledge Discovery and Data Mining, San Francisco: 371-376.

Shekhar S, Lu C T, Zhang P S. 2003. A united approach to detecting spatial outliers. GeoInformatica, 7(2): 139-166.

Sun P, Chawla S. 2006. SLOM: A new measure for local spatial outliers. Knowledge and Information System, 9(4): 412-429.

Sun Y, Xie K, Ma X, et al. 2005. Detecting spatio-temporal outliers in climate dataset: A method study//Proceedings of the 2005 IEEE International Conference on Geoscience and Remote Sensing Symposium, Seoul: 25-29.

Tan P, Steinbach M, Kumar V. 2001. Finding spatio-temporal patterns in earth science data //Proceedings of the 2001 KDD Workshop on Temporal Data Mining, San Francisco: 1-12.

Tan P N, Steinbach M, Kumar V. 2006. Introduction to Data Mining. Boston: Addison Wesley.

Wu E, Liu W, Chawla S. 2010. Spatio-temporal outlier detection in precipitation data. Knowledge Discovery from Sensor Data, 5840: 115-133.

Zhang D, Li N, Zhou Z H, et al. 2011. iBAT: Detecting anomalous taxi trajectories from GPS traces //Proceedings of the 13th International Conference on Ubiquitous Computing, Beijing: 99-108.

Zheng Y, Zhou X. 2011. Computing with Spatial Trajectories. New York: Springer.

第 2 章　地理空间异常的定义与分类描述

2.1　引　　言

地理空间数据主要用来记录和表达现实世界中各种地理实体、现象和过程的空间位置、专题属性及随时间推移所发生的变化信息,具有海量、多维、动态、相关、异质、多尺度等传统事务型数据所不具有的特性(王劲峰, 2006;王远飞和何洪林, 2007)。根据数据具有的空间位置、时间和专题属性特征,可以将地理空间异常归纳为:①基于位置信息的空间异常,如犯罪事件的离群或聚集分布;②基于位置和属性信息的空间异常,如某空间区域气温值或降水量的局部严重偏离;③基于位置和时间信息的时空轨迹异常,如台风运行轨迹的偏离分布;④基于位置、时间和属性信息的时空序列异常,如城市路网中交通流量异常。从地理空间数据中探测可能蕴含的异常需要充分结合不同类型的地理空间数据所具有的特征及实际应用背景知识,并进一步用以指导发展相应的探测方法。

2.2　事务型数据异常的定义与分类

表 2.1 为一张考试成绩单,在这张考试成绩单中大多数学生的考试成绩分布在 70～80 分,只有 Michael 取得了 90 分的优秀成绩,而 Maria 仅得到了 60 分的及格成绩。在不考虑其他影响因素的情况下,示例中 Michael 和 Maria 的成绩均表现出异常。若将该考试成绩单看做一张事务型数据表,分数集合构成数据表的项集,则 Michael 和 Maria 获得的分数就属于一种事务型数据异常。

表 2.1　事务型数据简例 I

学生姓名	Jim	Allen	Paul	Michael	Caroline	Elva	Janice	Maria
考试成绩	76	73	79	90	75	70	75	60

Hawkins 最初对"异常"的定义实际上是针对事务型数据异常而提出来的(Hawkins, 1980)。在现实世界中,导致异常产生的原因可以分为两大类:①数据采集或存储过程中的误差过大甚至发生错误,如记录笔误、仪器问题或人为原因导致测量数据误差过大等,这种原因导致的异常数据是一种错误,称为污染数据

(Han & Kamber, 2000; Person, 2004; Williams et al., 2007)，通常需要在数据预处理过程中将其识别并剔除；②未知的外部因素或内部因素。在数据质量满足要求时，某些未知的因素同样会导致异常的产生。例如，表 2.1 中可能由 Michael 的强势科目导致其考试成绩明显偏高，这种未知因素导致的异常很可能蕴含着事物发展的特殊规律，具有非常重要的参考价值。

　　根据异常的外在表现形式可以将异常划分为以下类别：①单一异常，即明显偏离数据集中其他实体的数据项，表 2.1 中 Michael 和 Maria 的考试成绩属于单一异常；②群集异常，即明显偏离数据集中其他数据的子数据集，而这些子数据集的内部个体之间差异不大，若将表 2.1 中 Maria 的考试成绩修改为 91，如表 2.2 所示，则 Michael 和 Maria 的考试成绩就构成了群集异常；③条件异常，即在特定约束条件下表现出来的异常。如表 2.3 所示，Michael 和 Caroline 及 Janice 和 Maria 分别构成两组群集异常；另外，同时增加 IQ 指数和努力程度两个属性作为约束条件，那么可以发现 Michael 的 IQ 指数明显偏高且刻苦，在此前提下获得优秀考试成绩是合理的，也就是说这属于一种正常现象；此外，Maria 的 IQ 指数在集合中正常，其努力程度较低导致考试成绩异常低也可以获得合理解释；反观具有正常 IQ 指数的 Caroline，在较低的努力程度下却得到异常高的考试成绩，因而怀疑这可能由作弊导致；类似地，Janice 的 IQ 指数正常且相对更为刻苦，其仅仅获得一般考试成绩可以怀疑由发挥失常所导致。由此可以看出，在考虑其他约束条件时，异常被赋予了更加丰富的内涵，进而需要从更深层次挖掘潜在的、无法通过约束条件进行合理解释的异常。

表 2.2　事务型数据简例 II

学生姓名	Jim	Allen	Paul	Michael	Caroline	Elva	Janice	Maria
考试成绩	76	73	79	90	75	70	75	91

表 2.3　事务型数据简例 III

学生姓名	考试成绩	IQ 指数	努力程度
Jim	76	100	正常
Allen	73	98	正常
Paul	79	105	正常
Michael	90	130	刻苦
Caroline	88	100	较低
Elva	70	95	正常
Janice	75	103	非常刻苦
Maria	60	96	较低

2.3 空间数据的分类与表达

针对不同类型的数据，异常的表现形式不同，所采用的异常探测方法也将不同。为此，本节重点阐述空间数据的分类、特征、表达方法及空间邻域构建等内容，这是发展空间异常探测方法的基础。

2.3.1 空间数据的分类

空间数据就是对现实世界中各种地理实体或地理现象在某时间段内的空间位置特征和专题属性进行描述的相关记录。根据专题属性所赋予的地理含义，可以将空间数据分为事件型空间数据和描述型空间数据。其中，事件型空间数据用以描述在某段时间内发生某类地理事件(如地震、流行病等)的所在空间位置；描述型空间数据一般通过专题属性量值描述空间区域的特征，如气象站点对各类气象要素的监测、城镇区域患有某种疾病的人数统计等。图 2.1 为我国某地区 71 个气象站点的空间分布，每个气象站点记录了相应空间区域的降水、气温、气压等气象属性观测值，因而划分为描述型空间数据。

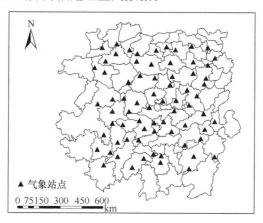

图 2.1 空间数据简例

2.3.2 空间数据的特征

空间数据通常具有空间特征、属性特征和尺度特征(邬伦等, 2002; 李霖和吴凡, 2005; 王劲峰, 2006; 王远飞和何洪林, 2007)。①空间特征是空间数据区别于事务型数据的根本特征，主要通过空间坐标(如经纬度、极坐标、大地坐标等)来描述空间实体的位置、形状、大小，并且可以用来进一步表达不同空间实体间的距离关系、方位关系、拓扑关系等空间关系。另外，根据空间实体的维度可以将空间实体划分为点实体(如环境监测采样点)、线实体(如道路网络)、面实体(如建筑物群)。②属性特征是指空间实体在非空间维度的专题属性，如实体名称、类别、观测值等，属性特征赋予空间实体地理含义。根据度量方式不同可将属性分为标称属性、次序属性、间距属性、比率属性、混合属性等(Tan et al.，2006)。③尺度特征主要包括空间数据的观测尺度和分析尺度，空间数据在不同尺度所表现出来的特征和模式可能不同(李霖和吴凡，2005)。空间数据的观测尺度通常是指观测数据本身所具有的最高空间分辨率，而空间数据的分析尺度是指对空间数据分析过程中所采用的空间单元或窗口大小。例如，给定以县级为最小分辨单元的全国经济产值数据，以县级单位为基本单元对经济产值数据进行分析得到一个结果；若将县级经济产值数据进行区域合并则得到省级经济产值数据，若对省级单位数据进行分析则得到另一个结果，这两个结果将既有共性又有异性。

此外，空间相关性和异质性是空间数据所蕴含的特有性质，这两个特性贯穿于空间数据挖掘分析的全过程。Tobler 地理学第一定律指出，空间实体之间距离越近，其专题属性值越相似(Tobler，1970)，这正是对空间相关性的刻画。一些学者还提出了空间相关性的定量化描述指标，如 Moran's I、Geary's C、半变异函数等(Haining，2003；王劲峰，2006)。空间相关性破坏了空间数据之间的相互独立性，从而不能简单地采用传统的统计方法分析空间数据，而需要采用空间统计分析方法。空间异质性是对空间数据集中个体及其分布之间差异的描述，具体表现为：随着空间位置的变化，空间实体的专题属性值也发生变化。空间相关性的存在使得空间实体本应与其邻近空间实体特征相似，而空间异质性的存在导致某些空间实体可能与其相邻空间实体差异较大，这些空间实体就是潜在的空间异常。空间相关性和异质性是驱使空间异常区别于传统异常的主要因素，也是探测地理空间异常的理论基础。

2.3.3 空间数据的表达

由于空间数据同时包含位置信息和属性信息，难以直接采用传统的事务表进行表达，需要融合这两类信息对空间实体进行表达。对于空间点、线、面实体，采用的空间属性描述模型有所差异。其中，空间点实体通常用空间位置坐标描述。对于包含 n 个空间点实体的数据集 Ps，可表达为

$$\text{Ps} = \left\{ P_i \middle| P_i = (\text{ID}_i, x_i, y_i), 1 \leqslant i \leqslant n \right\} \tag{2.1}$$

式中，ID_i 为空间点实体 P_i 的标识号；x_i 和 y_i 为 P_i 的空间坐标。如图 2.2(a)所示，$P_1=(1, x_1, y_1)$，$P_2=(2, x_2, y_2)$，$\cdots$，$P_7=(7, x_7, y_7)$。包含 n 条空间线实体的数据集通常由

按一定次序排列的若干特征点连接而成，因而可以通过空间点实体间接描述。包含 n 条空间线实体的数据集可表达为

$$\text{Ls} = \{L_i \mid L_i = (L_i.P_1, L_i.P_2, \cdots, L_i.P_k), 1 \le i \le n\} \tag{2.2}$$

式中，k 为空间线实体 L_i 中所包含的特征点数；$L_i.P_k$ 为 L_i 的第 k 个特征点。如图 2.2(b)所示，$L_1 = (L_1.P_1, L_1.P_2, \cdots, L_1.P_7)$，$L_2 = (L_2.P_1, L_2.P_2, \cdots, L_2.P_7)$。空间面实体可视为空间线实体首尾闭合得到的特殊实体。与空间线实体相比，空间面实体还具有周长、面积、重心等特殊空间属性。包含 n 个空间面实体的数据集可表达为

$$\text{Gs} = \{G_i \mid G_i = (\text{ID}_i, C_i, \text{Pe}_i, \text{Ar}_i), 1 \le i \le n\} \tag{2.3}$$

式中，ID_i 为空间面实体 G_i 的标识号；C_i、Pe_i、Ar_i 分别为 G_i 的重心、周长和面积。如图 2.2(c)所示，$G_1 = (\text{ID}_1, C_1, \text{Pe}_1, \text{Ar}_1)$，$G_2 = (\text{ID}_2, C_2, \text{Pe}_2, \text{Ar}_2), \cdots, G_4 = (\text{ID}_4, C_4, \text{Pe}_4, \text{Ar}_4)$。

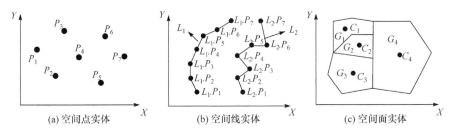

(a) 空间点实体　　　　　　(b) 空间线实体　　　　　　(c) 空间面实体

图 2.2　不同类型空间实体表达的空间数据简例

由于事件型空间数据中各实体所具有的空间位置信息已经具有地理意义，对此类空间数据进行分析时通常仅考虑其空间位置信息。对于描述型空间数据(如气象站点数据)，其空间分布本身不具有特殊地理含义，因而需要通过关联空间实体描述的专题属性(如气象站点观测得到的降水量、气温值等)进行联合表达。下面以空间点实体为例，对描述型空间数据的空间位置和专题属性关联机制进行阐述。

以图 2.2(a)中空间点实体为例，通过对每个空间点实体赋予专题属性而转换为描述型空间数据，如图 2.3 所示。在专题属性表中，列表示空间实体(如 $P_1, P_2, \cdots, P_7$)，行表示专题属性。表中 $\text{NA}_1, \text{NA}_2, \cdots, \text{NA}_d$ 表示该数据包含的 d 维专题属性，数值 na_{ij} 表示第 i 个空间实体的第 j 维专题属性值。通过将图 2.3 中箭头左端所示的空间实体分布与右端专题属性表进行关联，可将空间数据描述为

$$\text{Ps} = \{P_i \mid P_i = (\text{ID}_i, x_i, y_i, \text{na}_{i1}, \text{na}_{i2}, \cdots, \text{na}_{id}), 1 \le i \le n; d \ge 1\} \tag{2.4}$$

在示例中，$P_1 = (1, x_1, y_1, \text{na}_{11}, \text{na}_{12}, \cdots, \text{na}_{1d})$，$P_2 = (2, x_2, y_2, \text{na}_{21}, \text{na}_{22}, \cdots, \text{na}_{2d}), \cdots, P_7 = (7, x_7, y_7, \text{na}_{71}, \text{na}_{72}, \cdots, \text{na}_{7d})$。对于空间线实体和空间面实体，其描述模型与空间点实体类似。例如，城市路网中各路段可以表达为空间线实体，其特征点为形

成该路段的两个道路节点，专题属性包括路段长度、车速、流量、旅行时间等交通流信息。

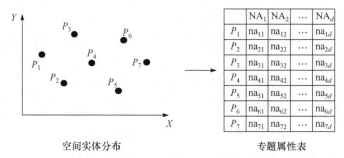

图 2.3 描述型空间数据简例

2.3.4 空间邻域的构建

事实上，空间相关性和异质性既是空间数据的重要特性，也是空间数据分析的约束条件。在实际应用中，往往通过度量相邻空间实体间的相似性和差异性来体现这种约束。例如，四川省和湖南省的平均气温高于相邻的贵州省属于一种空间异质性驱动模式；而将其与海南省和黑龙江省的气温值进行比较则没有意义。为定量表达这种空间邻近性，下面分别针对点、线、面三类空间实体列举一些代表性的空间邻域构建方法。

对于空间点实体，空间邻域构建方法主要包括以下 3 种：①画圆法(Ester et al., 1996)。以空间实体 P 为圆心，通过设置半径 d 划定一个圆形区域，落入该圆形区域的其他空间实体构成 P 的空间邻域。如图 2.4(a)所示，当半径设置为 d_1 时，没有其他实体落入 P_4 的圆形区域，因而 P_4 的空间邻域为空集，即 $\mathrm{SN}(P_4)=\varnothing$；相应地，当半径设置为 d_2 和 d_3 时，P_4 的空间邻域分别为 $\mathrm{SN}(P_4)=\{P_2, P_3, P_5, P_6\}$ 和 $\mathrm{SN}(P_4)=\{P_1, P_2, P_3, P_5, P_6, P_7\}$。②K 最近邻(K-nearest neighbor, KNN)法(Ramaswamy et al., 2000)。将距离空间实体 P 最近的 K 个空间实体作为 P 的空间邻域。如图 2.4(b)所示，当参数 K 设置为 4 时，距离空间实体 P_4 最近的 4 个空间实体为 P_2、P_3、P_5、P_6，即空间实体 P_4 的空间邻域为 $\mathrm{SN}(P_4)=\{P_2, P_3, P_5, P_6\}$。③Delaunay 三角网法(Tsai, 1993)。根据空间点之间的距离构建 Delaunay 三角网，所有与空间实体 P 边相连的空间实体构成其空间邻域。如图 2.4(c)所示，空间实体 P_4 的空间邻域为 $\mathrm{SN}(P_4)=\{P_2, P_3, P_5, P_6\}$。以上三种空间邻域的构建方法各有优劣。①画圆法和 KNN 法均需要人为输入参数，有时还需要领域知识加以指导，并且不同参数得到的结果差异较大；②对于复杂的空间数据集，画圆法不能有效处理密度不均匀的情况，KNN 法构建邻域具有单向性特点，即更趋向于密度较大的方向；③Delaunay 三角网法可以有效地顾及拓扑连接性来构建空间实体间的相邻关系，并且可以适应不同密度分布的情况，但是其计算复杂，在边界、空洞区域存在较大误差。

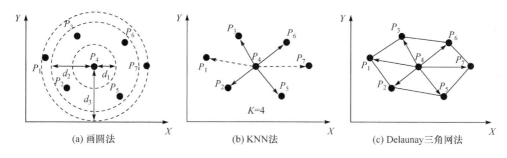

(a) 画圆法　　　　　　　　(b) KNN法　　　　　　　(c) Delaunay三角网法

图 2.4　空间点实体空间邻域构建简例

对于空间线实体和空间面实体，通常利用拓扑连接性来构建空间实体的空间邻域。例如，对于城市路网这类空间线实体，可以通过路段之间的相邻性来确定各路段的空间邻域。如图 2.5(a)所示，路段 L_6 的两个端点与路段 L_4、L_5、L_7、L_9 共享，从而 L_4、L_5、L_7、L_9 构成 L_6 的空间邻域，即 $\mathrm{SN}(L_6)=\{L_4, L_5, L_7, L_9\}$。对于空间面实体，可以大致分为拓扑相连型和拓扑分离型。拓扑相连型数据又可以进一步细分为规则格网数据和不规则多边形数据，其中，规则格网数据通常采用 4-邻域法或 8-邻域法构建空间邻域。如图 2.5(b)所示，与 G_5 边相连的空间实体构成其 4-邻域(采用符号"→"和"↑"表示)，即 $\mathrm{SN}(G_5)=\{G_2, G_4, G_6, G_8\}$；与 G_5 边相连或点相连的空间实体构成其 8-邻域，即 $\mathrm{SN}(G_5)=\{G_1, G_2, G_3, G_4, G_6, G_7, G_8, G_9\}$。对于不规则多边形数据，可以通过多边形之间是否共享边来确定空间邻域。如图 2.5(c)所示，$\mathrm{SN}(G_2)=\{G_1, G_3, G_4\}$。在现实世界中，还有一类空间面实体相互分离，如城市建筑物群落(孙前虎，2011)。对于这类拓扑分离型数据，通常采用空间

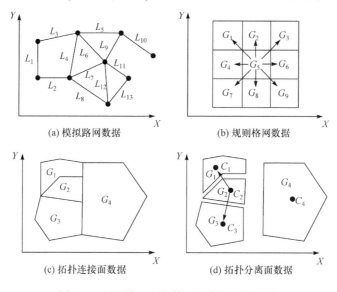

(a) 模拟路网数据　　　　　　　　　(b) 规则格网数据

(c) 拓扑连接面数据　　　　　　　　(d) 拓扑分离面数据

图 2.5　空间线、面实体空间邻域构建简例

面实体的重心来构建空间实体间的邻接关系。如图 2.5(d)所示，空间实体 G_2 的重心 C_2 与 G_1、G_3 的重心 C_1、C_3 距离较近，根据空间点实体的空间邻域构建方法可得 SN(C_2)={C_1, C_3}，进而得到 SN(G_2)={G_1, G_3}。

2.4　空间异常的定义与分类描述

2.4.1　空间异常的定义

如图 2.6 所示，假设矩形描述一座城市的空间范围，矩形内数字表示该城市的房源单价信息(单位：千元/m²)，若将房价数据仅看做传统事务型数据(图 2.6(a))，可以发现房价为 100 千元/m² 属于一个异常(房价极高)；若进一步将房源的空间位置信息与房价信息进行关联融合，将房价视为房源的一种专题属性(图 2.6(b))，可以发现除单价 100 千元/m² 的房价属于异常之外，西北角房价 11 千元/m² 虽然在整个城市属于正常水平，但与其空间相邻房源的房价(17 千元/m² 和 18 千元/m²)相比亦明显偏低，由此可判断这也是一个异常。由于这类异常与其相邻空间实体的属性值有关，因此称为空间异常。具体地，可以将空间异常定义为空间实体与其空间邻域内空间实体间专题属性值差异明显偏大，而与整体数据集中其他空间实体相比可能并无明显差异(Shekhar et al., 2003)。

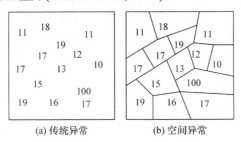

(a) 传统异常　　　　　　(b) 空间异常

图 2.6　传统异常与空间异常

2.4.2　空间异常的分类描述

通过分析空间异常的定义，作者发现空间异常与传统异常的根本区别在于前者需要顾及空间邻近约束。根据空间数据的类型可将空间异常分为以下类型：①基于位置信息的空间异常；②基于位置和属性信息的空间异常。其中，基于位置信息的空间异常特指明显偏离全局或局部分布的少量空间点实体或空间点实体集合，具体可以区分为全局异常点、全局异常区域、局部异常点和局部异常区域，如图 2.7(a)和图 2.7(b)所示。还有一类特殊的局部异常，以极度密集的小簇形式分布于正常分布模式的内部，因而又称为内部异常区域，如图 2.7(c)所示。这类模式通常容易被忽略,但可能蕴含着一种特殊的潜在发展趋势,如犯罪事件的爆发点。

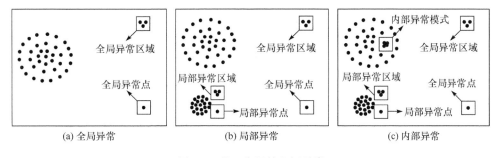

图 2.7　基于位置的空间异常

基于位置和属性信息的空间异常主要存在于描述型空间数据中,这种类型的空间异常与 Shekhar 的空间异常定义(Shekhar et al., 2003)吻合,可以区分为全局异常点、全局异常区域、局部异常点和局部异常区域。专题属性值一方面与其空间邻域内空间实体差异较大,另一方面又以与整个数据集的其他空间实体差异较大的单个空间实体为全局异常点(图 2.8(a)专题属性值为 100 的空间点实体)或全局异常区域(图 2.8(b)专题属性值为 100 和 98 的实体构成的小簇)。此外,专题属性值仅与空间邻域内空间实体差异较大,而从整体分布来看,并没有明显差异的单个空间实体或小簇为局部异常点(图 2.8(c)专题属性值为 9 的空间点实体)或局部异常区域(图 2.8(d)专题属性值为 9 和 10 的实体构成的小簇)。

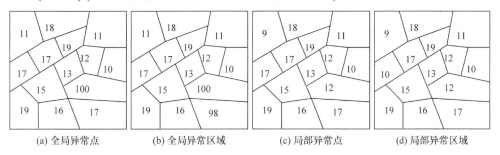

图 2.8　基于位置和属性信息的空间异常

此外,空间数据中可能存在条件空间异常,即在顾及其他相关因素或约束时而表现出的一类空间异常。具体地,由于存在空间相关性和尺度依赖性,当顾及与研究主题相关的其他要素或领域知识时,与单独分析该主题所探测得到的异常往往不同。以全国各地年平均气温为例,可以得到黄山、泰山等地区的年平均气温明显低于其周边地区;当考虑"海拔高将导致气温降低"这一相关因素或领域知识时,这些地区的极端低温状况则属于一种正常现象,而并非异常区域。另外,在不同的空间尺度下所探测得到的异常也往往不同。以全国各地的经济水平为例,若以省级行政单元为最小分析尺度，则广东省经济水平明显高于其周边省份，从而判断为异常；若以市级行政单元为最小分析尺度，则仅能探测得到珠三角地区经济水平为异常，而广东省其他地区经济水平可能属于正常，这种现象称为可塑面积单元问题(modifiable areal unit problem, MAUP)，即 MAUP 效应(邬建国，2007；齐丽丽和柏延臣，2012)。

2.5　时空数据的分类与表达

为了全面准确地分类描述和探测时空异常，首先需要研究时空数据的分类、特征、表达及时空邻域的构建等内容。

2.5.1　时空数据的分类

现实世界中地理实体和地理现象可能随时间的推移不断发生变化(如城市道路的交通路况等)，并且在变化过程中可能蕴含一定的演变规律和变化模式。时空数据将时间融入静态空间数据中，用以描述现实世界中的地理时空特征和时空过程，包括详细记录空间实体的空间属性特征、非空间专题属性特征及其随时间的变化过程。时空数据不仅具有空间数据的三大特征，还具有动态特征。

以空间点实体数据为例，根据空间点实体空间属性和专题属性的变化特性，可以将时空数据划分为以下三类：

(1) 空间属性随时间变化，专题属性不变(第Ⅰ类)。此类数据通常是事件型空间数据在时间维度的扩展，如图 2.9(a)所示，每个时间切片对应一组空间点事件，不同时间切片的叠加构成时空点事件，并且随时间推演空间点事件的位置不断发生变化，如地震发生地的时空分布(Cressie，1993)。此外，建筑物的大小、位置等随时间的变化也属于第Ⅰ类时空数据的范畴。

(2) 空间属性不变，专题属性随时间变化(第Ⅱ类)。如图 2.9(b)所示，每个点代表一个空间实体，时间序列为该空间实体专题属性随时间变化的定量描述，这类时空数据也称为时空序列数据。例如，气象站点记录该地区各类气象指标的时间序列就属于第Ⅱ类时空数据。

(3) 空间属性随时间变化，专题属性也随时间变化(第Ⅲ类)。这类数据用于描述空间实体随时间推演空间位置发生变化，并且专题属性也发生变化，如图 2.9(c)所示。例如，台风风眼的空间位置随时间变化，并且台风强度也呈现出动态变化；浮动车 GPS 轨迹描述了浮动车的空间移动，在不同时刻车速、车载状态均不同。

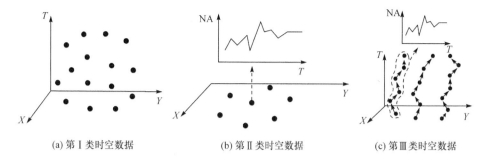

(a) 第Ⅰ类时空数据　　　　　(b) 第Ⅱ类时空数据　　　　　(c) 第Ⅲ类时空数据

图 2.9　不同类型的时空数据(以空间点实体为例)

2.5.2　时空数据的特征

时空数据不仅具有空间特征、专题属性特征和空间尺度特征，还具有动态特征和时间尺度特征，即时空数据描述地理现象的动态变化过程，且不同时间尺度所描述的动态模式具有差异性。例如，图 2.10 为洞庭湖面积随月份时间尺度的动态变化，可以发现在某一年的不同月份，洞庭湖面积变化呈现出一种季节性特点，即春、冬季湖面面积减小，夏、秋季湖面面积增大，这与不同季节的降雨量密切相关。

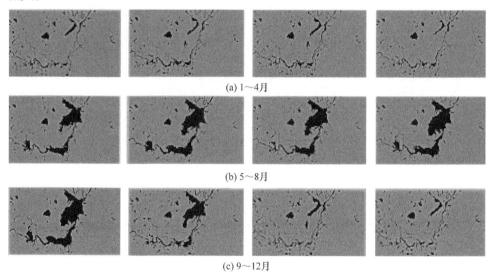

(a) 1~4月

(b) 5~8月

(c) 9~12月

图 2.10　洞庭湖面积随月份时间尺度的动态变化

此外，时空数据还具有时空相关性和时空异质性，其中，时空相关性是指一个时空实体与其时空邻域(空间相近且时间邻近)内的实体具有相似性；时空异质性是指空间结构、位置不同的实体随着时间推移，时空实体的专题属性也会发生相应变化，这也是时空异常存在的根源。通常，时空数据中蕴含的时空过程是一个复杂的动力学过程，具有明显的非线性变化特点(王佳璆, 2008)。

2.5.3　时空数据的表达

时空数据的表达需要将概念和认知进行融合(Peuquet, 1988, 1994)，并且要同时满足人们对现实地理世界的概念抽象及计算机分析和可视化表达的要求。时空数据包括空间属性、专题属性和时间属性，需要将这三类属性进行有机融合，实现时空数据的一体化表达。Peuquet 和 Duan 发展了三种时空数据的表达方法(Peuquet & Duan, 1995)，分别为基于位置的方法、基于实体的方法和基于过程的方法。下面以三类时空点数据为例(图 2.9)，对时空数据的表达进行详细阐述。

对于第 I 类时空数据，可以通过二维空间坐标加时间维度的三维坐标形式进行表达，即

$$STPs = \{P_i \mid P_i = (ID_i, x_i, y_i, t_i), 1 \leqslant i \leqslant n\} \tag{2.5}$$

式中，ID_i 为空间点实体 P_i 的标识号；x_i 和 y_i 为 P_i 的空间坐标；t_i 为 P_i 的时间标签。如图 2.11(a)所示，$P_1 = (1, x_1, y_1, t_2)$。

第 II 类时空数据通常表示一类时空序列，是描述型空间数据在时空维度的扩展，其表达模型与描述型空间数据类似，针对具有一维专题属性的第 II 类时空数据，可以表达为

$$STPs = \{P_i \mid P_i = (ID_i, x_i, y_i, P_i.na_{t1}, P_i.na_{t2}, \cdots, P_i.na_{tm}), 1 \leqslant i \leqslant n; m \geqslant 1\} \tag{2.6}$$

式中，m 为时间序列的长度；$P_i.na_{t1}, P_i.na_{t2}, \cdots, P_i.na_{tm}$ 为空间点实体 P_i 的专题属性时间序列值。如图 2.11(b)所示，$P_1 = (1, x_1, y_1, P_1.na_{t1}, P_1.na_{t2}, \cdots)$。

第 III 类时空数据可以认为是空间属性随时间变化的第 II 类时空数据，可以表达为

$$STPs = \{P_i \mid P_i = (ID_i, P_i.x_{t1}, P_i.y_{t1}, P_i.na_{t1}, P_i.x_{t2}, P_i.y_{t2}, P_i.na_{t2}, \cdots,$$
$$P_i.x_{tm}, P_i.y_{tm}, P_i.na_{tm}), 1 \leqslant i \leqslant n; m \geqslant 1\} \tag{2.7}$$

式中，$P_i.x_{t1}, P_i.y_{t1}, P_i.na_{t1}, P_i.x_{t2}, P_i.y_{t2}, P_i.na_{t2}, \cdots, P_i.x_{tm}, P_i.y_{tm}, P_i.na_{tm}$ 为空间点实体 P_i 随时间变化而记录的空间坐标和专题属性值。如图 2.11(c)所示，$P_1 = (1, P_1.x_1, P_1.y_1, P_1.na_{t1}, \cdots)$。

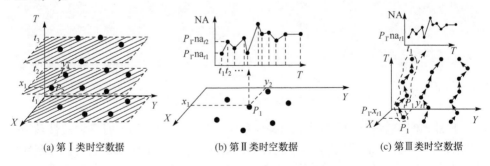

(a) 第 I 类时空数据　　　　　(b) 第 II 类时空数据　　　　　(c) 第 III 类时空数据

图 2.11　三种类型时空点数据集

2.5.4　时空邻域的构建

时空邻近需要同时满足空间相近和时间邻近，因而时空邻域可以视为空间邻域在时间维度上的扩展。本节针对三类时空数据分别阐述一种典型的时空邻域构建方法。

对于第 Ⅰ 类时空数据，首先在空间维度和时间维度分别设置阈值ΔD 和ΔT 构造圆柱体，以界定每个时空实体的有效时空域；然后在圆柱体内将时空实体进行空间投影，并利用空间邻域的构建方法(如共享 KNN)寻找该时空实体的空间邻近实体，这些空间邻近实体则构成了其时空邻域(Liu et al., 2014)。如图 2.12(a)所示，时空实体 P_j、P_k、P_l构成了 P_i 的时空邻域。

对于第 Ⅱ 类时空数据，由于实体的空间属性不随时间变化，其空间邻域也认为保持不变(图 2.12(b))，因此时空邻域构建的主要问题在于时间邻域的选择。例如，Deng 等首先在空间维度利用带有约束的 Delaunay 三角网法构建各实体的空间邻域(Deng et al., 2013)，然后借助时空平稳性分析、时空自相关和时空偏相关函数等确定时间窗口，时间窗口与空间邻域所构成的体单元构成时空邻域范围(Cheng et al., 2008, 2009)。

第 Ⅲ 类时空数据通常表现为轨迹序列，可以看做空间线实体进行分析。如图 2.12(c)所示，Demsar 和 Virrantaus 以各条轨迹中的子轨迹为分析对象，通过设置一个延伸阈值ΔD 构造正方体，首先界定子轨迹两个端点的有效时空域，然后以这两个正方体为界所形成的长方体构成了该子轨迹的时空邻域范围，落入该长方体的其他子轨迹构成其时空邻近轨迹(Demsar & Virrantaus, 2010)。

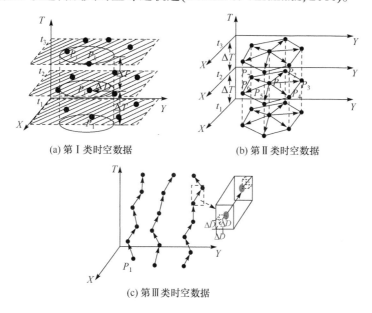

(a) 第 Ⅰ 类时空数据　　　　　　　(b) 第 Ⅱ 类时空数据

(c) 第 Ⅲ 类时空数据

图 2.12　三种类型时空数据的时空邻域构建方法

2.6 时空异常的定义与分类描述

2.5 节提及的三种类型时空数据之间的根本差异在于空间属性和专题属性是否随时间发生变化。因而，从空间属性差异和专题属性差异的角度，可以将三种类型时空数据中可能存在的异常大致分为时空轨迹异常和时空序列异常。时空轨迹数据属于第 III 类时空数据，若忽略时空轨迹各承载实体(如车辆、台风等)的专题属性，则时空轨迹在各时间点记录的特征点又构成了第 I 类时空数据。对于时空轨迹异常，本节主要从时空轨迹空间属性差异的角度来研究分析。

2.6.1 时空轨迹异常的定义与分类描述

对于时空轨迹数据，可以从两个角度进行剖析。直观地，可以将每条时空轨迹看做一条空间线实体，并根据空间线实体的形状来发现异常轨迹，因而将这类异常称为时空轨迹形状异常。如图 2.13(a)所示，轨迹 TR_5 在 T_1、T_2 和 T_3 时刻与其他轨迹相比明显属于异常，而在 T_4 时刻轨迹 TR_5 则与其他轨迹的形状基本一致，那么轨迹 TR_5 在 T_4 时刻属于时间异常；对于轨迹 TR_3，在 T_1、T_2 和 T_4 时刻没有出现明显形状异常，但在 T_2 时刻轨迹 TR_3 的中间位置出现了局部异常，因而从时空维度耦合的角度属于时空异常。在现实中，时空轨迹的形状异常可以用来探测台风轨迹的异常，以及城市出租车的"宰客"等行为异常。

若将时空轨迹集的空间范围进行区域划分(如根据城市主要道路进行街区化)，并将所有轨迹映射到此空间范围内，则可间接地分析轨迹的载体(如浮动车)在该空间范围内的分布异常。如图 2.13(b)所示，可以看到在 $T_1 \sim T_4$ 时刻所有轨迹均通过空间区域 R_1 和 R_2，这使得 R_1 和 R_2 与其他空间区域相比出现局部聚集异常，但由于在所有时刻均出现局部聚集，因此这并不属于异常。在 T_3 时刻，空间区域 R_3 也出现类似的轨迹局部聚集异常，这种聚集状态在其他时刻并未发生，因而这属于时空异常。在实际应用中，时空轨迹分布异常可以间接地反映城市的各种功能区域及某些重大活动引起的交通管制和分流。

需要注意的是，由于时空轨迹本身就具有时空特性，如图 2.13 所示，$T_1 \sim T_4$ 时刻所表示的时间尺度比所记录的时空轨迹时间尺度更大，若时空轨迹通过一天中的不同时刻进行记录,则 $T_1 \sim T_4$ 时刻又可以分别描述不同天所记录的时空轨迹。

2.6.2 时空序列异常的定义与分类描述

时空序列异常主要是根据一个空间实体与其时空邻域内其他空间实体间的专题属性差异来进行分析判断的。例如，图 2.14(a)为一组模拟的时空序列数据，可以发现 T_1、T_2 和 T_4 时刻数据分布完全一致，但在 T_3 时刻左上角空间实体专题属

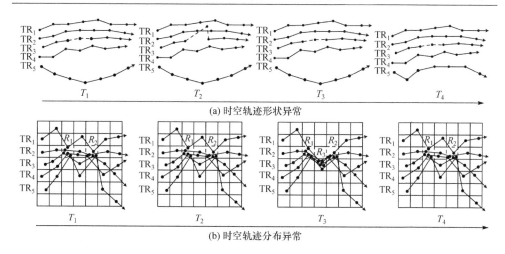

(a) 时空轨迹形状异常

(b) 时空轨迹分布异常

图 2.13　时空轨迹异常

性值由 11 突变为 17，右上角空间实体专题属性值由 11 突变为 110。根据空间异常的定义可知，T_1 时刻专题属性值为 100 和左上角专题属性值为 11 的两个空间实体为空间异常；从时空维度分析，属性值为 100 的空间实体在所有时刻均保持不变，而左上角专题属性值为 11 的空间实体虽然在 T_3 时刻突变为 17，但仍然与其空间邻近实体专题属性值接近，为此这两个空间实体均不属于时空异常。实际上，左上角空间实体在 T_3 时刻仅属于时间序列异常，也就是说，与其自身其他时刻相比有明显差异，但与空间邻近实体没有明显差异；在 T_3 时刻右上角专题属性值为 110 的空间实体既与其自身其他时刻相比有明显差异，又明显不同于其空间邻域内其他空间实体，这属于时空异常。

　　需要注意的是，上述时空序列数据中时空实体之间不具有动态流动特性，如降水时空序列。在现实世界中存在一类时空运动实体(如河流、交通流等)，描述这类实体的时空数据则属于一类动态时空序列，如河流污染时空序列、交通流时空序列，并且在这类动态时空序列中存在的异常具有动态性。例如，图 2.14(b)为一组模拟动态时空序列，其中 S_1、S_2、S_3 和 S_4 表示空间实体，如记录河流污染物浓度或交通流相关专题属性值的传感器节点；$T_1 \sim T_6$ 为时间标签；旅行时间和专题属性值为每个实体在各时间点记录的两个专题属性，即物体的运动速度(或通过该节点所需时间)和记录的专题属性值。例如，河流速度为河水的流动速度，专题属性值可以为河水中污染物的浓度值；类似地，交通流速度为车流的平均速度，专题属性值可以为车流单位旅行时间等。于是，各时空单元可以通过一个三维数组表示，如空间实体 S_1 在 T_1 时刻对应的时空单元可表示为 $\mathrm{stc}_{S_1, T_1} = (S_1, 1, 8)$。考虑到这类空间实体具有动态性，需要顾及时空动态性来构建时空单元的动态时空邻域(Kang et al., 2008, 2009; Min et al., 2010; Cheng et al., 2014)。例如，对于时空单

元 stc_{S_1,T_1} ，通过空间实体 S_1 所需时间为 1，这表明 stc_{S_1,T_1} 中的物体在 T_2 时刻流向空间实体 S_2 ，即 stc_{S_1,T_1} 的时空邻域涵盖了 stc_{S_2,T_2} ；对于时空单元 stc_{S_2,T_4} ，由于通过 S_2 所需时间为 2，在 T_5 时刻物体仍停留在 S_2 ，因此在这种情况下 stc_{S_2,T_5} 在 stc_{S_2,T_4} 的时空邻域范围内。进而，通过分析时空单元与其时空邻域单元之间的专题属性值差异可以发现：① $\mathrm{stc}_{S_2,T_2} \to \mathrm{stc}_{S_3,T_3}$ 和 $\mathrm{stc}_{S_2,T_4} \to \mathrm{stc}_{S_2,T_5}$ 属于专题属性值突增导致的异常，如城市路网交通突发拥堵；② $\mathrm{stc}_{S_3,T_3} \to \mathrm{stc}_{S_4,T_4}$ 和 $\mathrm{stc}_{S_2,T_5} \to \mathrm{stc}_{S_3,T_6}$ 属于专题属性值突减导致的异常，如交通拥堵疏散。

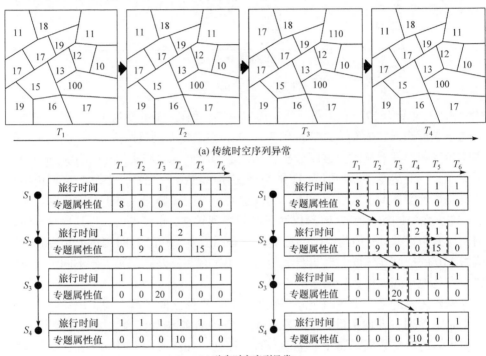

(a) 传统时空序列异常

(b) 动态时空序列异常

图 2.14　时空序列异常

进而，若考虑时空相关因素及时空尺度效应，则时空异常的内涵及探测方法将会发生很大变化。图 2.15(a)为北京市 2007～2011 年的月降水量数据时间序列，若以一年为时间尺度，则 2007 年 3 月和 6 月降水量(用圆圈表示)在该年内均没有表现为异常；若以五年为时间尺度，则 2007 年 3 月和 6 月降水量明显大于其他四年的 3 月降水量，从而属于异常。

图 2.15(b)为一组模拟空间格网数据，其中每个方格代表一个空间实体，通过亮度来直观地反映空间实体间的专题属性值差异。若分析的尺度较大，则可以得

到 R_1、R_2、R_3、R_4 和 R_5 五类典型分布区域，其中 R_4 为聚集簇，R_1、R_2、R_3 为异常空间实体，R_5 为异常簇；若分析尺度缩小，则对 R_5 进行局部分析可以发现 R_5 中还隐含了局部异常空间实体 R_6。这说明了在不同时间分析尺度和空间分析尺度下，可能得到完全不同的异常探测结果。

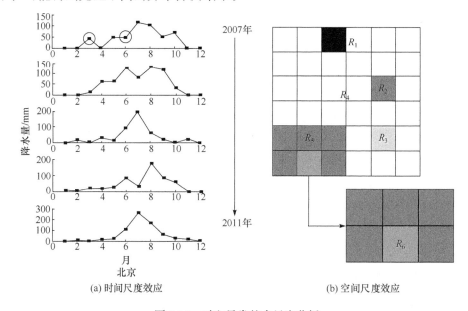

(a) 时间尺度效应　　　　　　　　　　　(b) 空间尺度效应

图 2.15　时空异常的多尺度分析

2.7　本章小结

　　本章旨在对现有地理空间异常的内涵进行系统总结和分析。首先，阐述了事务型数据异常的特征，并进行了分类描述；然后，从空间数据类型的角度，区分了不同特征的空间异常，构建了新的空间异常分类方法；进而，根据空间位置和专题属性随时间变化的特点将时空数据细分为三类，重点描述了时空点事件、时空序列和时空轨迹数据中可能蕴含的各种类型时空异常；最后，阐述了时间或空间分析尺度对时空异常探测的影响。本章对地理空间异常的特征和分类描述构成了地理空间异常探测方法的理论基础。

参　考　文　献

李霖, 吴凡. 2005. 空间数据多尺度表达模型及其可视化. 北京: 科学出版社.

齐丽丽, 柏延臣. 2012. 社会经济统计数据热点探测的 MAUP 效应. 地理学报, 67(10): 1317-1326.

孙前虎. 2011. 基于多约束的建筑群聚类方法研究. 长沙: 中南大学硕士学位论文.

王佳璆. 2008. 时空序列数据分析与建模. 广州: 中山大学博士学位论文.

王劲峰. 2006. 空间分析. 北京: 科学出版社.

王远飞, 何洪林. 2007. 空间数据分析方法. 北京: 科学出版社.

邬伦, 刘瑜, 张晶, 等. 2002. 地理信息系统——原理、方法和应用. 北京: 科学出版社.

邬建国. 2007. 景观生态学——格局、过程、尺度与等级. 2 版. 北京: 高等教育出版社.

Cheng T, Wang J Q, Li X. 2009. Accommodating spatial associations in DRNN for space-time analysis. Computers, Environment and Urban Systems, 33(6): 409-418.

Cheng T, Wang J Q, Li X, et al. 2008. A hybrid approach to model nonstationary space-time series. The International Archives of the Photogrammetry, Remote Sensing and Spatial Information Sciences, 37: 195-202.

Cheng T, Wang J Q, Haworth J, et al. 2014. A dynamic spatial weight matrix and localized space-time autoregressive integrated moving average for network modeling. Geographical Analysis, 46: 75-97.

Cressie N A C. 1993. Statistics for Spatial Data (revised edition). San Francisco: John Wiley and Sons.

Demsar U, Virrantaus K. 2010. Space-time density of trajectories: Exploring spatio-temporal patterns in movement data. International Journal of Geographical Information Science, 24(10): 1527-1542.

Deng M, Liu Q, Wang J, et al. 2013. A general method of spatio-temporal clustering analysis. Science China Information Sciences, 56(10): 1-14.

Donges J F, Zou Y, Marwan N, et al. 2009. Complex networks in climate dynamics. The European Physical Journal Special Topics, 174: 157-179.

Ester M, Kriegel H P, Sander J, et al. 1996. A density-based algorithm for discovering clusters in large spatial databases with noise//Proceeding of the 2nd the International Conference on Knowledge Discovery and Data Mining, Portland: 226-231.

Gozolchiani A, Yamasaki K, Gazit O, et al. 2008. Pattern of climate network blinking links follows El Nino events. Europhysics Letters, 83: 28005.

Haining R. 2003. Spatial Data Analysis: Theory and Practice. Cambridge: Cambridge Press.

Han J W, Kamber M. 2000. Data Mining: Concepts and Techniques. San Francisco: Morgan Kaufmann Publishers.

Hawkins D. 1980. Identification of Outliers. London: Chapman and Hall.

Kang J M, Shekhar S, Wennen C, et al. 2008. Discovering flow anomalies: A sweet approach// Proceedings of the 8th IEEE International Conference on Data Mining, Pisa: 851-856.

Kang J M, Shekhar S, Henjum M, et al. 2009. Discovering teleconnected flow anomalies: A relationship analysis of dynamic neighborhoods (RAD) approach//Proceedings of the 11th International Symposium on Spatial and Temporal Databases, Aalborg: 44-61.

Liu Q, Deng M, Bi J, et al. 2014. A novel method for discovering spatio-temporal clusters of different sizes, shapes and densities in the presence of noise. International Journal of Digital Earth, 7(2): 138-157.

Min X, Hu J, Zhang Z. 2010. Urban traffic network modeling and short-term traffic flow forecasting based on GSTARIMA model//Proceedings of the 13th International IEEE Conference on Intelligent Transportation Systems (ITSC), St. Louis: 1535-1540.

Person R K. 2004. Mining Imperfect Data: Dealing with Contamination and Incomplete Records. Philadelphia: ProSanos Coporation.

Peuquet D J. 1988. Representation of geographic space: Toward a conceptual synthesis. Annals of the Association of American Geographers, 78: 375-394.

Peuquet D J. 1994. It's about time: A conceptual framework for the representation of temporal dynamics in geographic information systems. Annals of the Association of American Geographer, 84: 441-461.

Peuquet D J, Duan N. 1995. An event-based spatio-temporal data model (ESTDM) for temporal analysis of geographic data. International Journal of Geographical Information System, 9: 7-24.

Ramaswamy S, Rastogi R, Shim K. 2000. Efficient algorithms for mining outliers from large data sets. ACM SIGMOD, 29(2): 427-438.

Shekhar S, Lu C T, Zhang P S. 2003. A united approach to detecting spatial outliers. GeoInformatica, 7(2): 139-166.

Tan P N, Steinbach M, Kumar V. 2006. Introduction to Data Mining. Boston: Addison Wesley.

Tobler W. 1970. A computer movie simulating urban growth in the Detroit region. Economic Geography, 46: 234-240.

Tsai V J D. 1993. Delaunay triangulations in TIN creation: An overview and a linear-time algorithm. International Journal of Geographical Information Systems, 7: 501-524.

Williams D, Liao X, Xue Y, et al. 2007. On classification with incomplete data. IEEE Transactions, 29(3): 427-436.

第3章　基于位置信息的空间异常探测

3.1　引　　言

如第2章所述,空间数据可以分为仅包含空间位置属性的事件型空间数据(又称为空间点事件数据)和同时包含空间位置属性和专题属性的描述型空间数据。空间点事件数据仅包含空间位置属性(如 XY 坐标、经纬度等),可以看做二维的事务型数据,进而借鉴事务型数据异常探测方法进行空间点事件数据的异常探测。为此,本章首先对现有的事务型数据异常探测方法进行系统分析和总结,并详细剖析典型的探测算法。在此基础上,针对这些方法探测空间点事件数据异常时存在的问题,提出一种基于层次约束不规则三角网(triangulated irregular network, TIN)的方法。

基于 Hawkins 所提出的异常概念(Hawkins, 1980),计算机领域的学者发展了一系列异常探测方法,根据探测视角的不同大致可以划分为以下三类方法:

(1) 基于统计的方法。该方法将异常视为数据集中出现概率较低的一类小部分实体(Barnett & Lewis, 1994; Tan et al., 2006)。具体通过相关假设和参数估计获取数据集的概率分布模型,并在数据统计分布中将出现概率较低的实体识别为异常。基于统计的方法采取的策略又可以分为参数统计和非参数统计。然而,需要进行假设使得估计得到的概率分布无法真正准确地描述原始数据集,难免出现误差,甚至背离现实的错误。为了解决这个问题,一些学者提出一种基于深度方法的探测思想,其对数据集中每个实体给定一个深度值,并将其映射到二维空间的不同层上,其中处于较浅层的实体被识别为异常(Rus & Rousseeuw, 1996; Johnson et al., 1998)。基于统计的方法仅适用于探测低维数据异常,而对于高维大数据则效率较低(Angiulli & Pizzuti, 2005)。

(2) 基于邻近关系度量的方法。为了有效地从高维数据中自适应地识别异常实体,一些学者提出基于邻近关系度量的方法来指导异常探测,主要策略包括以下三种:①欧氏距离度量探测法。该方法首先由 Knorr 和 Ng 提出,他们认为:若数据集中存在至少 $p\%$ 的实体到实体 O 的距离大于某个距离阈值 D,则实体 O 为异常,记为 DB(p, D)-outlier(Knorr & Ng, 1998)。Ramaswamy 等通过计算每个实体的 K 邻近距离并进行排序,选取 K 邻近距离最大的 N 个实体作为异常(Ramaswamy et al., 2000)。②角度度量探测法。为了避免直接采用实体间的距离度量，Krirgel 等提出一种基于角度的异常探测思想，通过度量实体与其他任意两个实体构成的角度来定义异常度，角度越大，异常度越小，反之异常度越大(Krirgel et al., 2008)。③局部密度度量探测法。为了探测数据集中的局部异常实体，Breunig 等在欧氏距离度量探测法的基础上，引入一种局部密度的概念，并计算局部异常因子(local outlier factor, LOF)，提出了一种局部密度度量探测法(Breunig et al., 1999, 2000)。该方法通过实体的局部密度定义其异常度，它与局部密度成反比，从而将局部密度较小(异常度较大)的实体识别为异常。另外，一些学者在局部异常因子方法的基础上提出了一些改进方法(Chiu & Fu, 2003; Jin et al., 2006)。

(3) 基于聚类分析的方法。聚类是异常探测的一种重要技术手段，其将数据集划分为若干簇，使得同一簇的实体间差异尽可能小，而不同簇的实体间差异尽可能大。通常在对数据集进行聚类分析时得到两部分产物，一类为聚集性的簇，另一类为不属于任何簇的孤立实体，这些孤立实体通常是异常。很多学者引入聚类技术进行异常探测，将聚类后不属于任何簇的实体识别为异常(Jiang et al., 2001; Thomas & Raju, 2009; al-Zoubi et al., 2010)。

3.2　基于统计的异常探测

空间点事件数据通常服从某一分布模型，而异常为分布于模型两端的极少部分数据项。例如，班级里大部分学生的成绩集中于某个区间，仅有少数同学的成绩极好或极差；在一个城市里，高收入和低收入的居民通常也占少数；在歌唱比赛、跳水比赛等需要评委打分的比赛中，选手的最终得分往往需要去掉最低分和最高分后取平均值，主要目的就是去除由其他因素导致的分数异常。因此，异常探测最初就是基于统计的方法来估计数据集分布中的相关参数，从而得到一个概率分布模型，并通过构造各种判别准则获得概率分布模型中出现概率低的数据，即异常。基于统计的方法主要包括参数统计探测法和非参数统计探测法。

3.2.1　参数统计探测法

一般情况下认为数据近似服从正态分布，异常通常集中分布于概率密度函数的两个尾部，且数量较少，出现概率较低。图 3.1 为一个服从标准正态分布 $N(0,1)$ 的概率密度函数，其中阴影部分的面积为数据落在区间 (x_1, x_2) 的概率值，可以发现位于概率分布两个尾部区域(虚线框区域)的面积极小，即数据落在这两个区域的概率极低，则认为落在这两个区域的数据为异常。在实际中，数据往往不一定服从标准正态分布，而是服从期望为 μ、标准差为 σ 的正态分布 $N(\mu, \sigma)$，通过构造统计量 $\dfrac{x_i - \mu}{\sigma}$ 可以获得数据 x_i 位于 $(-\infty, x_i)$ 的概率，概率越小说明越接近概率分布的左尾部，越大则越接近右尾部。在实际异常探测过程中，通常认为 μ 和 σ 分别为数据集的平均值 μ_X 和标准差 σ_X，在识别异常时通过构造判别准则进行判断。例如，采用常用的 k 倍标准差准则，即当 $x_i - \mu_X \geqslant k \cdot \sigma_X$ 时，就认为数据 x_i 为异常。Jiang 等通过大量实验分析发现 k 取 1.645 时可以得到较为可靠的异常探测结果(Jiang et al., 2003)。此外，判别准则还包括狄克逊准则、狄克逊双侧检验准则等其他准则(Person, 2004)。

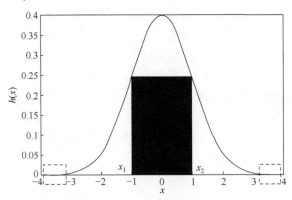

图 3.1　标准正态分布概率密度函数

在某些情况下，数据集服从多个分布的混合模型，不同的分布模型可以将原始数据集划分为一系列不同的簇。对于同一组数据，数据主体部分通常呈现聚集分布，异常数据则呈现离散分布，为此可以将数据集 X 大致分为两种分布模型：一种为主体数据服从的分布模型(记为 M)，需要对数据集进行估计；另一种为异常数据服从的分布模型(记为 A)，通常认为其服从均匀分布。那么，数据集 X 服从的混合分布模型 D 可表示为

$$D(X) = (1-\lambda)M(X) + \lambda A(X) \tag{3.1}$$

式中，λ 为异常数据所占比例。在数据集初始状态 t_0，将所有数据放置于主体数据集中，将异常数据集清空；进而，将主体数据集中的数据逐渐移入异常数据集中，在 t_i 状态时数据集的似然函数和对数似然函数分别为

$$L_{t_i}(D) = \prod_{x \in D} P_D(x) = \left[(1-\lambda)^{|M_{t_i}|} \prod_{x \in M_{t_i}} P_{M_{t_i}}(x) \right] \left[\lambda^{|A_{t_i}|} \prod_{x \in A_{t_i}} P_{A_{t_i}}(x) \right]$$

$$\ln L_{t_i}(D) = \left| M_{t_i} \right| \ln(1-\lambda) + \sum_{x \in M_{t_i}} \ln P_{M_{t_i}}(x) + \left| A_{t_i} \right| \ln \lambda + \sum_{x \in A_{t_i}} \ln P_{A_{t_i}}(x) \tag{3.2}$$

式中，$P_D(x)$、$P_{M_{t_i}}(x)$、$P_{A_{t_i}}(x)$ 分别为混合概率密度函数、t_i 状态时主体数据概率密度函数和异常数据概率密度函数。主体数据主导数据集分布，使得主体数据项

的移动不会对数据集整体似然度产生较大影响；反之，异常数据移动则会严重影响数据集的整体似然度。据此，若在完成数据移动操作后，数据集总体似然度明显提高，则此数据为异常；若似然度变化不明显，则此数据为正常。对以上过程执行迭代操作，直至所有数据处理完毕。

3.2.2　非参数统计探测法

参数统计探测法需要假设数据服从的分布模型，在无先验知识指导下统计推断的结果显然是不可信的，甚至会出现背离现实的错误。为克服参数统计探测法的局限性，国内外学者借鉴蒙特卡罗模拟等技术手段发展了非参数统计探测法，这是一种对数据总体的分布不进行假设或仅进行一般性假设条件下的统计推断方法。非参数统计探测法相比于参数统计探测法不需要对数据分布进行假设，适用于具有复杂分布的数据集。本小节以空间交叉异常探测为例，阐述一种非参数统计探测法。空间交叉异常是指基本数据集实体相对于一定范围内的参考数据集实体具有明显差异的实体对象集合 (Deng et al., 2018)，空间交叉异常探测主要步骤包括：①判别目标与参考数据集之间空间依赖关系的显著性；②针对目标实体采用约束 Delaunay 三角网构建合理、稳定的空间邻域；③依据同现强度计算目标实体的空间交叉异常度，并针对各目标实体构建支撑域，采用蒙特卡罗模拟推断其空间交叉异常度的概率密度分布，实现对空间交叉异常的显著性判别；④采用生存距离对空间交叉异常进行多尺度分析。

1. 目标-参考数据集空间依赖性判别

探测空间交叉异常的前提是需要满足两类空间点事件实体之间存在显著的空间依赖性。为此，采用交叉 K 函数来统计检验两类空间点事件间的空间依赖性 (Ripley, 1976)。给定目标数据集(primgry point, PP)和参考数据集(reference point, RP)，数据空间分布的观测 K 函数值可以表示为

$$\hat{K}_{\mathrm{PP}\leftarrow\mathrm{RP}}^{\mathrm{obs}}(r) = \frac{1}{A}\sum_{i=1}^{P}\sum_{j=1}^{R}\frac{I[\mathrm{Dist}(\mathrm{pp}_i,\mathrm{rp}_j)\leqslant r]}{P\cdot R}, \quad \mathrm{pp}_i\in\mathrm{PP}; \mathrm{rp}_j\in\mathrm{RP} \tag{3.3}$$

式中，P 和 R 分别为目标数据集和参考数据集中点事件数目；A 为由所有空间点覆盖的平面区域面积；$I[\cdot]$ 为指示函数，若空间点 pp_i 与 rp_j 之间的欧氏距离 Dist 小于等于阈值 r，则 $I[d(p_i, q_j)\leqslant r]=1$，否则 $I[d(p_i, q_j)\leqslant r]=0$。假设两类空间点事件均服从均质泊松分布，给定某一置信水平，若观测的空间分布计算得到的交叉 K 函数值显著大于理论分布下的交叉 K 函数值，则说明两类空间点事件间存在显著的空间依赖性，可以支撑空间交叉异常的探测分析。

2. 目标实体空间邻域构建

空间邻域是度量空间异常的基础。为了探测空间交叉异常，需要构建目标实体的空间邻域。由于 eps-邻域和 kNN 的构建需要输入参数(如空间半径 eps、最近邻数 k)，对空间分布不均匀数据的参数设置较为困难，因此采用约束 Delaunay 三角网自适应构建空间邻域。针对目标实体生成 Delaunay 三角网，将所有边长按升序排列构成集合 $E=\{e_1, e_2, \cdots, e_n\}$，定义集合中上下四分位数对应边长的均值为稳健平均边长，表达为

$$\text{Robust\_AvgLen}(E) = \frac{\sum_{i=[(n+1)/4]}^{[3(n+1)/4]} \text{Len}_{e_i}}{[3(n+1)/4] - [(n+1)/4] + 1} \qquad (3.4)$$

式中，Len_{e_i} 为 e_i 的边长；$[\cdot]$ 为向上取整函数，$[(n+1)/4]$ 和 $[3(n+1)/4]$ 分别为边长数目 n 的上下四分位数。其中，将大于稳健平均边长一定倍数的边视为不合理边，如图 3.2(a)中实体 A 与 B 及 C 与 D 构成的边。进而，需要将这些边删除，更精细地表达实体间空间邻近关系。

$$\text{Unreasonable\_E} = \{e_i \mid \text{Len}_{e_i} \geq \beta \cdot \text{Robust\_AvgLen}(E), e_i \in E\} \qquad (3.5)$$

式中，调节因子 β 用于控制邻近关系表达的精细程度。当 β 取值较大时，不合理边的判别阈值相应较大，可吸收更多较远距离的点放入该实体的邻近域；当 β 取值较小时，不合理边的判别阈值较严格，导致部分空间邻近的实体被排出邻近域。通过对不同分布密度的模拟数据进行分析，发现当 β 取值为[2，4]时，可获得理想的空间邻域构建结果。此外，不属于任何簇的实体被识别为孤立点而被剔除。对于任一目标实体 pp_i，与边长约束后 Delaunay 三角网中通过边直接相连的空间实体构成 pp_i 的空间邻域 $SN(pp_i)$，如图 3.2(b)所示，目标实体 pp_i 的空间邻域为 $\{pp_1,$ $pp_2, pp_3, pp_4, pp_5, pp_6, pp_7\}$。

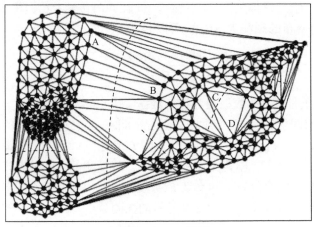

(a) 原始Delaunay三角网

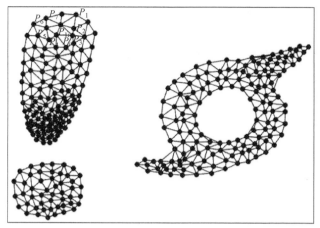

(b) 边长约束Delaunay三角网

图 3.2 空间邻域构建

3. 空间交叉异常非参数统计判别

针对每个目标实体 pp_i，落在以 pp_i 为圆心、半径为 r 的圆形范围内(空间参考邻域)的参考实体数目称为同现强度，表达式为

$$\text{Co\_I}(pp_i) = |\{rp_j \mid \text{Dist}(pp_i, rp_j) \leqslant r\}|, \quad pp_i \in PP; rp_j \in RP \tag{3.6}$$

式中，$\text{Dist}(pp_i, rp_j)$ 为目标实体 pp_i 和参考实体 rp_j 之间的欧氏距离。如图 3.3(a)所示，同现强度 $\text{Co\_I}(pp_i) = 10$, $\text{Co\_I}(pp_1) = 4$, $\text{Co\_I}(pp_2) = 1, \cdots,$ $\text{Co\_I}(pp_7) = 3$。基于各目标实体的同现强度，结合约束 Delaunay 三角网构建的稳健空间邻域，进一步将空间交叉异常度定义为目标实体的同现强度与其空间邻域目标实体同现强度均值的差异，表达式为

$$\text{LD\_CoI}(pp_i) = \left| \text{Co\_I}(pp_i) - \frac{\sum\limits_{j=1}^{|SN(pp_i)|} \text{Co\_I}(pp_j)}{|SN(pp_i)|} \right|, \quad pp_j \in SN(pp_i) \tag{3.7}$$

式中，$|SN(pp_i)|$ 为目标实体 pp_i 的空间邻域实体数目。空间交叉异常是指与空间邻域目标实体相比在空间参考邻域上具有显著同现强度差异的目标实体。为了度量这种空间同现强度差异的显著性，需要界定各目标实体的空间支撑域，并分析落在其空间支撑域范围内参考实体的分布特征。其中，目标实体 pp_i 与其空间邻域 $SN(pp_i)$ 内目标实体及落在其空间参考邻域范围内的参考实体将被一个最小多边形包围，定义该多边形构成的空间范围为目标实体 pp_i 的支撑域 S。如图 3.3(b)所示，目标实体支撑域是采用 α-Shape 算法构建得到的(Edelsbrunner et al., 1983)。

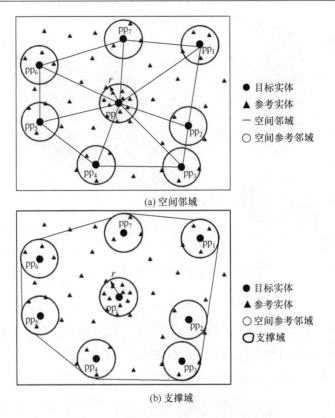

(a) 空间邻域

(b) 支撑域

图 3.3　目标实体空间邻近关系及其支撑域

从随机空间过程的视角来看，目标实体支撑域内的参考实体满足完全空间随机分布的假设，即任一目标实体的空间参考邻域内参考实体数目与其空间邻域目标实体相比没有明显差异。基于该假设，参考实体在目标实体的支撑域内服从均质泊松分布，其出现在支撑域中各空间位置的概率相同，且独立于其他参考实体(王远飞和何洪林，2007)，该分布可以表示为

$$p[N(B) = k] = \frac{\lambda^k [v(B)]^k}{k!} e^{-\lambda v(B)} \tag{3.8}$$

$$\hat{\lambda} = \frac{N(S)}{v(S)} \tag{3.9}$$

式中，$N(B)$为空间参考邻域 B 内参考实体的数目，且 $B \subseteq S$；$v(B)$为空间参考邻域 B 的面积；λ为强度函数；$N(S)$和$v(S)$分别为支撑域 S 内参考实体的数目和面积。为了避免参数估计，采用蒙特卡罗随机模拟的方法在支撑域内随机生成参考实体集合，并拟合目标实体空间交叉异常度的概率密度分布，如图 3.4 所示，进而对空间交叉异常的显著性进行统计判别：

$$p_{\text{LD\_CoI}(pp_i^0)} = \frac{\left|\{\text{LD\_CoI}(pp_i^k) \mid \text{LD\_CoI}(pp_i^k) \geqslant \text{LD\_CoI}(pp_i^0)\}\right| + 1}{m+1} \tag{3.10}$$

式中，$\text{LD\_CoI}(pp_i^0)$ 为观测分布下的空间交叉异常度；$\text{LD\_CoI}(pp_i^k)$ 为第 k 随机模拟数据分布下的空间交叉异常度；m 为模拟数据生成次数，通常取 999 次。给定显著性水平 α，若 $P_{\text{LD\_CoI}}(pp_i^0)$ 小于 α，则目标实体 pp_i 为显著的空间交叉异常。

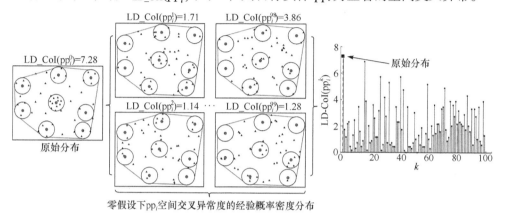

图 3.4　蒙特卡罗模拟拟合目标实体空间交叉异常度概率密度分布简例

4. 空间交叉异常多尺度分析

基于单一空间参考邻域半径获取的空间交叉异常难以充分描述异常实体的空间分布特征，需要在连续参考邻域下对空间交叉异常进行多尺度探索分析，获取稳定的空间交叉异常。具体地，通过设置不同空间参考邻域半径分别探测空间交叉异常，若某空间交叉异常在连续的参考邻域内均呈现统计显著性，则将此参考邻域半径定义为该异常的生存距离。空间交叉异常的生存距离越长，分布越稳定，可用以指导交叉异常的筛选与评价。首先，计算各目标实体与所有参考实体间的距离，将最短距离作为该目标实体与参考实体的距离；进而，所有目标实体到参考实体距离中的最小值(记为 Min_R)和最大值(记为 Max_R)构成空间参考邻域半径取值范围[Min_R, Max_R]，在此范围内进行等步长取值实现空间交叉异常多尺度分析。

综上所述，空间交叉异常非参数统计探测法可以描述如下：

(1) 给定目标点事件集 PP 和参考点事件集 RP，采用交叉 K 函数判别两类空间点事件之间的空间依赖性；

(2) 针对目标实体采用约束 Delaunay 三角网构建稳健的空间邻域；

(3) 根据目标实体与参考实体的同现强度计算目标实体的空间交叉异常度；

(4) 针对各目标实体构建支撑域，采用蒙特卡罗模拟拟合空间交叉异常度的概率密度分布，进而对空间交叉异常的显著性进行判别；

(5) 采用生存距离对空间交叉异常进行多尺度分析。

3.3　基于邻近关系度量的异常探测

3.3.1　欧氏距离度量探测法

基于统计的异常探测法需要对数据服从的分布模型进行假设和估计，难以适应分布复杂的数据集。为此，Knorr 和 Ng(Knorr & Ng, 1998)提出一种基于欧氏距离度量进行异常探测的思想，将异常描述为：若数据集中存在至少 $p\%$ 的实体到实体 O 的距离大于某个距离阈值 D，则实体 O 为空间异常，记为 DB(p, D)-outlier，如图 3.5(a)所示。随后，Ramaswamy 等(Ramaswamy et al., 2000)通过计算每个实体的 K 邻近距离并进行排序，选取最大的 N 个实体作为异常，如图 3.5(b)所示。然而，这两种方法都需要人为输入参数，从而一方面导致异常探测结果的不确定性；另一方面影响异常探测结果的有效性，仅能发现明显偏离其他实体的全局异常点，且容易产生大量误判。

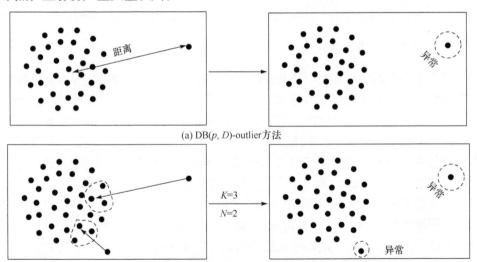

(a) DB(p, D)-outlier方法

(b) 基于K邻近距离度量的方法

图 3.5　欧氏距离度量探测法简例

不难发现，上述基于欧氏距离度量探测法没有考虑空间点事件描述的类型差异，在实际中通常需要综合考虑多种类型点事件之间的关联关系，这样进行异常探测更具有应用价值。鉴于此，Papadimitriou 和 Faloutsos 考虑点事件之间的类型差异，提出一种基于欧氏距离度量的空间交叉异常探测法(Papadimitriou &

Faloutsos, 2003)。

给定目标类型点事件集 P 和参考类型点事件集 R，对于任一目标实体 $p_i \in P$，将其采样半径为 r 的邻域范围内其他目标实体集合记为 $N_P(p_i, r)$，采样邻域内目标实体数目 $n_P(p_i, r)$ 记为

$$N_P(p_i,r)=\{p_j \in P \mid \mathrm{dist}(p_i,p_j) \leqslant r\}, \quad n_P(p_i,r)=|N_P(p_i,r)| \qquad (3.11)$$

式中，$\mathrm{dist}(p_i, p_j)$ 为目标实体 p_i 与 p_j 之间的欧氏距离。目标实体 p_i 的计数邻域为分布在一定邻域范围内的参考实体集合，记为 $N_R(p_i, \alpha r)$，其计数邻域内参考实体数目记为 $n_R(p_i, \alpha r)$：

$$N_R(p_i,\alpha r)=\{q_j \in R \mid \mathrm{dist}(p_i,q_j) \leqslant \alpha r\}, \quad n_R(p_i,\alpha r)=|N_R(p_i,\alpha r)| \qquad (3.12)$$

式中，$\mathrm{dist}(p_i, q_j)$ 为目标实体 p_i 与参考实体 q_j 之间的欧氏距离；α 为局部化因子，用于控制计数邻域的大小。若目标实体的计数邻域数目显著异于其采样邻域目标实体的计数邻域数目，则将其判别为空间交叉异常，表达式为

$$\mathrm{Cross\_Outliers} = \{p_i \in P \mid |\hat{n}_{P,R}(p_i,r,\alpha) - n_R(p_i,\alpha r)| > k\hat{\sigma}_{P,R}(p_i,r,\alpha)\} \qquad (3.13)$$

$$\hat{n}_{P,R}(p_i,r,\alpha) = \frac{\sum_{j=1}^{n_P(p_i,r)} n_R(p_j,\alpha r)}{n_P(p_i,r)}, \quad \forall p_j \in N_P(p_i,r) \qquad (3.14)$$

$$\hat{\sigma}_{P,R}(p_i,r,\alpha) = \sqrt{\frac{\sum_{j=1}^{n_P(p_i,r)} [n_R(p_j,\alpha r) - \hat{n}_{P,R}(p_i,r,\alpha)]^2}{n_P(p_i,r)}}, \quad \forall p_j \in N_P(p_i,r) \qquad (3.15)$$

式中，$\hat{n}_{P,R}(p_i,r,\alpha)$ 和 $\hat{\sigma}_{P,R}(p_i,r,\alpha)$ 分别为目标实体 p_i 的采样邻域内目标实体的计数邻域参考实体数目的均值和标准差；k 为异常判别因子，通常取值为 2 或 3。如图 3.6 所示，目标实体 p_i 的采样邻域数目为 4，计数邻域数目为 1，于是，$\hat{n}_{P,R}(p_i,r,\alpha) = (1+5+4+0)/4 = 2.5$。

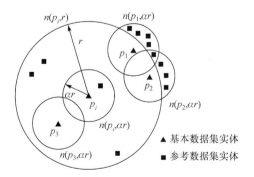

图 3.6　采样邻域与计数邻域示意图

综上所述，基于欧氏距离度量的空间交叉异常探测法可以描述如下：

(1) 给定目标点事件集 P 和参考点事件集 R，采样邻域半径为 r、局部化因子为 α 及异常判别因子为 k；

(2) 根据半径 αr 获取所有目标实体的计数邻域 $N_R(p_i, \alpha r)$；

(3) 针对任一目标实体 p_i，根据半径 r 获取其采样邻域 $N_P(p_i, r)$，并计算其采样邻域内目标实体的计数邻域参考实体数目均值和标准差；

(4) 根据异常判别因子 k，统计判别空间交叉异常目标点事件集合。

3.3.2 角度度量探测法

在高维数据中，通常难以通过直接的欧氏距离度量来探测异常实体。针对此问题，Krirgel 等提出一种基于角度度量的异常探测方法(Krirgel et al., 2008)。其具体描述为：给定数据集 D 中任一空间实体 o，实体 o 与 D 中其他任意两个实体 p 和 q 可以形成一个不大于 $180°$ 的角度，表达式为

$$\theta = \frac{\langle op, oq \rangle}{\|op\|^2 \cdot \|oq\|^2} \tag{3.16}$$

式中，op 和 oq 分别为实体 o 与 p 和 q 形成的向量；$\langle op, oq \rangle$ 为 op 和 oq 的内积；$\|op\|^2$ 和 $\|oq\|^2$ 分别为 op 和 oq 的大小。进而，实体 o 与所有实体对形成的角度可形成一个角度序列，此序列的反距离加权方差可以表示为

$$\begin{aligned}
\mathrm{ABOF}(o) &= \mathrm{VAR}_{p,q \in D}\left(\frac{\langle op, oq \rangle}{\|op\|^2 \cdot \|oq\|^2} \right) \\
&= E_{\mathrm{weighted}}\left[\left(\frac{\langle op, oq \rangle}{\|op\|^2 \cdot \|oq\|^2} \right)^2 \right] - \left[E_{\mathrm{weighted}}\left(\frac{\langle op, oq \rangle}{\|op\|^2 \cdot \|oq\|^2} \right) \right]^2 \\
&= \frac{\displaystyle\sum_{p \in D}\sum_{q \in D} \frac{1}{\|op\| \cdot \|oq\|} \cdot \left(\frac{\langle op, oq \rangle}{\|op\|^2 \cdot \|oq\|^2} \right)^2}{\displaystyle\sum_{p \in D}\sum_{q \in D} \frac{1}{\|op\| \cdot \|oq\|}} - \left(\frac{\displaystyle\sum_{p \in D}\sum_{q \in D} \frac{1}{\|op\| \cdot \|oq\|} \cdot \frac{\langle op, oq \rangle}{\|op\|^2 \cdot \|oq\|^2}}{\displaystyle\sum_{p \in D}\sum_{q \in D} \frac{1}{\|op\| \cdot \|oq\|}} \right)^2
\end{aligned}$$

$$\tag{3.17}$$

加权方差 $\mathrm{ABOF}(o)$ 可以反映实体 o 的异常度。$\mathrm{ABOF}(o)$ 越小，表明该实体与其他实体距离越远，并且与其他实体对之间形成的角度变化范围越小，因而越可能成为异常实体。如图 3.7 所示，数据集包含一个异常点 O 和一个空间簇 C，可以明显发现异常点 O 与其他任意两个实体形成的角度变化较实体 p(位于簇 C 中)小，且 O 与其他实体构成向量的模也明显大于 p 所对应的向量。实际上，在此数

据集中实体 O 的加权方差最小，并且最有可能成为异常。基于角度度量的异常探测思想可以通过一种极限情况进行直观理解，即当一个实体距离其他实体无穷远时，该实体与其他实体形成的向量间的夹角均为 0°，且向量的模为无穷大。

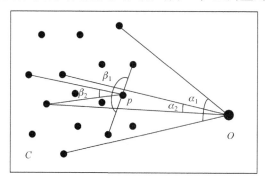

图 3.7　基于角度度量的异常探测法简例

当从数据集 D 中提取异常实体时，有两种策略：①给定阈值 MaxABOF，若 ABOF(o)≤MaxABOF，则 o 为异常实体；②将所有实体按照其加权方差值进行升序排列，得到序列 ABOF={ABOF$_1$, ABOF$_2$,…, ABOF$_N$}。给定一整数 m，若 ABOF(o)≤ABOF$_m$，则 o 为异常实体。进而，数据集 D 中的所有异常实体构成异常数据集 Os：

$$Os = \{\forall o \,|\, ABOF(o) \leqslant MaxABOF\} \text{ 或} \{\forall o \,|\, ABOF(o) \leqslant ABOF_m\} \tag{3.18}$$

式中，参数 MaxABOF 和 m 一般通过领域知识或相关定量分析得到。

综上所述，基于角度度量的异常探测法可以描述如下：

(1) 给定一个数据集 D，针对每个实体 o 计算其与 D 中任意两个实体 p 和 q 间的角度 θ；

(2) 根据实体 o 与 D 中任意两个实体形成的角度序列，计算该序列的反距离加权方差 ABOF(o)；

(3) 根据分析得到的参数 MaxABOF 或 m，进而从 D 中探测得到异常数据集 Os。

然而，基于角度度量的异常探测法计算量大，当数据量较大时难以高效处理和分析，并且该方法没有考虑数据集的复杂分布，导致探测准确度不高。

3.3.3　局部密度度量探测法

欧氏距离度量探测法和角度度量探测法仅能发现明显偏离数据整体的异常点，即全局异常。如图 3.8 所示，簇 C_1 明显较 C_2 稀疏，且 O_1 与其他所有实体距离均较远，利用欧氏距离度量探测法仅能够得到异常点 O_1。此外，在 C_2 附近存在一

个孤立点 O_2，这属于一种偏离局部分布的异常点，即局部异常，但从数据整体来看，O_2 的 K 邻近距离(如 K=5)与簇 C_1 内部点的 K 邻近距离相似，欧氏距离度量探测法将视这类局部异常为正常点，或者同时将簇 C_1 与 O_2 识别为异常，这显然是不准确的。针对局部异常探测的问题，Breunig 等提出一种基于局部密度度量的探测法——LOF(Breunig et al., 2000)。后来一些学者以 LOF 方法为基础提出了一系列的改进方法。

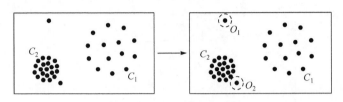

图 3.8　全局异常和局部异常

1. LOF 方法

LOF 方法的主要思想在于通过度量实体在其 K 邻域内与其他实体间的可达距离获得该实体的局部密度，进而通过比较该实体与其 K 邻域内其他实体的局部密度得到其局部异常度。局部异常度越大，表明该实体是异常的可能性越大。

给定数据集中的空间实体 o、p 及 K 邻近距离参数 K，将 o 和 p 之间的可达距离定义为

$$\text{reach-dist}(o, p) = \max\{K\text{-dist}(o), d(o, p)\} \tag{3.19}$$

式中，$K\text{-dist}(o)$ 为实体 o 的 K 邻近距离，即将数据集中其他实体与 o 之间的距离进行升序排列后，排在第 K 位的距离值。以图 3.9(a)为例，对于实体 o、p_1、p_2，reach-dist(o, p_1)=K-dist(o)，reach-dist(o, p_2)= $d(o, p_2)$。进而，实体 o 的局部密度可以表示为

$$\text{lrd}_{\text{MinPts}}(o) = \cfrac{1}{\cfrac{\displaystyle\sum_{p \in \text{NN}_{\text{MinPts}}(o)} \text{reach-dist}_{\text{MinPts}}(o, p)}{\left| \text{NN}_{\text{MinPts}}(o) \right|}} \tag{3.20}$$

$$\text{NN}_K(o) = \left\{ q \in D \setminus \{o\} \,\middle|\, d(o, q) \leqslant K\text{-dist}(o) \right\}$$

式中，MinPts 为实体邻域内必须包含实体数目的最小值，通常设置 MinPts=K；$\text{NN}_{\text{MinPts}}(o)$ 为实体 o 的 K 邻域。于是，实体 o 的局部异常度可以表示为

$$\text{LOF}_{\text{MinPts}}(o) = \frac{\displaystyle\sum_{p \in \text{NN}_{\text{MinPts}}(o)} \cfrac{\text{lrd}_{\text{MinPts}}(p)}{\text{lrd}_{\text{MinPts}}(o)}}{\left| \text{NN}_{\text{MinPts}}(o) \right|} \tag{3.21}$$

可以发现，实体 o 与其邻域内其他实体间可达距离越长，实体 o 局部密度越

小；若其邻域内实体的局部密度越大，则实体 o 的局部异常度越大，即实体 o 在局部范围内明显偏离一组呈密集分布的簇。如图 3.9(b)所示，实体 o 的分布明显较其邻域其他实体稀疏，因此 o 具有较大的局部异常度。

当从数据集 D 中提取异常实体时，通常有两种策略：①给定异常度阈值 MinLOF，若 $\mathrm{LOF}_{\mathrm{MinPts}}(o) \geqslant \mathrm{MinLOF}$，则 o 为异常实体；②将所有实体按照局部异常度进行降序排列，从而得到异常度序列 $\mathrm{LOF}=\{\mathrm{LOF}_1, \mathrm{LOF}_2, \cdots, \mathrm{LOF}_N\}$。给定一整数 m，若 $\mathrm{LOF}_{\mathrm{MinPts}}(o) \geqslant \mathrm{LOF}_m$，则 o 为异常实体。进而，数据集 D 中的所有异常实体构成异常数据集 Os：

$$\mathrm{Os} = \{\forall o \mid \mathrm{LOF}_{\mathrm{MinPts}}(o) \geqslant \mathrm{MinLOF}\} 或 \{\forall o \mid \mathrm{LOF}_{\mathrm{MinPts}}(o) \geqslant \mathrm{LOF}_m\} \tag{3.22}$$

式中，MinLOF 和 m 一般通过领域知识或相关定量分析得到。

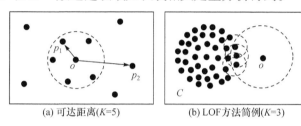

(a) 可达距离($K=5$)   (b) LOF方法简例($K=3$)

图 3.9 LOF 方法原理图

综上所述，LOF 方法可以描述如下：

(1) 给定一个数据集 D，指定邻域内最小实体数目参数 MinPts，针对每个空间实体 o 寻找其 MinPts 邻域 $\mathrm{NN}_{\mathrm{MinPts}}(o)$；

(2) 计算所有实体 o 与 $\mathrm{NN}_{\mathrm{MinPts}}(o)$ 内实体之间的可达距离，进而得到实体 o 的局部密度；

(3) 根据实体 o 与 $\mathrm{NN}_{\mathrm{MinPts}}(o)$ 内实体的局部密度，计算其空间异常度 $\mathrm{LOF}_{\mathrm{MinPts}}(o)$；

(4) 根据分析得到参数 MinLOF 或 m，进而从数据集 D 中探测得到异常数据集 Os。

2. INFLO 方法

学者 Jin 等提出一种 INFLO(influenced outlierness)方法，在构建实体邻域时采用顾及 K 邻域和反向 K 邻域的影响域，进而通过度量该实体与对称 K 邻域内实体的密度差异作为异常度，并衡量空间实体的异常程度(Jin et al., 2006)。该方法可以有效解决两个密度差异较大的簇相邻时容易产生的误判问题，如图 3.10 所示，虽然实体 p 和 q 局部密度相当，但可以明显看出实体 p 是局部异常，而实体 q 则隶属于稀疏簇。

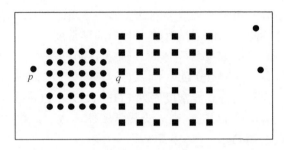

图 3.10　局部异常与邻近簇边界的混淆问题

给定数据集 D 中任一空间实体 o，将其邻域分为两部分：①实体 o 的 K 邻域；②若实体 o 与其他若干实体 K 邻近但这些实体不一定在 o 的 K 邻域内，则将这些实体存入 o 的反向 K 邻域。这两部分构成空间实体 o 的 K 影响域 $\mathrm{IS}_K(o)$。如图 3.11 所示，实体 p 的 5 邻域内不包含实体 q，而实体 q 的 5 邻域内包含实体 p，那么 q 连同 p 的 5 邻域内实体构成 p 的 5 影响域。

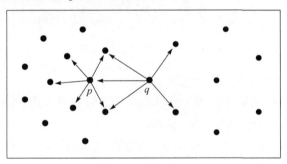

图 3.11　K 影响域简例

给定邻域内最小实体数目参数 MinPts，实体 o 的局部密度 $\mathrm{den}_{\mathrm{MinPts}}(o)$ 可表示为 o 的 MinPts 邻近距离的倒数，异常度为 o 的 MinPts 影响域内实体的局部密度均值与 o 的局部密度比值：

$$\mathrm{den}_{\mathrm{MinPts}}(o) = \frac{1}{\mathrm{MinPts} - \mathrm{dist}(o)}$$

$$\mathrm{AVG}\{\mathrm{den}_{\mathrm{MinPts}}[\mathrm{IS}_{\mathrm{MinPts}}(o)]\} = \frac{\sum\limits_{p \in \mathrm{IS}_{\mathrm{MinPts}}(o)} \mathrm{den}_{\mathrm{MinPts}}(p)}{|\mathrm{IS}_{\mathrm{MinPts}}(o)|} \qquad (3.23)$$

$$\mathrm{INFLO}_{\mathrm{MinPts}}(o) = \frac{\mathrm{AVG}\{\mathrm{den}_{\mathrm{MinPts}}[\mathrm{IS}_{\mathrm{MinPts}}(o)]\}}{\mathrm{den}_{\mathrm{MinPts}}(o)}$$

从数据集 D 中提取异常实体有两种策略：①给定异常度阈值 MinINFLO，若

$\text{INFLO}_{\text{MinPts}}(o) \geqslant \text{MinINFLO}$，则 o 为异常实体；②将所有实体按照局部异常度进行降序排列，从而得到异常度序列 $\text{INFLO} = \{\text{INFLO}_1, \text{INFLO}_2, \cdots, \text{INFLO}_N\}$。给定整数 m，若 $\text{INFLO}_{\text{MinPts}}(o) \geqslant \text{INFLO}_m$，则 o 为异常实体。进而，数据集 D 中的所有异常实体构成异常数据集 Os，表达式为

$$\text{Os} = \{\forall o \mid \text{INFLO}_{\text{MinPts}}(o) \geqslant \text{MinINFLO}\} \text{或} \{\forall o \mid \text{INFLO}_{\text{MinPts}}(o) \geqslant \text{INFLO}_m\} \qquad (3.24)$$

式中，参数 MinINFLO 和 m 一般通过领域知识或相关定量分析得到。

综上所述，INFLO 方法可以描述如下：

(1) 给定一个数据集 D，指定某一整数 MinPts，针对每个实体 o 寻找其 MinPts 影响域 $\text{IS}_{\text{MinPts}}(o)$；

(2) 计算所有实体 o 与 $\text{IS}_{\text{MinPts}}(o)$ 内实体间的可达距离，进而得到实体 o 的局部密度；

(3) 根据实体 o 与 $\text{IS}_{\text{MinPts}}(o)$ 内实体的局部密度计算其异常 $\text{INFLO}_{\text{MinPts}}(o)$；

(4) 根据分析得到参数 MinINFLO 或 m，进而从数据集 D 中探测得到异常数据集 Os。

通过对局部密度度量探测法的分析发现，此类方法仍有一些缺陷：①大多数需要预先人为输入参数，导致结果对参数的选择较为敏感；②对于空间分布复杂的数据集，难以准确地探测存在的异常点；③大多数只能探测簇内或簇外密度稀疏的异常点，而对于一些异常空间区域(如密集分布的小簇)，则无法识别，这类异常在实际应用中也具有重要的价值和意义，如犯罪和流行病在小区域内的异常聚集分布等。

3.4　基于聚类分析的异常探测

聚类分析是将一个数据集划分为若干个簇，使得同一簇内实体之间尽可能相似，不同簇的实体之间尽可能相异，所得到的聚类结果通常包含三类分布模式，即容量正常的簇、容量极小的簇和不属于任何簇的离群点，其中后两者通常属于异常。为此，一些学者利用聚类思想进行异常探测分析，主要包括直接探测法和间接探测法。

3.4.1　直接探测法

通过对数据集进行聚类分析，可以直接将小簇和离群点识别为异常。例如，al-Zoubi 等基于模糊 C 均值的聚类思想提出了一种异常探测方法——ODBFC (outlier detection based on fuzzy clustering)方法(al-Zoubi et al., 2010)。该方法的实现可具体描述为：给定具有 n 个实体的数据集 D，首先通过模糊 C 均值聚类方法得

到 M 个簇及每个实体所对应的隶属度矩阵 U(Dunn, 1973)，进而将数据集的目标函数定义为

$$\text{OF} = \sum_{i=1}^{M} \sum_{j=1}^{n} u_{ij}^{W} d_{ij}^{2} \tag{3.25}$$

式中，u_{ij} 为第 j 个实体属于第 i 个簇的概率；W 为加权指数，$W \geqslant 1$；d_{ij} 为第 j 个实体到第 i 个簇中心的欧氏距离。在得到的 M 个簇中，将离群点和簇内实体数目小于所有簇内实体数目平均值的簇识别为全局异常，如图 3.12 所示的簇 O。在剩余簇中，通过移除某个实体 x_i 计算剩余数据的目标函数 OF_i，从而得到与未移除前的数据目标函数差值 $\text{OF}_i{=}\text{OF}{-}\text{OF}_i$，针对剩余簇中每个实体进行分析均可以得到一个目标函数差值，从而可以构成一个目标函数差值序列，并将此序列中目标函数差值大于平均值所对应的实体识别为局部异常(图 3.12 中簇 C' 内的局部离群点)，最后与之前得到的全局异常共同构成该数据集的异常实体。

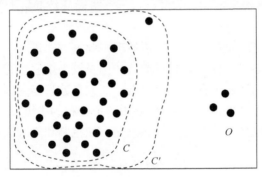

图 3.12　ODBFC 方法简例

综上所述，ODBFC 方法可以描述如下：

(1) 给定一个数据集 D，利用模糊 C 均值聚类方法对 D 进行聚类分析，得到 M 个簇及实体的隶属度矩阵 U；

(2) 将所有的离群点和簇容量小于所有簇容量平均值的小簇识别为全局异常；

(3) 针对除去全局异常以外的其他簇中各实体，通过对其进行移除，计算剩余实体的目标函数，并与未移除实体前的数据进行比较，得到目标函数差值；

(4) 各实体对应的目标函数差值构成一个序列，将目标函数差值大于平均值所对应的实体识别为局部异常，并与步骤(2)得到的全局异常共同构成数据集 D 的异常实体。

3.4.2　间接探测法

聚类分析可以获得分布均质的簇结构，可以辅助度量实体的局部异常度，间

接实现异常实体的探测提取。例如，学者 He 等提出了一种基于聚类分析的局部异常因子探测(cluster-based local outlier factor，CBLOF)法(He et al., 2003)：给定具有 n 个实体的数据集 D，首先根据该数据集的特性采用某种聚类方法将其划分为一系列簇，并按照簇的大小将簇集合 C 进行降序排列，即 $|C_1| \geqslant |C_2| \geqslant \cdots \geqslant |C_n|$。另外，给定两个数值参数 $\alpha(0<\alpha<1)$ 和 $\beta(\beta>1)$，若对于簇 C_g，满足 $(|C_1|+|C_2|+\cdots+|C_g|) \geqslant |D| \cdot \alpha$ 且 $|C_g|/|C_{g+1}| \geqslant \beta$，则可以将簇集合 C 划分为大簇 $\mathrm{LC}=\{C_i|i \leqslant g\}$ 和小簇 $\mathrm{SC}= \{C_i|i> g\}$。进而，对于任一实体 $p_g \in C_i$，其局部异常度可以定义为

$$\mathrm{CBLOF}(p_g)=\begin{cases}|C_i| \cdot \min\left[\mathrm{dis}\left(p_g, C_j\right)\right], & p_g \in C_i; C_i \in \mathrm{SC}; C_j \in \mathrm{LC}\\ |C_i| \cdot \left[\mathrm{dis}\left(p_g, C_i\right)\right], & p_g \in C_i; C_i \in \mathrm{LC}\end{cases} \tag{3.26}$$

通过式(3.26)可以看出，小簇中实体的局部异常度取决于该簇的大小及该实体与所有大簇的最小距离，而大簇中实体的局部异常度则由该簇的大小及该实体到该大簇中心的距离决定，位于大簇的边缘地带或距离大簇较远的小簇中的实体通常异常度较大。如图 3.13 所示，可以明显得到两个大簇 C_1、C_2 及两个小簇 C_3、C_4，其中实体 p_1 和 p_2 分别属于大簇 C_1 和 C_2，因此其局部异常度分别为 $\mathrm{CBLOF}(p_1)= |C_1| \cdot [\mathrm{dis}(p_1, C_1)]$ 和 $\mathrm{CBLOF}(p_2)= |C_2| \cdot [\mathrm{dis}(p_2, C_2)]$；此外，实体 p_3 和 p_4 分别属于小簇 C_3 和 C_4，并且与 p_3 和 p_4 距离最近的大簇分别为 C_1 和 C_2，其局部异常度可以分别表达为 $\mathrm{CBLOF}(p_3)= |C_3| \cdot [\mathrm{dis}(p_3, C_1)]$ 和 $\mathrm{CBLOF}(p_4)= |C_4| \cdot [\mathrm{dis}(p_4, C_2)]$。

从数据集 D 中提取异常实体有两种策略：①给定异常度阈值 MinCBLOF，若 $\mathrm{CBLOF}(o) \geqslant \mathrm{MinCBLOF}$，则 o 为异常实体；②将所有实体按照局部异常度进行降序排列，得到异常度序列 $\mathrm{CBLOF}=\{\mathrm{CBLOF}_1, \mathrm{CBLOF}_2, \cdots, \mathrm{CBLOF}_N\}$。给定整数 m，若 $\mathrm{CBLOF}(o) \geqslant \mathrm{CBLOF}_m$，则 o 为异常实体。进而，数据集 D 中的所有异常实体构成异常数据集 Os：

$$\mathrm{Os} = \{\forall o\,|\,\mathrm{CBLOF}(o) \geqslant \mathrm{MinCBLOF}\}或\{\forall o\,|\,\mathrm{CBLOF} \geqslant \mathrm{CBLOF}_m\} \tag{3.27}$$

式中，参数 MinCBLOF 和 m 一般通过领域知识或相关定量分析得到。

综上所述，CBLOF 方法可以描述如下：

(1) 给定一个数据集 D，根据需要选择聚类方法对 D 进行聚类分析，得到一系列簇，并根据每个簇的实体数目进行降序排列，获得簇集合 $C=\{C_1, C_2, \cdots, C_n\}$；

(2) 给定参数 $\alpha(0<\alpha<1)$ 和 $\beta(\beta>1)$，将所有的簇划分为大簇集合 LC 和小簇集合 SC；

(3) 根据各实体 o 所隶属簇的类型，计算其局部异常度 CBLOF(o)；

(4) 根据分析得到参数 MinCBLOF 或 m，进而从 D 中探测得到异常数据集 Os。

基于聚类分析的异常探测法所得到的结果几乎完全依赖聚类方法的性能，因而这类异常探测法大都继承了相应聚类方法的缺陷，并且大多采用较为简单的

聚类方法(如 *K*-Means)，从而导致数据分布复杂情况下难以得到理想的异常探测结果。

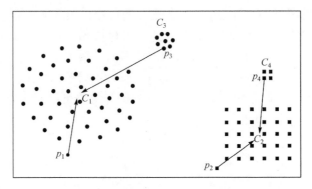

图 3.13　CBLOF 方法简例

3.5　基于层次约束不规则三角网的异常探测

　　现有事务型数据异常探测法虽然可扩展用于空间点事件的异常探测，但这些方法并非专门为空间数据集设计，大都缺乏空间邻近关系的精确度量，尤其对具有复杂分布的数据集探测能力有限，并且仅简单将异常模式分为全局异常和局部异常，这导致对异常模式的描述和区分不够精确。另外，这些方法在探测过程中大都缺乏对空间点所描述的地理事件类型之间差异的考虑。为此，本节将重点介绍利用 Delaunay 三角网表达实体空间邻近关系的优势，基于层次约束 Delaunay 三角网的策略，分别针对同类空间点事件和两类空间点事件而提出的两种空间异常探测法(Shi et al., 2016, 2018)。

3.5.1　同类空间点事件探测法

　　图 3.14 为一组描述同一类型地理事件的空间点集，其中包括明显偏离整体或局部分布的全局异常和局部异常，另外还有一类以密集小簇的形式存在于大簇的内部(简称内部异常)。内部异常由于包含较少的空间点事件，不足以构成一类普遍的聚集分布，但在实际应用中也是一类重要的异常。例如，某区域犯罪事件呈均匀分布，而在此区域内存在小规模且不易被发现的密集犯罪区域。显然，研究此类犯罪区域有助于深入分析犯罪分布的发展规律，以有效抑制潜在大规模犯罪事件的发生。然而，现有的异常探测法均不能完整地识别这三类异常。为此，以二维同类空间点事件为研究对象，提出一种基于层次约束 TIN 的空间异常探测法(简称同类事件层次约束 TIN 法)。

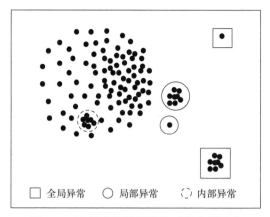

图 3.14　空间点事件异常的三种表现形式

同类事件层次约束 TIN 法的基本思路(图 3.15)为:顾及空间点事件集的特性,首先借助 Delaunay 三角网进行空间邻域的构建和表达。连接全局异常、局部异常、内部异常与其他正常聚集簇的边特性互不相同, 其中全局异常是在整体上与正常聚集簇距离较远的孤立点和小簇, 而局部异常、内部异常则是局部偏离正常聚集簇的孤立点和小簇。鉴于此, 对原始 TIN 施加三个层次的边长约束, 从而分别提取全局异常、局部异常和内部异常。

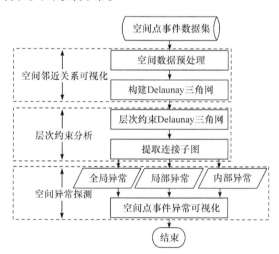

图 3.15　同类事件层次约束 TIN 法的基本思路

该方法主要包括三个步骤：①对空间点事件数据集(spatial point event dataset, SPED)建立 TIN, 实现空间点事件间邻接关系的粗略表达；②依次采用三个层次约束 TIN 的边长,实现空间点事件间邻接关系的精确表达;③自动识别空间异常。下面对这三个步骤进行详细阐述。

1. 空间邻接关系粗略表达

空间点事件数据集通常呈离散状态，缺乏对空间实体间邻接关系的表达。TIN 根据外接圆规则和最大最小角原则建立三角剖分，不需要输入任何参数，并且已证明 TIN 是一种建立空间点实体间邻接关系的有效工具(Tsai, 1993; Estivill-castro & Lee, 2002a, 2002b)。然而，TIN 在复杂的空间数据集中难以准确描述空间点实体间的邻接关系。如图 3.16 所示，在对模拟空间数据集建立的 TIN 中，与虚线相交的边均为明显的误差边，通过误差边建立的邻接关系是不准确的。鉴于此，在借助 TIN 粗略表达空间点事件间邻接关系的基础上，需要通过施加层次约束以逐步精化空间点事件间的邻接关系。

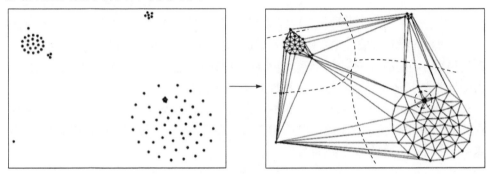

图 3.16　空间邻接关系的 TIN 表达

2. 空间邻接关系精描述

针对 TIN 在表达空间点事件间邻接关系时存在的误差问题，一些学者利用不同的边长约束指标对 TIN 进行修复进而进行空间聚类分析(Estivill-castro & Lee, 2002a, 2002b; Deng et al., 2011; Liu et al., 2012)，并证明了其有效性。这些约束指标可以归纳为

$$CI = \text{Mean}_{\text{Edges}} + coe \cdot \text{Std}_{\text{Edges}} \tag{3.28}$$

式中，$\text{Mean}_{\text{Edges}}$ 和 $\text{Std}_{\text{Edges}}$ 分别为边集合中的平均边长和边长标准差；coe 为可调节的系数，或为预设常数，或为随边长变化的量值。仿照这种形式，下面构造三个层次的约束指标和一个异常簇提取指标实现空间点事件异常探测。

对空间点事件数据集建立 TIN，针对 TIN 的所有边定义第一层次约束指标，表达式为

$$CI^1(E_i) = \text{Global\_Mean(DT)} + \alpha \cdot \text{Global\_SD(DT)}$$
$$\alpha = \frac{\text{Global\_Mean(DT)}}{\text{Length}(E_i)} \tag{3.29}$$

式中，E_i 为 TIN 的任一边；$\text{Length}(E_i)$ 为 E_i 的边长；Global_Mean(DT) 为 TIN 的平

均边长；Global_SD(DT)为 TIN 的边长标准差；α 为适应系数。TIN 的平均边长和边长标准差能够从全局层次反映空间点事件数据集的整体分布，可大致区分较长边和较短边。为了精确识别全局分布中的长边，这里引入适应系数 α。若某条边的长度大于全局平均边长，则 $\alpha<1$，相应的约束指标也越小，反之越大。通过此策略删除所有长度大于第一层次约束指标的边，可以得到更新后的空间邻接关系。如图 3.17(a)所示，可以看出全局长边已有效删除，并且分离得到全局异常点 G_2 和异常簇 G_4，但仍存在局部误差需要消除，这些局部误差区域蕴含着局部异常和内部异常，如图 3.17(a)虚线框所示。

经过第一层次边长约束后，每个空间点事件与其更新后的邻接点事件构成一系列局部边，进而定义相应指标对局部边施加第二层次约束，表达式为

$$\mathrm{CI}^2(E_i) = \mathrm{Local\_Mean}(E) + \beta \cdot \frac{\sum_{j=1}^{n} \mathrm{Local\_SD}(P_j)}{n}, \quad P_j \in G_k \tag{3.30}$$

$$\beta = \frac{\mathrm{Local\_Mean}(E)}{\mathrm{Length}(E_i)}$$

式中，E_i 为与空间实体 P_i 连接的局部边集合 E 的元素；Length(E_i)为 E_i 的边长；Local_Mean(E)为局部边的平均边长；G_k 为对原始 TIN 修复后利用空间邻接关系构成的子集，如图 3.17(a)中的 G_1、G_2、G_3、G_4，其中参与分析的 P_i、P_j 为属于 G_k 的空间点事件；Local_SD(P_j)为与空间点事件 P_j 相关的局部边长标准差；β 为适应系数。以施加第一层次约束后得到的各连通子图为分析单元，局部边的平均边长和边长标准差从局部上表征了空间点事件集在各个局部的分布，通过附加适应系数 β 构成的局部约束指标能够很好地识别局部长边引起的误差。局部边过长使得适应系数 β 偏小，约束指标取值相应较小；反之，适应系数 β 偏大，约束指标取值相应较大。进而，删除边长大于第二层次约束指标的局部边，继续更新空间邻接关系(图 3.17(b)虚线框区域)。其与施加第一层次约束后的结果对比发现，由局部长边引起的剩余误差得到进一步消除，并且分离得到了局部异常点 G_5 和异常簇 G_6，但在某些局部区域仍然存在误差，使得内部异常无法得到完全分离。下面以局部边长标准差为分析对象，首先识别局部边长标准差较大的区域，即边长分布非均匀区域，对此类区域施加第三层次约束以实现空间邻接关系的精确化。

经过第一、二层次的约束分析，每个空间点事件与其更新后的邻接点事件之间构成了分布较为均匀的局部边，为进一步准确识别这些局部边中的不一致长边，需要先根据空间点事件的局部边长标准差来识别全局和局部分布非均匀邻域：

$$\mathrm{GSI}(\mathrm{LocalSD}_{P_i}) = \mathrm{Mean}(\mathrm{LocalSD}) + \alpha' \cdot \mathrm{SD}(\mathrm{LocalSD})$$

$$\alpha' = \frac{\mathrm{Mean}(\mathrm{LocalSD})}{\mathrm{LocalSD}_{P_i}} \tag{3.31}$$

$$\text{LSI}(\text{LocalSD}_{P_i}) = \text{Local\_Mean}(P_i) + \beta' \cdot \frac{\sum_{j=1}^{n} \text{LocalSD\_SD}(P_j)}{n}, \quad P_j \in G_k \quad (3.32)$$

$$\beta' = \frac{\text{Local\_Mean}(P_i)}{\text{LocalSD}_{P_i}}$$

式中，LocalSD_{P_i} 为空间点事件 P_i 连接的局部边长标准差；LocalSD 为 P_i 所在子图中所有点事件的局部边长标准差集合；α' 为适应系数；$\text{Local\_Mean}(P_i)$ 为空间点事件 P_i 邻接点的局部边长标准差的均值；$\text{LocalSD\_SD}(P_j)$ 为空间点事件 P_j 的局部边长标准差的标准差；β' 为适应系数。进而，对各子图中空间点事件局部边长标准差进行分析可以发现，通过采用与第一层次约束指标和第二层次约束指标类似的策略对其进行约束分析，可以找到子图中局部边长标准差较大的实体，该类实体的邻域边长标准差需要满足以下两个条件之一：

(1) $\text{LocalSD}_i \geqslant \text{GSI}(\text{LocalSD}_{P_i})$；

(2) $\text{LocalSD}_i \geqslant \text{LSI}(\text{LocalSD}_{P_i})$。

需要注意的是，为了避免全局分布不均匀区域的影响，在计算局部分布不均匀区域识别指标 $\text{LSI}(\text{LocalSD}_{P_i})$ 时，忽略满足条件(1)的点事件。进而，根据第二层次约束指标对此类点事件的局部边长进行约束分析，删除残余局部误差，从而分离得到内部异常簇 G_7，如图 3.17(c)所示。通过本节提出的层次约束策略，原始

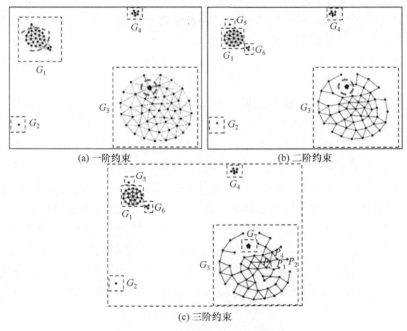

(a) 一阶约束　　　　　　　　　(b) 二阶约束

(c) 三阶约束

图 3.17　空间邻接关系的精描述

TIN 中存在的误连接边在经过全局和局部处理后将被删除，并最终获取精确的空间邻接关系，如点事件 P_2、P_3、P_4 构成 P_1 的空间邻域。

3. 空间异常自动识别

通过构建精确的空间点事件间邻接关系，可得到一系列连通子图，下面将进一步探测这些连通子图中包含的孤立点和异常簇。

对于任一空间点事件，以其空间邻域作为传递路径进行递归扩展，扩展路径上所有点事件构成一个连通子图 G(图 3.17(c)的 $G_1 \sim G_7$)。通过空间邻域形成的一系列相互分离的连通子图隐含着各种聚集分布和异常分布。空间点事件异常是包含点事件极少的连通子图，针对"包含点事件极少"这一特性，定义以下指标进一步识别空间点事件异常。

记各连通子图中含空间点事件的数目为 N_i 并构成集合 N，进而对集合 N 中具有相同数值的单元进行合并以达到分类的目的，从而构成新数据集。例如，数据集 $N=\{1, 1, 1, 2, 2, 5, 8, 10\}$，通过对 N 中成员进行分类得到 $N'=\{1, 2, 5, 8, 10\}$。根据数据集 N' 定义空间点事件异常指标为

$$\mathrm{SOI}(N_i') = \mathrm{Mean}(N') - \gamma \cdot \mathrm{SD}(N')$$

$$\gamma = \frac{N_i'}{\mathrm{Mean}(N')} \tag{3.33}$$

式中，$\mathrm{Mean}(N')$ 和 $\mathrm{SD}(N')$ 分别为对各连通子图包含空间点事件个数进行分类后的平均值和标准差；γ 为适应系数。$\mathrm{Mean}(N')$ 和 $\mathrm{SD}(N')$ 能够反映各连通子图中所含空间点事件个数的分布，适应系数 γ 使得 N_i' 越小，SOI 越大，反之 SOI 越小，从而有助于识别容量小的子图。进而，将连通子图中容量小于此指标的子图视为空间异常簇，异常簇中的所有实体构成异常数据集 Os：

$$\mathrm{Os} = \{\forall o \| G_i \mid \leqslant \mathrm{SOI}(N_j'), |G_i| = |G_i|, o \in G_i\} \tag{3.34}$$

图 3.18 所示为最终得到的各类空间点事件异常的识别。

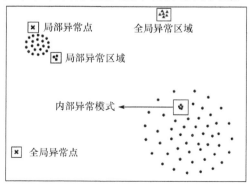

图 3.18　各类空间点事件异常的识别

4. 同类事件层次约束 TIN 探测法描述

给定一个包含 N 个同类空间点事件的数据集 SPED，层次约束 TIN 探测法可描述如下：

(1) 对空间点事件数据集 SPED 构建 TIN，从而获得每个点事件的空间邻域，TIN 中各条边的权重定义为所连接两个点事件间的欧氏距离；

(2) 以步骤(1)构建 TIN 中所有边为分析对象，对其施加第一层次约束操作并删除全局长边，剩余的边则构成一系列连通子图；

(3) 分别以步骤(2)得到的各连通子图为研究对象，对连通子图中各个点事件所连接的局部边集合施加第二层次约束操作，并删除局部长边，剩余的边则进一步构成一系列新的连通子图；

(4) 分别以步骤(3)得到的各连通子图为研究对象，寻找全局和局部密度分布不均匀区域所对应的点事件，并对此类点事件所连接的局部边集合继续施加第三层次约束操作，进一步删除不一致局部长边，剩余的边将构成最终连通子图；

(5) 根据各个最终连通子图中所包含点事件的数目，采用空间异常识别指标提取各类空间点事件异常。

3.5.2　两类空间点事件探测法

在空间点数据描述了两种类型(或多种类型)地理事件的情况下，数据集中将会出现一类空间交叉异常(3.3.1 节介绍的空间交叉异常，Papadimitriou & Faloutsos, 2003)。具体地，忽略空间点事件类型将无法识别任何异常模式；若两类空间点事件之间具有显著的空间关联关系，则耦合分析两者之间的空间关联关系可以探测发现空间交叉异常。以图 3.19 为例，图 3.19(a)和图 3.19(b)分别给出两类空间点事件 E_A 和 E_B；图 3.19(c)描述 E_A 和 E_B 的联合空间分布。若不考虑空间点事件类型，则不能发现任何异常。若考虑空间点事件类型，则可发现某些区域内 E_A 与其空间邻域内其他 E_A 相比，其周边聚集了较多的 E_B，如图 3.19(d)所示，说明这些 E_A 在局部范围内与 E_B 空间关联关系异常，称为空间交叉异常。

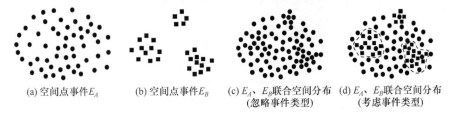

(a) 空间点事件 E_A　　(b) 空间点事件 E_B　　(c) E_A、E_B 联合空间分布　　(d) E_A、E_B 联合空间分布
　　　　　　　　　　　　　　　　　　　　　　　　　　　　(忽略事件类型)　　　　(考虑事件类型)

图 3.19　两类空间点事件及空间交叉异常简例

为了定量描述两类空间点事件之间空间关联关系异常，本书作者提出一种基于层次约束 TIN 的空间交叉异常探测法(简称两类事件层次约束 TIN 法)。

针对指定类型(亦称目标类型)的点事件，采用交叉 K 函数统计检验其与参考类型点事件之间的空间依赖显著性(Ripley, 1976)。如果两类空间点事件之间存在显著的空间正依赖性，那么将采用如图 3.20 所示的研究策略进一步探测蕴含的空间交叉异常，具体描述如下：

(1) 空间交叉邻域关系构建。对数据集中所有空间点事件构建 Delaunay 三角网，通过对 TIN 施加空间多层次约束，可以准确获取两类空间点事件之间的空间交叉邻域关系。针对目标类型任一点事件，综合考虑其空间邻近的参考类型点事件的数目及与其之间的空间距离，度量目标-参考类型点之间的局部空间正关联强度。

(2) 空间交叉异常探测。针对目标类型空间点事件，采用多层次空间约束 Delaunay 三角网构建空间邻域关系。考虑目标-参考类型点之间的局部空间正关联强度，将目标类型相邻点之间的这种正关联强度差异转换为连接边的权重，采用类似的策略对边施加层次约束，获得一系列 TIN 连通子图。其中，包含极端少量目标类型点事件的空间子图被识别为空间交叉异常。

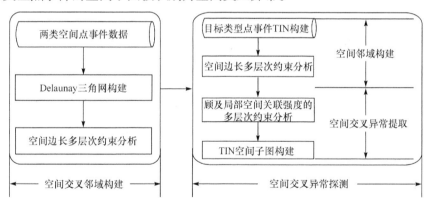

图 3.20　两类空间点事件层次约束 TIN 探测法的基本思路

该方法主要包括三个步骤：①基于交叉 K 函数统计检验的目标-参考类型点事件空间依赖显著性判别；②采用空间层次约束 TIN 构建两类空间点事件间空间交叉邻域；③考虑目标-参考类型点事件之间局部空间正关联强度差异，采用与步骤②类似策略对 TIN 继续施加层次约束，自适应探测空间交叉异常。下面将分别进行详细阐述。

1. 目标-参考类型点事件空间依赖显著性判别

为了从给定的两类空间点事件集中探测空间交叉异常，这里判断两类空间点事件之间是否存在显著的空间关联关系，统计上理解为判别它们之间是否存在显著的空间依赖性。为此，采用交叉 K 函数统计检验方法实现空间依赖的显著性判别(Ripley, 1976)。给定目标类型和参考类型点事件集，根据它们的空间分布可计算得到交叉 K 函数值，表达式为

$$\hat{K}^{\text{obs}}_{\text{TP}\leftarrow\text{RP}}(r) = \frac{1}{A}\sum_{i=1}^{T}\sum_{j=1}^{R}\frac{I[d(p_i, q_j)\leqslant r]}{T\cdot R}, \quad p_i\in\text{TP}; q_j\in\text{RP} \tag{3.35}$$

式中，A 为由两类空间点事件所覆盖的平面区域面积；T 和 R 分别为目标类型点事件和参考类型点事件的数目；$I[d(p_i, q_j)\leqslant r]$ 为指示函数，若点事件 p_i 与 q_j 之间的空间距离在阈值 r 以内，则 $I[d(p_i, q_j)\leqslant r]=1$，否则 $I[d(p_i, q_j)\leqslant r]=0$。

假设两类空间点事件服从均质泊松分布，给定某一置信水平，根据观测的空间分布情况计算得到的交叉 K 函数值显著大于理论分布下的交叉 K 函数值 $\hat{K}^{\text{obs}}_{\text{TP}\leftarrow\text{RP}}(r)$，则认为目标类型点事件与参考类型点事件之间存在显著的空间正依赖性，以此为理论依据继续进行空间交叉异常的探测分析。

2. 目标-参考类型点事件空间交叉邻域构建

为了从目标类型点事件中探测与参考类型点事件之间空间关联关系异常的实体，需要耦合两类空间点事件来构建其空间交叉邻域关系，以辅助度量局部空间关联关系，这里将采用 3.5.1 节提出的空间约束 TIN 来构建空间邻接关系。具体地，对于所有空间点事件构建的原始 TIN，全局长边可以表示为

$$\begin{aligned}\text{G\_LE}_S(\text{DT}) = \bigg\{ &E_i \,\big|\, |E_i| \geqslant \text{Avg\_Len}_S(\text{DT}) \\ &+ \frac{\text{Avg\_Len}_S(\text{DT})}{|E_i|}\cdot\text{Std\_Len}_S(\text{DT})\bigg\}, \quad E_i\in\text{DT}\end{aligned} \tag{3.36}$$

式中，$\text{Avg\_Len}_S(\text{DT})$ 和 $\text{Std\_Len}_S(\text{DT})$ 分别为原始 TIN 的边长平均值和标准差。通过删除原始 TIN 中所有全局长边，可以获得包含一系列连通子图的更新图。在每个连通子图 SG_k 中，针对目标类型空间点事件的局部长边可以表示为

$$\begin{aligned}\text{L\_LE}_S(p_i) = \bigg\{ &E_j \,\big|\, |E_j| \geqslant \text{Avg\_Len}_S(E_{p_j}) \\ &+ \frac{\text{Avg\_Len}_S(E_{p_i})}{|E_j|}\cdot\text{Avg\_Std}_S(\text{SG}_k)\bigg\}, \quad p_i\in\text{SG}_k; E_j\in E_{p_i}\end{aligned} \tag{3.37}$$

式中，E_{p_i} 为与目标类型点事件 p_i 连接的所有局部边集合；$\text{Avg\_Len}_S(E_{p_i})$ 为其边长均值。同时，与空间子图 SG_k 中所有目标类型空间点事件有关的局部边的边长标准差均值表示为 $\text{Std\_Len}_S(\text{SG}_k)$。全局空间边长约束后的 TIN 可以通过删除所有局部长边来实现更新操作，与任一目标类型点事件 p_i 相连的参考类型点集就构成了 p_i 的空间交叉邻域 $\text{SCN}(p_i)$。

借助空间约束 TIN 可以获取两类空间点事件之间的空间交叉邻域关系，并确定目标类型点事件周围的参考类型点事件的数目，而两类空间点事件之间的空间距离将描述它们的连接紧密程度。仿照基于密度的聚类分析思想，核点具有局部高密度值，也就是说，核点与其空间邻域其他点相比，周边聚集了大量点，从而使得它们之间的距离小于空间距离阈值(Ester et al., 1996; Rodriguez & Laio, 2014; Pei et al., 2015)。于是，对于任一目标类型点事件 p_i，若 p_i 与参考类型点事件之间具有局部强空间正依赖性，则 p_i 的空间交叉邻域中包含更多的参考类型点事件，并且两者之间的空间距离应该尽可能小。基于此，目标-参考类型点事件之间的局部空间关联强度可以描述为

$$\text{PDD}(p_i) = \frac{|\text{SCN}(p_i)|}{\sum_{j=1}^{|\text{SCN}(p_i)|} \text{Dist}_{\text{normalized}}(p_i, q_j) / |\text{SCN}(p_i)| + \varepsilon}, \quad q_j \in \text{SCN}(p_i)$$

$$\text{Dist}_{\text{normalized}}(p_i, q_j) = \frac{\text{Dist}(p_i, q_j)}{\max[\text{Dist}(p_{i'}, q_{j'}) \mid p_{i'} \in \text{TP}, q_{j'} \in \text{SCN}(p_{i'})]}$$

(3.38)

式中，ε 为一个趋于 0 的常数(如 0.0001)，其作用在于避免分母等于 0 而导致分式无意义。

以图 3.19 的模拟空间数据集为例，图 3.21(a)给出针对原始 TIN 的两层空间边长约束操作过程，获得的空间图可以准确描述目标-参考类型点事件之间的空间交叉邻域关系。对虚线圈定区域进行局部放大，图 3.21(b)给出三个目标类型点事

(a) 两层空间边长约束操作过程

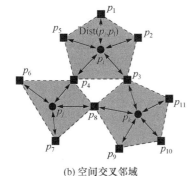

(b) 空间交叉邻域

(c) 空间交叉邻域内参考类型点数目

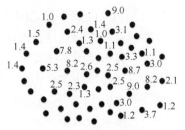

(d) 局部空间关联强度值

图 3.21　空间交叉邻域构建简例

件 p_i、p_j、p_k 的空间交叉邻域分布情况,其中$|\mathrm{SCN}(p_i)|=5$、$|\mathrm{SCN}(p_j)|=4$、$|\mathrm{SCN}(p_k)|=5$。对于每个目标类型点事件,图 3.21(c)和(d)分别给出其空间交叉邻域范围内参考类型点的数目,以及利用式(3.38)计算得到的局部空间关联强度值。

3. 目标-参考类型点事件空间交叉异常探测

对目标类型点事件构建空间交叉邻域后,每个目标类型点事件则同时具有空间位置属性及与参考类型点之间的局部空间关联强度。为了从目标类型点事件中探测局部空间交叉异常实体,根据 2.4 节中空间异常的定义需要同时考虑不同目标类型点事件之间的空间邻近关系和相应的局部空间关联强度差异。鉴于此,这里将继续采用一种层次边长约束 TIN 的策略来识别空间交叉异常(Shi et al., 2017)。

首先,针对所有目标类型点事件构建原始 TIN,考虑点事件之间的空间距离并基于式(3.36)和式(3.37)删边策略依次删除全局和局部长边,实现层次边长约束分析来准确获取各目标类型点事件的空间邻域。在删除全局和局部长边后的 TIN (称为层次约束 TIN,表示为 DT′)中,将各边的权重赋值为相连两目标类型点事件之间与参考类型点事件的局部空间关联强度差异。考虑重新定义的边长值,全局和局部的长边分别将全局和局部空间交叉异常实体与正常实体连接。为此,将这些长边进行逐一删除是分离全局和局部空间交叉异常实体的关键。参照式(3.36)和式(3.37),重赋边长值后 DT′ 中的全局和局部长边分别表示为

$$
\mathrm{G\_LE_{PDD}}(\mathrm{DT'}) = \Bigg\{ E_i \,\Big\|\, E_i \geqslant \mathrm{Avg\_Len_{PDD}}(\mathrm{DT'})
$$

$$
+ \frac{\mathrm{Avg\_Len_{PDD}}(\mathrm{DT'})}{|E_i|} \cdot \mathrm{Std\_Len_{PDD}}(\mathrm{DT'}) \Bigg\}, \quad E_i \in \mathrm{DT'}
$$

$$
\mathrm{L\_LE_{PDD}}(p_i) = \Bigg\{ E_j \,\Big\|\, E_j \geqslant \mathrm{Avg\_Len_{PDD}}(E_{p_i})
$$

(3.39)

$$
+ \frac{\mathrm{Avg\_Len_{PDD}}(E_{p_i})}{|E_{p_i}|} \cdot \mathrm{Avg\_Len_{PDD}}(\mathrm{SG}_{k'}) \Bigg\}, \quad p_i \in \mathrm{SG}_{k'}; E_j \in E_{p_i}
$$

式(3.39)用以指导删除全局和局部长边,删除长边后获得的连通子图分布更加均匀。根据所有剩余空间子图 FG_i 中包含的目标类型点事件数目,采用一个识别指标来确定空间异常子图,表达为

$$SCO = \left\{ FG_i \middle| Vol(FG_i) \leqslant Avg\_Vol - \frac{Vol(FG_i)}{Avg\_Vol} \cdot Std\_Vol \right\} \tag{3.40}$$

式中,Avg_Vol 和 Std_Vol 分别为所有空间子图中包含空间点事件数据的均值和标准差。

4. 两类事件层次约束 TIN 探测法描述

给定一个具有 N 个空间点事件的数据集 SPED,其中,包含 T 个目标类型点事件和 R 个参考类型点事件,层次约束 TIN 探测法可以描述如下:

(1) 针对所有空间点事件构建 TIN,其中各条边的权重定义为所连接两个点事件间的欧氏距离;

(2) 以原始 TIN 的所有边为分析对象,施加两层空间边长约束来获取目标类型点事件与参考类型点事件之间的空间交叉邻域关系,并计算各目标类型点事件与参考类型点事件的局部空间关联强度;

(3) 对目标类型点事件构建 TIN,基于空间距离对 TIN 施加两层边长约束,构建目标类型点事件的空间邻域;

(4) 基于目标-参考类型点事件之间的空间关联强度差异,继续施加全局和局部两层边长约束来获得目标类型点事件的最终空间连接关系,并由此提取连通子图;

(5) 根据最终连通子图包含目标类型点事件的数目,通过空间异常识别指标探测识别各类空间交叉异常。

3.5.3　实例分析

本节将用三个实际算例详细分析基于层次约束 TIN 的空间点事件异常探测法在极端气候事件空间异常分布探测、植被群落空间异常分布探测及城市犯罪事件空间交叉异常探测方面的具体应用。

1. 极端气候事件空间异常分布探测

本算例采用的我国气象站点数据来源于国家气象信息中心气象资料室,包含了 1982～2011 年中国陆地区域 486 个气象站点的月降水均值数据,气象站点相对均匀地分布于中国中部和东部地区,其中仅内蒙古自治区的气象站点分布较为稀疏,其他地区站点分布均较为密集。

首先,对每个气象站点所记录的降水时间序列数据计算标准化降水指数

(standardized precipitation index，SPI)，根据美国国家干旱减灾中心(National Drought Mitigation Center，NDMC)对 SPI 进行分类(Hayes，2003)，结果列于表 3.1。从各站点中提取重度洪涝和极端洪涝事件(SPI≥1.5)发生的时间点，从而得到每年每月发生重度洪涝和极端洪涝事件的气象站点。为了反映降水的季节性特点，将时间尺度设置为 3 个月，即考虑 3 个月累计降水量。若某气象站点在某年的 6～8 月任意一个月的 SPI≥1.5，则认为此区域在该年夏季发生了重度以上洪涝事件。下面以夏季洪涝事件为研究对象，选取近年来夏季发生重度以上洪涝事件的区域分布较为广泛的 2008 年和 2010 年作为异常分布探测的实际数据集。

表 3.1　SPI 分类

事件类型	极端干旱	重度干旱	轻度干旱	正常	轻度洪涝	重度洪涝	极端洪涝
SPI	$(-\infty, -2]$	$(-2, -1.5]$	$(-1.5, -1]$	$(-1, 1)$	$[1, 1.5)$	$[1.5, 2)$	$[2, +\infty)$

针对 2008 年夏季重度以上洪涝事件分布探测得到 4 个异常点和 7 个异常空间簇，这些异常分布于黑龙江中部、内蒙古东部、河北中部、长江下游、福建沿海及云南中部等地区。正常分布区域可明显大致分为 A、B、C 三个子区域，各类异常大多分布于这三个子区域的过渡区域。在这些异常中，云南地区地形极其复杂，且受孟加拉湾低压影响明显；长江下游为河流入海口，且以平原为主，由此可知地形、海洋同时影响降水量；福建沿海通常为台风登陆我国最先受到影响的区域。综合以上可能的影响因素，可为探测得到的洪涝事件异常分布给出合理解释。对于 2010 年夏季重度以上洪涝事件分布探测得到 7 个异常点和 7 个异常空间簇，这些异常分布于黑龙江北部和东部、山东半岛、河北中部、浙江东北部等地区。正常分布区域可大致分为 A、B 两个子区域，各类异常大都分布于这两个子区域的过渡区域及外围区域。其中，黑龙江北部和东部具有山脉阻隔，且受到鄂霍次克海阻塞高压影响；山东半岛地区夏季受到海风强烈影响，而浙江东北部沿海地区与其相邻内陆相比，受亚热带季风、台风影响明显。因而，可以发现这些区域强降水异常分布的可能因素。进而，结合气象领域知识对空间异常分布进行更加深入的成因分析，为研究我国气候变化规律、预测极端气候事件提供理论依据。

2. 植被群落空间异常分布探测

本实验采用黑龙江省洪河自然保护区毛果苔草群落的空间分布数据，该保护区位于三江平原东北部[47°42′18″N～47°52′00″N，133°34′38″E～133°46′29″E]范围内，具有众多湿地类型，孕育了丰富的野生植被。所采用的毛果苔草群落空间分布数据来源于文献(郑明月，2013)，其原始数据为该区域 2010 年的

TM(thematic mapper)影像和 2012 年的 SPOT(systeme probatoire d'observation dela terre)影像。首先通过融合、配准、几何校正、镶嵌和裁剪等处理获取研究区域标准的遥感影像数据，然后根据野外采集的植被类型样本建立解译标志，并利用监督分类方法进行影像解译，进而获得各种植被类型的空间分布，其中毛果苔草群落的空间分布如图 3.22(a)所示。

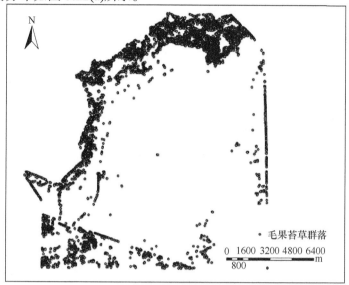

(a) 毛果苔草群落空间分布

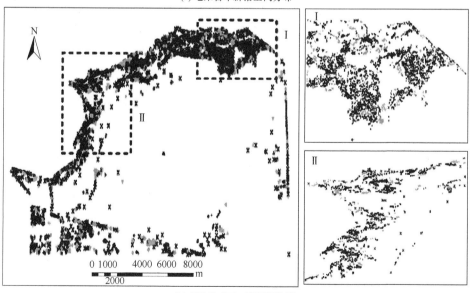

(b) 层次约束TIN法探测结果

图 3.22　毛果苔草群落空间异常探测

　　通过对空间整体分布的分析发现，毛果苔草群落大致位于研究区域的边缘地带，并且可以明显看出其具有块状和条状的分布特点。需要注意的是，由于数据量较大(共包含 14738 个空间点)且分布复杂，因此无法通过直觉准确地获取所隐藏的空间异常分布。利用同类型空间点事件层次约束 TIN 法进行空间异常探测，如图 3.22(b)所示，并从探测结果中可以直观地发现，该区域毛果苔草群落分布包含了大量的空间异常；其中，观察到的条状分布主要通过空间异常小簇的形式构成；块状聚集分布区域的周围也蕴含了大量异常，对区域Ⅰ和Ⅱ进行局部放大可以明显发现这一特点。在聚集簇的内部也探测出一系列密集的异常小簇，即内部异常簇。

　　该实例也说明了层次约束 TIN 法可以有效地从海量空间点事件分布数据中探测出空间异常。在湿地中影响植被类型空间分布的因素有很多，如高程、水位、水环境和土壤中各种元素的含量等，其中高程可以作为一种已知的控制变量。进而，各种植被正常的空间聚集分布可以大致反映该区域的水位、水环境和土壤中各元素含量的空间变化规律。植被的空间异常分布未构成较大的分布规模，代表着一类局部区域内更加细致的特殊分布，区域内的水位、水环境和土壤中各元素含量也可能呈现出局部特殊的分布规律。此外，通过在不同时间段探测各种植被类型的空间异常分布，结合领域知识可以深入细致地分析该区域的湿地类型随时间的动态变化规律，进而帮助相关部门制定政策来有效遏制破坏湿地生态环境的行为。

　　3. 城市犯罪事件空间交叉异常探测

　　本实验采用的城市犯罪数据来源于 CivicApps Data Catalogue。该数据包含了 2014 年发生在国外某个城市的多种类型犯罪事件，每一条数据记录事件发生的空间位置信息和犯罪类型信息。原始数据可以重新分类为 26 种犯罪类型，如入室行窃、扰乱社会治安等。本节将设计两组实际案例分析，采用两类空间点事件层次约束 TIN 法来探测发现两类犯罪事件之间的空间强/弱交叉异常。犯罪学相关研究表明，犯罪类型"轻微人身攻击"和"毒品"均与酗酒高度相关，并且极有可能同时发生在酒吧附近(Scott & Dedel, 2006)。为检验层次约束 TIN 法在实际应用中的合理性，案例Ⅰ分别将犯罪事件类型"轻微人身攻击"和"毒品"作为目标和参考类型进行空间交叉异常探测；另外，案例Ⅱ将分别选取犯罪类型"扰乱社会治安"和"入室行窃"作为目标和参考类型探测两种类型犯罪事件之间的空间交叉异常。探测得到的空间交叉异常有助于深入分析不同类型犯罪事件之间的关系及其共同驱动因素。

　　1) 案例Ⅰ："轻微人身攻击"–"毒品"空间交叉异常探测

　　图 3.23 为两类犯罪事件"轻微人身攻击"与"毒品"的空间分布信息。由

图 3.23(a)可以发现，类型为"轻微人身攻击"的犯罪事件除了在市中心局部区域

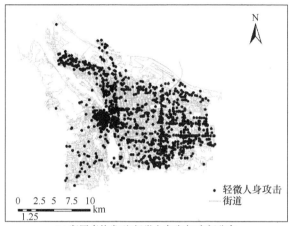

(a) 犯罪事件类型"轻微人身攻击"空间分布

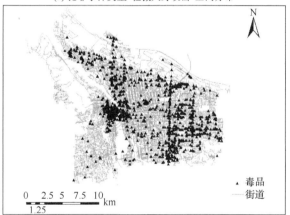

(b) 犯罪事件类型"毒品"空间分布

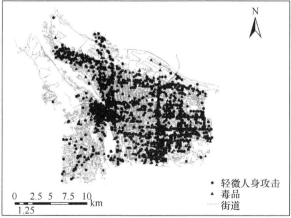

(c) 犯罪事件类型"轻微人身攻击"-"毒品"联合空间分布

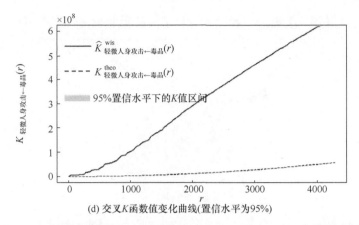

(d) 交叉 K 函数值变化曲线(置信水平为95%)

图 3.23　两种犯罪类型("轻微人身攻击"与"毒品")空间点事件数据

范围内高度聚集外，其余较为均匀地分布于市区内；"毒品"型犯罪事件则主要发生在市中心及东南部，如图 3.23(b)所示；图 3.23(d)是对该数据集进行交叉 K 函数计算得到的变化曲线，该曲线表明"轻微人身攻击"与"毒品"两类犯罪事件在置信水平为 95%时表现出显著的空间正依赖性。

首先，针对"轻微人身攻击"事件，采用同类空间点事件层次约束 TIN 法进行空间点事件异常探测，如图 3.24 所示，其中，SOP、SOR 和 SNP 分别表示空间异常点、空间异常区域及空间正常分布模式。在市中心地带和西南地区，一些呈现空间聚集分布的犯罪事件偏离事件在城市中的主要分布区域，从而形成空间异常分布。

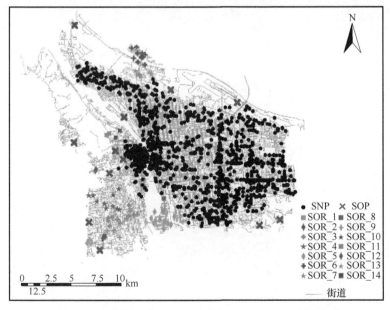

图 3.24　"轻微人身攻击"型犯罪事件空间异常探测结果

考虑"轻微人身攻击"与"毒品"事件分布之间的空间关联关系，图 3.25 给出采用两类空间点事件层次约束 TIN 法的空间交叉异常探测结果，其中，SCOP、SCOR 和 SNP 分别表示空间关联异常点、空间交叉异常区域及空间关联正常分布。与图 3.24 的"轻微人身攻击"事件空间异常探测结果进行对比可以发现，图 3.25 的空间交叉异常探测结果忽略了图 3.24 中的空间异常点，但可以探测到仅考虑单一类型犯罪事件所无法发现的空间交叉异常；这些空间交叉异常主要隐含于图 3.25(a)的 R_1、R_2 两个区域中。此外，图 3.25(b)、图 3.25(c)对这两个区域分别进行了局部放大显示以突显所包含的空间交叉异常。具体地，区域 R_1 发生了大量"轻微人身攻击"事件，同时考虑发生的"毒品"事件可以发现，SCOR_1 与 SCOR_3 所标示的"轻微人身攻击"事件与其空间邻域相比，周边聚集了更多"毒品"事件，也就构成了一种空间交叉异常区域；同理，区域 R_1 中的 SCOR_4、SCOR_5 与其周边"毒品"事件的强关联使其也成为一种空间交叉异常。

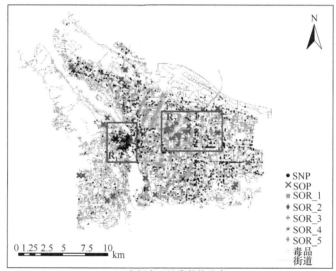

(a) 空间交叉异常整体分布

(b) 区域R_1局部放大

(c) 区域R_2局部放大

图 3.25 "轻微人身攻击"–"毒品"空间交叉异常探测结果

　　在犯罪学中，不同类型的犯罪事件可能由类似的驱动因素诱发形成。例如，吸毒、破坏公共秩序等犯罪行为均属于与酗酒有关的犯罪事件，从而导致这类犯罪事件通常会在凌晨同时发生在酒吧附近(Scott & Dedel, 2006)。如图 3.26 所示，区域 R_1、R_2 均位于酒吧遍布的市中心地区，这为"轻微人身攻击"与"毒品"两类犯罪事件分布的空间关联性提供了合理的解释。如果在某些特殊区域"轻微人身攻击"事件周边"毒品"事件发生频繁，则需要进行更为深入的调查分析；另外，"毒品"通常发生在室内，为此探测得到的"轻微人身攻击"–"毒品"空间交叉异常有助于为相关部门打击吸毒犯罪提供有力线索。

　　2) 案例Ⅱ："扰乱社会治安"–"入室行窃"空间交叉异常探测

　　犯罪事件"扰乱社会治安"和"入室行窃"的空间分布及这两类犯罪事件的联合空间分布分别如图 3.26(a)～图 3.26(c)所示。其中，"扰乱社会治安"事件与案例Ⅰ中"轻微人身攻击"事件的空间分布情况类似；而对于"入室行窃"事件，案发频繁使得其空间分布更为密集。通过对这两类犯罪事件的空间分布计算交叉 K 函数值变化曲线(图 3.26(d))，表明在置信水平为 95%时两类犯罪事件的发生具有显著的空间正依赖性。

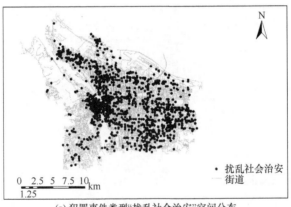

(a) 犯罪事件类型"扰乱社会治安"空间分布

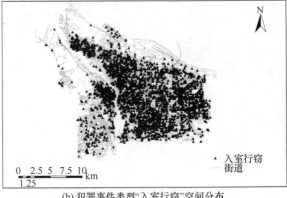

(b) 犯罪事件类型"入室行窃"空间分布

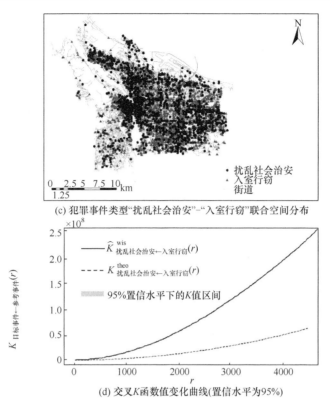

(c) 犯罪事件类型"扰乱社会治安"–"入室行窃"联合空间分布

(d) 交叉 K 函数值变化曲线(置信水平为95%)

图 3.26 两种犯罪类型("扰乱社会治安"与"入室行窃")空间点事件数据

图 3.27 为采用两类空间点事件层次约束 TIN 法获取的两类犯罪事件"扰乱社会治安"–"入室行窃"空间交叉异常探测结果。由图 3.27(a)可以看出,空间交叉异常主要分布于 R_3~R_6 四个区域内部,图 3.27(b)~图 3.27(e)分别为这四个区域的局部放大显示结果。在区域 R_3 中,河流西岸的小片区域"扰乱社会治安"事件频发,同时观察"扰乱社会治安"和"入室行窃"两类事件则可发现,"入室行窃"事件频繁发生在 SCOR_3 和 SCOR_6 所标示的"扰乱社会治安"事件周边;区域 R_4 是该市的主要组成部分,"扰乱社会治安"和"入室行窃"事件均匀分布于其内,但是在某些局部区域(如 SCOR_9~SCOR_11)"入室行窃"事件发生更为频繁;对于区域 R_5,通过与"入室行窃"事件的空间关联分析进一步得到了空间交叉异常区域 SCOR_5;在该市西北地区的区域 R_6,两个规模较大的空间交叉异常区域 SCOR_1 和 SCOR_2 周边聚集了大量的"入室行窃"事件。如果仅关注该区域的"扰乱社会治安"事件,那么无法发现任何特殊的空间分布模式。

通过对案例 Ⅰ、Ⅱ进行对比分析可以发现,案例 Ⅱ中的区域 R_3、R_4 与案例 Ⅰ中的区域 R_1、R_2 具有相似的空间分布范围,这说明在这两个区域内存在相似的诱导因素，从而导致"扰乱社会治安"–"入室行窃"事件的高频率关联发生。在该市西南部和西北部的区域 R_5、R_6 内，同样探测发现了空间交叉异常；区域 R_5、R_6 属于该市市郊，这些空间交叉异常将对"扰乱社会治安"事件与"入室行窃"事件之间的内在关系探索和共同驱动因素认知具有重要意义。与"毒品"事件类似，"入室行窃"事件也通常发生在室内场所，使其难以被警方及时发现，而探测得到的空间交叉异常则有助于借助"扰乱社会治安"事件在室外的案发位置来辅助"扰乱社会治安"案件破获。

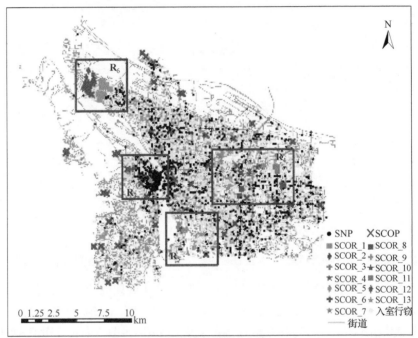

(a) 空间交叉异常整体分布

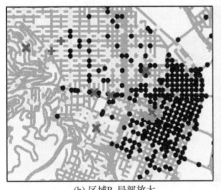

(b) 区域 R_3 局部放大

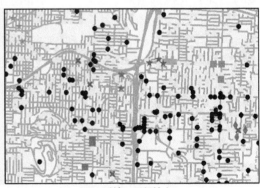

(c) 区域 R_4 局部放大

(d) 区域R₅局部放大

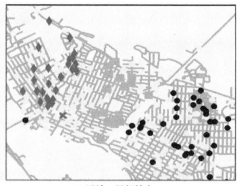
(e) 区域R₆局部放大

图 3.27 "扰乱社会治安"－"入室行窃"空间交叉异常探测结果

3.6 本 章 小 结

本章首先详细地回顾和总结了计算机领域的学者在事务型数据异常探测方面取得的大量研究成果。针对空间数据的特性，对"异常"的内涵进行了延拓分析，并系统地分类阐述了有代表性的空间异常探测方法。随后，本章主要探索了基于位置的空间异常探测法。具体地，分别针对包含同类和两类地理事件的空间点数据集，重点阐述了本书作者基于层次约束 TIN 的空间异常探测法，这也是对现有基于位置的空间异常探测法的有力提升，并通过实际算例分析证明了所提方法在极端气候事件、植被群落空间异常分布探测及城市犯罪事件空间交叉异常探测等方面的实际应用价值。

参 考 文 献

王远飞, 何洪林. 2007. 空间数据分析方法. 北京: 科学出版社.

郑明月. 2013. 空间聚类规则在洪河湿地类型分布梯度变化中的应用. 哈尔滨: 哈尔滨师范大学硕士学位论文.

al-Zoubi M B, al-Dahoud A A, Yahya A. 2010. New outlier detection method based on fuzzy clustering. WSEAS Transactions on Information Science and Applications, 7(5): 681-690.

Angiulli F, Pizzuti C. 2005. Outier mining in large high-dimensional data sets. IEEE Transactions on Knowledge and Data Engineering, 17(2): 203-215.

Barnett V, Lewis T. 1994. Outliers in Statistical Data. 3rd ed. New York: John Wiley & Sons.

Breunig M M, Kriegel H P, Ng R T, et al. 1999. OPTICS-OF: Identifying local outliers//Proceedings of the 3rd European Conference on Principles and Practice of Knowledge Discovery in Databases, Berlin: 262-270.

Breunig M M, Kriegel H P, Ng R T, et al. 2000. LOF: Identifying density-based local outliers

//Proceedings of the 2000 ACM SIGMOD International Conference on Management of Data, Dallas: 93-104.

Chiu A L, Fu A W. 2003. Enhancements on local outlier detection//Proceedings of the 7th International Database Engineering and Applications Symposium, Hong Kong: 298-307.

Deng M, Liu Q, Cheng T, et al. 2011. An adaptive spatial clustering algorithm based on delaunay triangulation. Computers Environment & Urban Systems, 35(4):320-332.

Deng M, Yang X, Shi Y, et al. 2018. A nonparametric statistical test method to detect significant cross-outliers in spatial points. Transactions in GIS, 22: 1462-1483.

Dunn J C. 1973. A fuzzy relative of the ISODATA process and its use in detecting compact well-separated clusters. Journal of Cybernetics, 3(3): 32-57.

Edelsbrunner H, Kirkpatrick D, Seidel R. 1983. On the shape of a set of points in the plane. IEEE Transactions on Information Theory, 29(4): 551-559.

Ester M, Kriegel H P, Sander J, et al. 1996. A density-based algorithm for discovering clusters in large spatial databases with noise//Proceedings of the 2nd International Conference on Knowledge Discovery and Data Mining, Portland: 226-231.

Estivill-Castro V, Lee I. 2002a. Multi-level clustering and its visualization for exploratory spatial analysis. GeoInformatica, 6(2): 123-152.

Estivill-Castro V, Lee I. 2002b. Argument free clustering for large spatial point-data sets. Computers, Environment and Urban Systems, 26(4): 315-334.

Hawkins D. 1980. Identification of Outliers. London: Chapman and Hall.

Hayes M. 2003. Drought Indices. Lincolm: National Drought Mitigation Center.

He Z, Xu X, Deng S. 2003. Discovering cluster-based local outliers. Pattern Recognition Letters, 24: 1641-1650.

Jiang M F, Tseng S S, Su C M. 2001. Two-phase clustering process for outliers detection. Pattern Recognition Letters, 22(6): 691-700.

Jiang S Y, Li Q H, Li K L. 2003. GLOF: A new approach for mining local outlier//Proceedings of the 2nd International Conference on Machine Learning and Cybernetics, Xi'an: 157-161.

Jin W, Tung A K H, Han J, et al. 2006. Ranking outliers using symmetric neighborhood relationship. Advances in Knowledge Discovery and Data Mining, 3918: 577-593.

Johnson T, Kwok I, Ng R. 1998. Fast computation of 2-dimensional depth contours//Proceedings of the 4th International Conference on Knowledge Discovery and Data Mining, New York: 224-228.

Knorr E M, Ng R T. 1998. Algorithms for mining distance-based outliers in large dataset//Proceedings of the 24th International Conference on Very Large Data Bases, San Francisco: 392-403.

Krirgel H P, Schubert M, Zimek A. 2008. Angle-based outlier detection in high-dimensional data //Proceeding of the 14th ACM SIGKDD International Conference on Knowledge Discovery and Data Mining, Las Vegas: 444-452.

Liu Q, Deng M, Shi Y, et al. 2012. A density-based spatial clustering algorithm considering both spatial proximity and attribute similarity. Computers & Geosciences, 46(3):296-309.

Papadimitriou S, Faloutsos C. 2003. Cross-outlier detection. Lecture Notes in Computer Science, 2750: 199-213.

Person R K. 2004. Mining Imperfect Data: Dealing with Contamination and Incomplete Records. Philadelphia: ProSanos Coporation.

Pei T, Wang W, Zhang H, et al. 2015. Density-based clustering for data containing two types of points. International Journal of Geographical Information Science, 29(2): 175-193.

Ramaswamy S, Rastogi R, Shim K. 2000. Efficient algorithms for mining outliers from large data sets. ACM SIGMOD Record, 29(2): 427-438.

Ripley B D. 1976. The second-order analysis of stationary point processes. Journal of Applied Probability, 13(2): 255-266.

Rodriguez A, Laio A. 2014. Clustering by fast search and find of density peaks. Science, 344(6191): 1492-1496.

Rus I, Rousseeuw P. 1996. Computing depth contours of bivariate point clouds. Journal of Computational Statistics and Data Analysis, 40(23): 153-168.

Scott M S, Dedel K. 2006. Assaults in and around Bar. 2nd ed. Washington: Office of Community Oriented Policing Services.

Shi Y, Deng M, Yang X, et al. 2016. Adaptive detection of spatial point event outliers using multilevel constrained Delaunay triangulation. Computers, Environment and Urban Systems, 59: 164-183.

Shi Y, Deng M, Yang X, et al. 2017. A spatial anomaly points and regions detection method using multi-constrained graphs and local density. Transactions in GIS, 21(2): 376-405.

Shi Y, Gong J, Deng M, et al. 2018. A graph-based approach for detecting spatial cross-outliers from two types of spatial point events. Computers, Environment and Urban Systems, 72: 88-103.

Thomas B, Raju G. 2009. A novel fuzzy clustering method for outlier detection in data mining. International Journal of Recent Trends in Engineering, 1(2): 161-165.

Tan P N, Steinbach M, Kumar V. 2006. Introduction to Data Mining. Boston: Addison Wesley.

Tsai V J D. 1993. Delaunay triangulations in TIN creation: An overview and a linear-time algorithm. International Journal of Geographical Information Systems, 7: 501-524.

第4章　基于位置和属性信息的空间异常探测

4.1　引　　言

在地理空间信息领域，大多数空间数据同时具有空间位置信息和非空间专题属性信息，也称为描述型空间数据。空间位置和专题属性具有不同的物理意义，且单位和量纲均有所差异，不能等同看待和处理，从而使得传统的事务型数据异常探测法无法直接用于带有专题属性的空间异常探测。为了解决这一问题，Shekhar 等基于位置和属性信息对空间异常进行了崭新定义，即空间异常是指专题属性与空间邻域内其他实体差异显著，而与整体数据集相比差异可能不明显的空间实体(Shekhar et al., 2001; Shekhar & Chawla, 2002; Shekhar et al., 2003)。随后，学者在此定义的基础上相应地发展了一系列空间异常探测法，并应用于异常气候事件探测、环境监测、犯罪和疾病异常分布等领域。现有基于位置和属性信息的空间异常探测法主要分为如下类别。

(1) 基于变量关系可视化的方法。该方法通过计算空间实体间的位置关系及专题属性值的差异，构造一个度量指标，进而通过二维坐标将空间实体进行可视化，利用人眼观察凸显的异常点(Haslett et al., 1991)。比较常用的方法是变量云和散点图，变量云根据所有空间实体对之间的空间距离和专题属性值的差异绘制坐标平面，从空间距离较近而专题属性值差异较大的实体对中筛选空间异常；散点图根据实体的 Z-core 值与其空间邻域内实体的 Z-core 平均值绘制坐标平面，将二、四象限的实体识别为空间异常(Shekhar et al., 2003)。

(2) 基于属性距离度量的方法。首先寻找各空间实体的空间邻域，进而通过度量该实体与其空间邻域内实体间的专题属性值差异构造一个统计量，并利用统计检验识别空间异常(Shekhar et al., 2001)。Shekhar 等实质上是提出一种空间异常探测的框架，其中各个步骤可以根据用户不同需求进行调整。例如，Liu 等利用八方向法划分实体的空间邻域，并根据实体空间邻域内其他实体的专题属性值利用反距离加权插值法获得该实体的估值，通过度量实体观测值和估值之间的差异探测空间异常(Liu et al., 2001)；马荣华和何增友没有建立空间邻域，而是直接利用专题属性值距离建立 KNN 邻域，并通过度量实体与此邻域内其他实体间的空间距离作为异常度来判别空间异常(马荣华和何增友, 2006)；郑旻琦等利用Delaunay 三角网构造空间邻域，以相邻实体间的反距离比值作为权重，计算加权专题属性值差异来探测空间异常(郑旻琦等, 2008); Chen 等采用 KNN 建立空间邻域, 并将单一专题属性扩展到多维专题属性, 利用 Mahalanobis 距离度量实体间的多维专题属性距离来探测空间异常(Chen et al., 2008); 李光强等利用 Delaunay 三角网构造实体的空间邻域, 进而利用与 Liu 等(Liu et al., 2001)类似的策略获得空间异常实体(李光强等, 2009)。

(3) 基于密度估计的方法。为了更加细致地从复杂空间数据集(如密度分布不均的区域)中探测异常实体, Chawla 和 Sun 将基于局部密度度量的异常探测法局部异常因子的思想引入空间异常探测, 通过估计实体在其空间邻域所确定的区域内的专题属性值局部密度来定义异常度, 其中局部密度越大的实体异常度越小, 反之异常度越大(Chawla & Sun, 2006)。该方法通过引入一个影响因子在一定程度上避免了误判和漏判现象。随后, 学者又相继提出了一些改进方法。例如, 薛安荣等在度量异常度时通过剔除空间邻域内一定比例具有极大专题属性值的实体, 以尽可能避免误判和漏判现象(薛安荣等, 2007)。

(4) 基于聚类分析的方法。与基于位置信息的空间异常探测类似, 空间聚类技术也可以用于基于位置和属性信息的空间异常探测。例如, 李光强等提出一种基于双重距离的空间聚类方法, 该方法能够同时顾及空间邻近性和专题属性相似性, 有效发现空间异常(李光强等, 2008); Adam 等利用 Voronoi 图建立空间实体之间的邻接关系, 并顾及语义关系采用 Jaccard 相似系数进一步精化实体间的关系, 然后将空间邻近且语义相似的实体进行空间聚类分析来获取空间邻域, 在各空间邻域内利用基于距离的方法探测空间异常实体(Adam et al., 2004); 邓敏等采用聚类方法发现空间自相关性强的空间簇, 通过建立 Delaunay 三角网获得实体间的邻近关系, 在考虑空间数据局部相似的基础上挖掘同一数据集中不同分布的局部空间异常(邓敏等, 2010)。

(5) 基于智能计算的方法。在计算机领域, 一些学者打破了传统空间异常探测直接从数据出发的思路, 通过机器学习方法对空间数据进行建模分析来探测空间异常(Bishop, 2006)。例如, Chen 等利用高斯随机场(Gaussian random field)并顾及空间数据集的局部特性对其进行建模, 通过比较观测值与模型中的估计值, 识别差异较大的实体为空间异常(Chen et al., 2010); Liu 等结合图论和随机游走(random walk, RW)模型构建图模型, 通过度量实体间的相似度来挖掘空间异常(Liu et al., 2010); Cai 等利用自组织映射(self-organizing map, SOM)神经网络模型将高维空间数据映射到二维格网空间, 寻找实体的多维属性邻域, 并在各邻域内探测空间异常(Cai et al., 2013)。

(6) 基于图论的方法。Lu 等提出一种基于图论思想探测空间异常点和空间异常区域的方法(Lu et al., 2011)。具体地, 对空间数据集建立 K 邻域, 形成一个图结构, 其中每个空间实体为图的节点, 各实体与其 K 邻域中其他实体之间的连接关系构成图的各条边，边的权重为对应两实体之间的专题属性距离。通过按照边权重由大到小的次序依次删除图中的长边，当满足设定的阈值所构成的条件时，如异常点的数目，则停止边删除操作。在识别空间异常区域时，主要考虑得到的子图与其相邻子图之间的专题属性距离及簇内实体数目的差异性。若一个子图与其邻域子图相比，专题属性距离较大，并且簇内数目相对较少，则认为该子图属于空间异常区域。

4.2　基于变量关系可视化的异常探测

基于变量关系可视化的方法是根据空间实体对之间的空间关系和专题属性距离构造两个统计量，进而绘制两个统计量之间的函数关系图，通过肉眼识别空间异常实体。其基本内涵在于根据空间实体的空间位置和专题属性，映射为"空间邻近关系-专题属性距离"的函数关系来进行可视化，方便用户直观地发现异常实体，主要方法有变量云探测法和散点图探测法。

变量云探测法针对空间数据集中的空间邻域实体对，根据两实体之间的空间距离和专题属性值差异绘制二维图，并识别图中空间距离近而专题属性值差异大的实体对，进一步得到空间异常实体。根据地理学第一定律可知，空间距离越近的实体之间专题属性值差异越小，相似性越大。也就是说，空间实体之间的专题属性差异值随着实体之间距离的增大而增大，若两实体之间距离近而专题属性值差异很大，则很可能为空间异常。如图 4.1(a)所示，X 轴表示空间实体对之间的空间距离，Y 轴表示两个实体之间的专题属性距离，实体对 (Q, S) 和 (P, S) 具有相近的空间距离和较大的主题属性差异值，因而实体 S 可能是一个空间异常实体。

根据实体的 Z-Core 值及其邻域实体的加权平均 Z-Core 值绘制的图即 Moran 散点图，具体步骤包括：

(1) 针对空间实体 p_i，计算其 Z-Core 值：$Z(p_i)=[f(p_i)-\mu]/\sigma$，其中，$f(p_i)$ 为实体 p_i 的专题属性值，μ 和 σ 分别为数据集的专题属性均值和标准差；

(2) 计算实体 p_i 的空间邻域实体的加权平均 Z-Core 值，即 $I(p_i) = \sum_{p_j \in NN(p_i)} W_{p_i p_j} Z(p_j)$，其中，权值 $W_{p_i p_j}$ 通常为两个实体之间的空间距离倒数；

(3) 若 $Z(p_i)I(p_i)<0$，即位于第二、四象限的实体，实体 p_i 专题属性值偏离整体数据集的趋势与其空间邻域实体是相反的，也就是说该实体与其空间邻域实体具有较大的专题属性值差异，更可能为空间异常实体。如图 4.1(b)所示，实体 P、Q 和 S 为异常实体。

但是，通过分析基于变量关系可视化的方法发现，此类方法主要有以下缺陷：

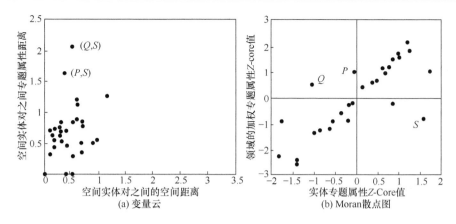

图 4.1 基于变量关系可视化的空间异常探测方法简例

(1) 没有定量的准则对异常实体进行定义，当数据复杂且数量较多时，依赖肉眼识别难以进行准确辨别，并且无法识别多个异常实体形成的异常小簇；

(2) 对空间实体与其邻域实体之间的专题属性值差异缺乏严密统计分析，导致探测结果缺乏准确性；

(3) 对复杂海量的空间数据集进行图形显示时需要耗费巨大计算量，这使得该类方法已较少使用(Anselin, 1995)。

4.3 基于属性距离度量的异常探测

Shekhar 等在空间异常定义的基础上，提出了基于属性距离度量的空间异常探测思想(Shekhar et al., 2003)。该思想主要包含三个基本步骤：①空间邻域构建；②空间实体与其空间邻域内实体间的专题属性距离度量；③根据计算得到的实体局部专题属性距离进行筛选，获得空间异常实体。其实现过程具体描述为：给定一个空间数据集 SD，针对每个空间实体 p_i 建立其空间邻域 $SN(p_i)$，计算 p_i 的专题属性值与其空间邻域内实体专题属性均值之间的距离，表达式为

$$D_{\text{NSA}}(p_i) = f_{\text{NSA}}(p_i) - \frac{\sum\limits_{p_j \in SN(p_j)} f_{\text{NSA}}(p_j)}{|SN(p_i)|} \tag{4.1}$$

式中，$f_{\text{NSA}}(p_i)$ 为实体 p_i 的非空间专题属性值；$|SN(p_i)|$ 为 p_i 的空间邻域内实体数目。针对每个空间实体 p_i 构造一个统计量作为其异常度，即

$$Z_{D_{\text{NSA}}(p_i)} = \frac{D_{\text{NSA}}(p_i) - \mu_{D_{\text{NSA}}(p)}}{\sigma_{D_{\text{NSA}}(p)}} \tag{4.2}$$

式中，$\mu_{D_{\text{NSA}}(p)}$ 为数据集中所有实体与其空间邻域之间专题属性距离的均值；

$\sigma_{D_{\mathrm{NSA}}(p)}$为相应的标准差。若空间实体$p_i$的$|Z_{D_{\mathrm{NSA}}(p_i)}|$大于某个阈值$\theta$，则认为该空间实体为空间异常。图4.2为一组模拟的规则格网空间数据集，每个方格表示一个空间实体，数值为专题属性值。假设以阴影框内实体为研究对象，采用4-邻域("→"和"↑"所指实体)或 8-邻域(所有箭头所指实体)构建其空间邻域，通过计算其异常度可以发现，该实体与其空间邻域实体的专题属性值具有明显差异，则将其判定为空间异常实体。

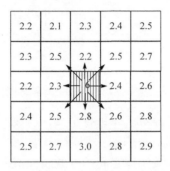

图 4.2　基于属性距离度量的空间异常探测法简例

借鉴基于属性距离度量进行异常探测的思想内涵，许多学者将其延伸应用于空间异常探测，并做了大量有意义的工作，本节将重点阐述两个有代表性的方法——空间距离等权探测法(李光强，2009)和空间距离加权探测法(李光强等，2009)。

4.3.1　空间距离等权探测法

针对每个空间实体搜索其K邻域，通过计算实体的专题属性与其K邻域内实体专题属性平均值的差异来度量该实体的异常度，进而根据k倍标准差准则探测空间异常实体。

给定空间数据集 SD，对于任一空间实体o，与其距离最近的K个实体构成o的K邻域，记为$\mathrm{NN}_K(o)$，如图4.3所示。

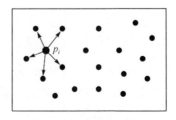

图 4.3　K 邻域($K=5$)

空间实体o与其K邻域内实体构成探测域，记为$\mathrm{DD}_K(o)$；实体o的探测域内实体专题属性平均值$\mathrm{AVG_{DD_K(o)}}$和标准差$\mathrm{SD_{DD_K(o)}}$分别为

$$\mathrm{AVG}_{\mathrm{DD}_K(o)}=\frac{\sum\limits_{p\in\mathrm{DD}_K(o)}f_{\mathrm{NSA}}(p)}{\left|\mathrm{DD}_K(o)\right|}$$

$$\mathrm{SD}_{\mathrm{DD}_K(o)}=\sqrt{\frac{\sum\limits_{p\in\mathrm{DD}_K(o)}\left[f_{\mathrm{NSA}}(p)-\mathrm{AVG}_{\mathrm{DD}_K(o)}\right]^2}{\left|\mathrm{DD}_K(o)\right|-1}} \tag{4.3}$$

式中，$f_{\mathrm{NSA}}(p)$为空间实体 p 的专题属性；$|\mathrm{DD}_K(o)|$为空间实体 o 的探测域内实体数目。对于空间实体 o，若$|f_{\mathrm{NSA}}(o)-\mathrm{AVG}_{\mathrm{DD}_K(o)}|>k\cdot\mathrm{SD}_{\mathrm{DD}_K(o)}$，则 o 为空间异常实体。空间数据集 SD 中的所有空间异常实体构成空间异常数据集 SOs：

$$\mathrm{SOs}=\left\{\forall o\Big\|f_{\mathrm{NSA}}(o)-\mathrm{AVG}_{\mathrm{DD}_K(o)}\Big|>k\cdot\mathrm{SD}_{\mathrm{DD}_K(o)}\right\} \tag{4.4}$$

通过大量实验验证得出，$k=1.645$ 时统计得到的空间异常较为合理。

综上所述，该方法可以描述如下：

(1) 给定一个空间数据集 SD，针对每个空间实体 o 寻找其 K 邻域 $\mathrm{NN}_k(o)$，进而确定探测域 $\mathrm{DD}_K(o)$；

(2) 计算 o 的探测域内实体的专题属性平均值$\mathrm{AVG_{DD_K(o)}}$和标准差$\mathrm{SD_{DD_K(o)}}$；

(3) 计算空间实体 o 的专题属性与其探测域内实体专题属性平均值的差异$|f_{\mathrm{NSA}}(p)-\mathrm{AVG}_{\mathrm{DD}_K(o)}|$，若$|f_{\mathrm{NSA}}(o)-\mathrm{AVG}_{\mathrm{DD}_K(o)}|>1.645\times\mathrm{SD}_{\mathrm{DD}_K(o)}$，则认为 o 为空间异常实体；

(4) 进行迭代计算，从 SD 中探测得到空间异常数据集 SOs。

4.3.2　空间距离加权探测法

对空间数据集建立 Delaunay 三角网，通过计算空间实体的专题属性与其 Delaunay 邻域内实体专题属性的反距离加权差异来度量该实体的异常度，进而统计得到异常度最大的 k 个实体为空间异常。具体地，对给定的空间数据集 SD 建立 Delaunay 三角网，对于其中任一空间实体 o，通过 Delaunay 三角边与其相连的实体构成 o 的 Delaunay 邻域，记为 DNN(o)，如图 4.4 所示。

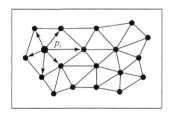

图 4.4　Delaunay 邻域

对于空间实体 o, 其专题属性梯度为

$$G(o, X_i)_{X_i \in \text{DNN}(o)} = \frac{|f(o) - f(X_i)|}{D_s(o, X_i)} \tag{4.5}$$

式中, $f(o)$ 和 $f(X_i)$ 分别为空间实体 o 和 X_i 的专题属性值; $D_s(o, X_i)$ 为空间实体 o 和 X_i 之间的空间欧氏距离。进而, 通过构造空间实体 o 的反距离权值因子 $\delta(o)$, 并将空间实体 o 的专题属性梯度与反距离权值因子的乘积定义为空间实体 o 的异常度, 表达式为

$$\delta(o) = \frac{1}{\sum_{i=1}^{|\text{DNN}(o)|} \frac{1}{D_s(o, p_i)}}, \quad p \in \text{DNN}(o) \tag{4.6}$$

$$\text{SOM}(o) = \sum_{i=1}^{|\text{DNN}(o)|} G(o, p_i) \cdot \delta(o)$$

对所有空间实体的空间异常度按降序排列, 得到序列 $S_{\text{SOM}} = \{\text{SOM}_1, \text{SOM}_2, \cdots, \text{SOM}_N\}$。给定某个参数 α, S_{SOM} 中第 α 个空间异常度记为 SOM_α, 则空间异常数据集 SOs 为

$$\text{SOs} = \{\forall o | \text{SOM}(o) \geqslant \text{SOM}_\alpha\} \tag{4.7}$$

综上所述, 该方法可以描述如下:

(1) 给定一个空间数据集 SD, 建立 Delaunay 三角网, 从而找到每个空间实体 o 的 Delaunay 邻域 DNN (o);

(2) 计算所有空间实体 o 的专题属性梯度 $G(o, p)$ 和反距离权值因子 $\delta(o)$;

(3) 计算所有空间实体 o 的空间异常度 SOM(o), 并按降序排列;

(4) 给定某个参数 α, 从 SD 中探测得到空间异常数据集 SOs。

通过分析基于属性距离度量的方法发现, 此类方法仍存在如下一些主要缺陷:

(1) 大多数需要预先人为输入参数, 并且结果对参数的选择较为敏感;

(2) 对于密度分布复杂的空间数据集, 不能有效地探测空间异常;

(3) 大多只能发现全局异常, 对专题属性值分布复杂的空间数据, 无法准确地探测隐藏的局部异常实体;

(4) 异常实体严重影响与其相邻的正常实体的异常度度量, 因此难免产生误判和漏判现象。

4.4 基于密度估计的异常探测

当空间数据集的专题属性值密度分布不均匀时, 在某些局部区域可能隐藏着异常实体(也称局部异常)。如图 4.5 所示, 模拟数据中竖条纹实体为异常实体, 在

虚线框所示局部区域中,除横条纹标注的实体外的实体呈极度均匀分布,则该实体属于一类局部异常实体。然而,该实体与其空间邻域实体之间的专题属性值差异为 0.3,从整个数据集来看这种差异并不显著,直接采用基于属性距离的度量方法难以准确识别。为了从专题属性值分布不均匀的空间数据集中更加精确地探测异常实体,学者们借鉴传统异常探测法中基于局部密度度量的思想发展了一系列基于密度估计的空间异常探测法,主要包括局部密度探测法和高斯核密度探测法。

0	0.3	0	2.4	2.5
0	0	0	2.5	2.7
2.2	2.3	6	2.4	2.6
2.4	2.5	2.8	2.6	2.8
2.5	2.7	3.0	2.8	2.9

图 4.5　基于密度估计的空间异常探测法简例

4.4.1　局部密度探测法

Chawla 等将基于局部密度度量的异常探测法局部异常因子扩展到带有专题属性的空间数据集,提出了 SLOM(spatial local outlier measure)法(Chawla & Sun, 2006)。该方法基本步骤与基于属性距离度量的方法基本一致,根本区别在于空间实体的异常度量。其实现过程具体描述为:给定一个空间规则格网数据集,针对每个空间实体 o 采用 4-邻域法或 8-邻域法构建空间邻域,记为 $\mathrm{SN}(o)$。空间实体 o 与空间邻域内实体构成空间实体 o 的影响域,记为 $\mathrm{SN}_+(o)$。进而,空间实体 o 的局部专题属性值差异可以表示为

$$d(o) = \frac{1}{|\mathrm{SN}(o)|} \sum_{p \in \mathrm{SN}(o)} \left[f_{\mathrm{NSA}}(o) - f_{\mathrm{NSA}}(p) \right] \tag{4.8}$$

式中, $f_{\mathrm{NSA}}(o)$ 为空间实体 o 的专题属性值; $|\mathrm{SN}(o)|$ 为 o 的空间邻域内实体数目。为了避免空间邻域中异常实体的影响,将 $d(o)$ 修正为

$$d(o) = \frac{\displaystyle\sum_{p \in \mathrm{SN}(o)} \left[f_{\mathrm{NSA}}(o) - f_{\mathrm{NSA}}(p) \right] - \max \left[f_{\mathrm{NSA}}(o) - f_{\mathrm{NSA}}(p) \,\middle|\, p \in \mathrm{SN}(o) \right]}{|\mathrm{SN}(o)| - 1} \tag{4.9}$$

根据局部异常因子的思想,可将空间实体 o 的异常度定义为

$$\mathrm{SLOM}(o) = \frac{\tilde{d}(o)}{\displaystyle\sum_{p \in N(o)} \tilde{d}(p) \big/ |\mathrm{SN}(o)|} \tag{4.10}$$

对于空间实体 o，若其局部专题属性值差异 $d(o)$ 较大，而空间邻域内实体的局部专题属性值差异均较小，则空间实体 o 很可能为异常；若空间实体 o 的局部专题属性值差异较大，其空间邻域内实体的局部专题属性值差异也较大，则认为空间实体 o 所在的局部区域不稳定，为异常的可能性较小。为解决这一问题，SLOM 法引入参数 $\beta(o)$。将空间实体 o 的影响域内实体的局部专题属性值差异均值记为

$$\text{avg}[\text{SN}_+(o)] = \frac{\sum\limits_{p \in \text{SN}_+(o)} d(p)}{|\text{SN}_+(o)|} \tag{4.11}$$

通过下列步骤计算参数 $\beta(o)$：

(1) $\beta(o)=0$

(2) for each $p \in \text{SN}_+(o)$

　　if $d(p) > \text{avg}[\text{SN}_+(o)]$

　　　　$\beta(o)=\beta(o)+1$

　　else if $d(p) \leqslant \text{avg}[\text{SN}_+(o)]$

　　　　$\beta(o)=\beta(o)-1$

　end for

(3) $\beta(o)=|\beta(o)|$

(4) $\beta(o)=\dfrac{\max[(o),1]}{|\text{SN}_+(o)|-2}$

(5) $\beta(o)=\dfrac{\beta(o)}{1+\text{avg}[\text{SN}(o)]}$，$\text{avg}[\text{SN}(o)]=\dfrac{\sum\limits_{p \in \text{SN}(o)} d(p)}{|\text{SN}(o)|}$

通过步骤(1)~(5)计算得到的参数 $\beta(o)$ 取值范围为 $(0, 1)$，且可以突显中心实体与其邻域内实体的差异，有利于探测得到准确的空间异常实体。进而，空间实体 o 的异常度可表示为

$$\text{SLOM}(o) = d(o) \cdot \beta(o) \tag{4.12}$$

对所有空间实体的异常度按降序排列，得到序列 $S_{\text{SLOM}}=\{\text{SLOM}_1, \text{SLOM}_2, \cdots, \text{SLOM}_N\}$，给定某个参数 α，S_{SLOM} 中第 α 个空间异常度记为 $\text{SLOM}\alpha$，则空间异常数据集 SOs 为

$$\text{SOs} = \{\forall o | \text{SLOM}(o) \geqslant \text{SLOM}_\alpha\} \tag{4.13}$$

SLOM 法可以描述如下：

(1) 给定一个空间规则格网数据集 SD，找到每个空间实体 o 的空间影响邻域 $\text{SN}_+(o)$；

(2) 计算所有空间实体 o 的局部专题属性差异 $d(o)$ 和参数 $\beta(o)$；

(3) 计算所有空间实体 o 的异常度 SLOM(o)，并按降序排列；

(4) 给定某个参数 α，从 SD 中探测得到空间异常数据集 SOs。

4.4.2 高斯核密度探测法

基于属性距离度量和密度估计的方法大多假定所有空间实体之间相关性相同，实际上空间实体之间通常呈现出局部相关、全局异质等特性，导致异常实体的误判和漏判。图 4.6 中区域 Ⅰ、Ⅱ、Ⅲ 内部实体之间相关性较强，而不同区域之间实体相关性较弱，甚至相互独立。根据 4.4.1 节的局部密度探测法共探测出 5 个异常，如图 4.6(b)中(0, 5)、(0, 7)、(2, 5)、(3, 9)、(8, 1)矩形实体；然而，区域 Ⅱ、Ⅲ 中(3, 0)、(9, 4)、(9, 9)矩形实体局部异常度明显偏大，区域 Ⅰ 中的全局异常实体导致这三个局部异常实体无法被识别。此外，现有方法在顾及专题属性度量异常度时，没有考虑空间距离关系对专题属性值梯度变化的影响。鉴于此，作者借鉴场论思想，提出一种基于高斯核密度度量的空间异常探测法(杨学习等，2018)。

高斯核密度探测法主要包括四个步骤：①采用空间聚类技术获取空间簇，针对各空间簇采用边长约束 Delaunay 三角网构建空间邻域；②采用专题属性变化梯度修复策略处理空间邻域中潜在空间异常的影响；③引入空间数据场概念，采用高斯核函数度量空间异常度；④针对各空间簇，分别统计识别空间异常。下面结合具体实例对这四个步骤进行详细阐述。

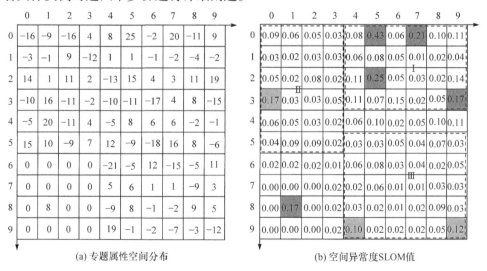

(a) 专题属性空间分布

(b) 空间异常度SLOM值

图 4.6 局部密度异常探测实例(Chawla & Sun, 2006)

1. 空间邻域构建

考虑实体的空间位置信息，采用基于多约束的自适应空间聚类法对空间实体进行聚类，将空间实体划分为若干空间簇，不属于任何簇的实体被识别为孤立点并剔除(Deng et al., 2011)。针对各空间簇，采用边长约束 Delaunay 三角网描述实体间邻近关系，从而构建空间邻域。具体地，针对任一空间簇中所有实体构建 Delaunay 三角网，将三角网中所有边长按升序排列，序列中位于上四分位数和下四分位数之间所有边长的均值称为稳健平均边长，表达式为

$$\mathrm{RAE}(E) = \frac{\sum E_i}{n}, \quad Q_1 \leqslant E_i \leqslant Q_3 \tag{4.14}$$

式中，E_i 为边长；Q_1 和 Q_3 分别为上四分位数和下四分位数边长值；n 为上、下四分位数之间所有边的数量。进而，把边长集合 E 中与稳健平均边长相比明显较长的边识别为不合理边，表达式为

$$E_{\mathrm{IC}} = \{E_i \mid E_i > \alpha \cdot \mathrm{RAE}(E)\}, \quad E_i \in E \tag{4.15}$$

式中，调节因子 α 用于判断和调整不合理边的阈值。通过大量实验分析，发现 α 取值 [2, 3] 时较为合适。通过删除不合理边，获取更加合理稳健的空间邻接关系。对于空间簇中任一空间实体 P_i，与边长约束后 Delaunay 三角网的边直接相连的实体构成 P_i 的空间邻域 $\mathrm{NN}(P_i)$。如图 4.7(c)所示，空间簇 SC_1 空间实体 P_i 的空间邻域为 $\{P_1, P_2, P_3, P_4, P_5, P_6\}$。

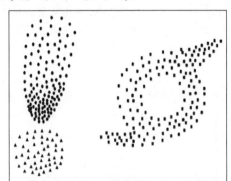

(a) 空间聚类结果

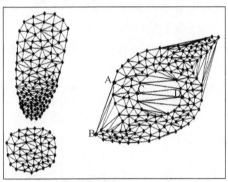

(b) 各空间簇原始Delaunay三角网

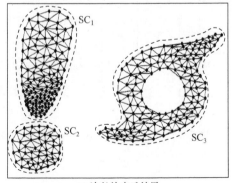

(c) 边长约束后结果

图 4.7　空间邻域构建

2. 专题属性变化梯度修复

空间异常度表征空间实体与其空间邻域内实体专题属性值之间的差异程度，空间邻域中存在的异常实体将严重影响异常度度量。为此，从空间局部平稳性的角度出发，采用专题属性变化梯度修复策略消除邻域内异常实体的影响。给定空间实体 P，其专题属性变化梯度表达式为

$$G(P, X_i) = \frac{|f_{\mathrm{NSA}}(P) - f_{\mathrm{NSA}}(X_i)|}{D_{\mathrm{S}}(P, X_i)}, \quad \forall X_i \in \mathrm{NN}(P) \tag{4.16}$$

式中，$f_{\mathrm{NSA}}(\cdot)$ 为实体的专题属性值；$D_{\mathrm{S}}(P, X_i)$ 为实体之间的欧氏距离。首先，分别计算空间实体 P 与其空间邻域内实体 X_i 的专题属性变化梯度 $G(P, X_i)$，按升序排列获取序列 $G(P)$ 及其中位数 $M(P)$；然后，计算空间邻域专题属性变化梯度偏离 $\mathrm{GD}(X_i)=|G(P, X_i)-M(P)|$，并按升序排列获取序列 $\mathrm{GD}(P)$；最后，将空间邻域实体按专题属性变化梯度偏离划分为大、中、小三个等级，处于最大等级的 $(n+1)/3$ 个实体组成待修复集合 $R(P)$，采用专题属性变化梯度序列的中位数 $M(P)$ 进行修复，表达式为

$$f_{\mathrm{NSA}}^{R}(X_i) = M(P) \cdot D_{\mathrm{S}}(P, X_i), \quad \forall X_i \in R(P) \tag{4.17}$$

异常值修复策略旨在消除空间邻域内潜在异常实体对异常度度量的影响，保证空间邻域内实体之间专题属性的局部平稳性假设。这种修复仅在空间异常度量过程中进行，并不改变实体专题属性值。

3. 基于高斯核密度的空间异常度量

场的概念最早由英国物理学家法拉第于 1837 年提出，用于描述物质间的非接触相互作用。随着场论思想的发展，学者将其抽象为一个数学概念来描述变量在空间取值的分布规律。在数据场中，数据实体通过辐射将其能量从样本空间辐射到整个母体空间，从而有利于揭示数据分布的凝聚特性，即数据场的作用范围在有限范围内迅速衰减(李德仁等，2013；李德毅和杜鹢，2014)。基于数据场模型并顾及这种迅速衰减效应，在约束 Delaunay 三角网获取空间邻域的基础上，采用高斯核函数来度量空间实体的空间异常度，表达式为

$$\mathrm{SOM}(P) = \frac{\displaystyle\sum_{i=1}^{|\mathrm{NN}(P)|} D_{\mathrm{Attr}}(P, X_i) \mathrm{e}^{\frac{D_{\mathrm{Geo}}^2(P, X_i)}{2\sigma^2}}}{|\mathrm{NN}(P)|}, \quad \forall X_i \in \mathrm{NN}(P) \tag{4.18}$$

式中，$\mathrm{NN}(P)$ 为空间实体 P 的空间邻域；$|\mathrm{NN}(P)|$ 为空间邻域内实体数目；$D_{\mathrm{Geo}}(P, X_i)$ 和 $D_{\mathrm{Attr}}(P, X_i)$ 分别为空间实体 P 与 X_i 之间的欧氏距离和专题属性距离；σ 为高斯

核带宽，用来描述实体的影响范围。

4. 空间异常的判别

通过空间聚类将获取若干空间簇 SC，采用统计判别法进行空间异常识别，表达式为

$$SO\_C = \{X_i \mid SOM(X_i) - \mu > k\sigma\}, \quad \forall X_i \in SC \tag{4.19}$$

式中，μ 为异常度平均值；σ 为标准差；k 为判别因子。通过大量实验分析发现，当 k=1.645 时判断异常的结果较为合理可靠(Jiang & Li, 2003)。所有空间簇中的异常 SO_C 将构成整个空间数据集 SD 的异常集合 SOs。

此外，空间聚类后对各空间簇进行异常探测的样本将减少。直接采用式(4.19)可能降低异常探测的稳定性。因此，针对小样本数据(样本数小于 30)将采用更为稳健的异常度中位数 Median 和中位数绝对偏差 MAD 分别替代 μ 和 σ (Rousseeuw & Hubert, 2011)。其中，

$$MAD(SOM) = Median\,\{|SOM(X_1) - Median(SOM)|, \cdots, |SOM(X_n) \\ - Median(SOM)|\} \tag{4.20}$$

综上所述，高斯核密度探测法可以描述如下：

(1) 给定空间数据集 SD，通过空间聚类获取若干空间簇；

(2) 针对各空间簇分别生成 Delaunay 三角网，并采用稳健平均边长移除不合理边来获取空间邻域；

(3) 采用专题属性变化梯度修复策略消除空间邻域内潜在异常实体的影响；

(4) 基于高斯核密度估计的思想，分别计算各空间实体的异常度 SOM；

(5) 针对各空间簇分别采用统计判别准则识别其中蕴含的空间异常实体，获取空间异常数据集 SOs。

分析基于密度估计的方法，发现此类方法仍存在以下一些主要缺陷：

(1) 大多数需要预先人为输入参数，不同输入参数的选择对探测结果影响较大；

(2) 虽然考虑到相邻异常实体对正常实体异常度度量的影响，但对于专题属性值分布复杂的空间数据，仍然无法避免产生误判和漏判现象；

(3) 大都只能发现空间异常点，无法准确探测由局部聚合实体构成的异常区域。

4.5　基于聚类分析的异常探测

自聚类技术提出以来，各种聚类法得到了快速发展，这些方法大多来源于计算机领域，研究对象主要以传统的事务型数据为主，用于空间数据集时缺乏针对性分析。为此，一些学者结合空间数据特性发展了一系列空间聚类法。在基于位

置的空间异常探测中，聚类技术就是一种有效的探测策略，主要包括直接探测法和间接探测法。

4.5.1　直接探测法

基于聚类分析直接探测空间异常的基本思想为将空间邻近且专题属性值相似的空间实体进行聚合成簇，不属于任何簇的实体被识别为空间异常。例如，李光强等提出了一种基于双重距离的空间聚类(dual distance based spatial clustering, DDBSC)法(李光强等, 2008)，并利用该方法进行空间异常探测分析。具体描述如下：给定具有 n 个空间实体的空间数据集 SD，对于任意两个空间实体 o_i 和 o_j，两者之间的空间距离和专题属性距离分别采用欧氏距离和闵氏距离进行度量，即

$$\mathrm{Dist}_{\mathrm{Geo}}(o_i, o_j) = \sqrt{\left(X_{o_i} - X_{o_j}\right)^2 + \left(Y_{o_i} - Y_{o_j}\right)^2}$$

$$\mathrm{Dist}_{\mathrm{Attr}}(o_i, o_j) = \left[\sum_{k=1}^{m} \frac{A_k(o_i) - A_k(o_j)}{\max(A_k) - \min(A_k)}\right]^{1/m} \tag{4.21}$$

式中，$\max(A_k)$ 和 $\min(A_k)$ 分别为所有空间实体中第 k 维属性的最大值和最小值。进而，给定空间距离阈值 $\varepsilon_{\mathrm{Geo}}$ 和专题属性距离阈值 $\varepsilon_{\mathrm{Attr}}$，对于空间实体 o_i 和 o_j，若 $\mathrm{Dist}_{\mathrm{Geo}}(o_i, o_j) \leqslant \varepsilon_{\mathrm{Geo}}$，则认为 o_i 和 o_j 空间距离可达；若 $\mathrm{Dist}_{\mathrm{Attr}}(o_i, o_j) \leqslant \varepsilon_{\mathrm{Attr}}$，则认为 o_i 和 o_j 专题属性距离可达；若同时满足 $\mathrm{Dist}_{\mathrm{Geo}}(o_i, o_j) \leqslant \varepsilon_{\mathrm{Attr}}$ 和 $\mathrm{Dist}_{\mathrm{Geo}}(o_i, o_j) \leqslant \varepsilon_{\mathrm{Attr}}$，则认为 o_i 和 o_j 双重距离可达，记为 $o_i \leftrightarrow o_j$，否则称 o_i 和 o_j 双重距离非直接可达，记为 $o_i | \rightarrow o_j$。若 $o_1 | \rightarrow o_i$，但存在 $o_1 \leftrightarrow o_2, o_2 \leftrightarrow o_3, \cdots, o_{i-1} \leftrightarrow o_i (i \leqslant n)$，则称 o_1 和 o_i 双重距离直接相连，记为 $o_1 - o_i$；否则称 o_1 和 o_i 双重距离未直接相连，记为 $o_1 | - o_i$。

在 SD 中选取任一未归入任何簇的实体 o_c 作为聚类起始实体，若至少存在一个实体 o_i 使得 $o_i \leftrightarrow o_c$，则称 o_c 为聚类核。所有与聚类核双重距离可达和相连的空间实体连通聚类核构成一个簇 cluster，空间数据集 SD 中的所有空间簇构成簇集 CS，分别记为

$$\mathrm{cluster} = \left\{\forall o_i : o_i \leftrightarrow o_c \vee o_i - o_c\right\}$$

$$\mathrm{CS} = \left\{\mathrm{cluster}_1 \cup \mathrm{cluster}_2 \cup \cdots \cup \mathrm{cluster}_{\mathrm{cn}}\right\} \tag{4.22}$$

式中，cn 为空间簇的数目。空间数据集 SD 中所有未归入任何簇的空间实体构成空间异常数据集 SOs：

$$\mathrm{SOs} = \left\{\forall o_i \big| o_i \notin \mathrm{CS}\right\} \tag{4.23}$$

DDBSC 法可描述如下：

(1) 给定空间数据集 SD，将所有未归入任何簇的空间实体放入集合 F；

(2) 给定参数 $\varepsilon_{\mathrm{Geo}}$ 和 $\varepsilon_{\mathrm{Attr}}$，从 F 中选取任意一个满足聚类核条件的空间实体 o_c，作为聚类起点执行聚类操作；

(3) 扫描 F 中所有与聚类核 o_c 双重距离可达和相连的实体，将其与 o_c 聚为一类，并存入簇 cluster，更新集合 F；

(4) 扫描 F 中所有与 cluster 中实体双重距离直接可达和直接相连的实体，将其放入 cluster 并更新 F，对此过程进行递归操作，直至没有与 cluster 中实体直接可达和直接相连的空间实体，递归结束；

(5) 重复步骤(2)～(4)，直至对 SD 中所有空间实体进行聚类分析，得到一系列的空间簇；

(6) 将未归入任何簇的空间实体放入空间异常数据集 SOs。

4.5.2　间接探测法

空间聚类法主要目的是通过度量实体间相似性得到各个空间簇，异常实体仅为副产物，缺乏对实体异常度的详细分析。为此，一些学者提出采用聚类法辅助实现空间异常度度量和异常实体识别。例如，邓敏等利用聚类法将空间数据集划分为若干局部相关性较强的空间簇，进而对各空间簇中的实体构建 Delaunay 三角网来确定各实体的空间邻域，并提出一个稳定的空间异常度度量指标在各空间邻域内探测空间异常实体(邓敏等, 2010)。下面对其进行详细阐述。

给定具有 N 个空间实体的空间数据集 SD，根据各空间实体的空间位置属性，采用 ADBSC(adaptive density-change based spatial cluster)法(李光强等, 2009)对 SD 进行聚类划分，从而获得若干空间簇；对每个簇中的空间实体构建 Delaunay 三角网，获得空间邻域。图 4.8(a)，为一组模拟空间数据集，通过聚类分析得到图 4.8(b)中的簇 C_1、C_2 和 C_3，分别对这三个簇的空间实体构建 Delaunay 三角网，如图 4.8(c)所示，其中与任一空间实体 o 通过边相连的实体构成其空间邻域 SN(o)。

对于一个空间实体 o，其空间邻域中的异常实体会影响空间实体 o 异常度的度量，对此利用专题属性变化梯度来对空间邻域中实体的专题属性值进行修复操作。给定空间实体 o 与其空间邻域 SN(o)中任一空间实体 p_i，将 o 与 p_i 之间的专题属性变化梯度定义为

$$G(o, p_i) = \frac{\left| f_{\text{NSA}}(o) - f_{\text{NSA}}(p_i) \right|}{D_s(o, p_i)}, \quad p_i \in \text{SN}(o) \tag{4.24}$$

式中，$f_{\text{NSA}}(o)$ 为空间实体 o 的非空间专题属性值；$D_s(o, p_i)$ 为空间实体 o 与 p_i 之间的空间欧氏距离。在对空间实体 o 的空间邻域内实体的专题属性值进行修复时，首先令 $f_{\text{NSA}}(o)=0$，计算空间实体 o 与其空间邻域内其他实体间的专题属性变化梯度 $G(o, p_i)$，按升序排列获得序列 $G_1, G_2, \cdots, G_n$，取中位数 $M(o)$；针对空间邻域中所有实体对应的专题属性变化梯度，计算专题属性变化梯度偏离 GD(o, p_i)=$\mid G(o, p_i)-M(o) \mid$，按升序排列获得序列 GD$_1$, GD$_2$, $\cdots$, GD$_n$，将偏离程度最大的 $(n+1)/3$ 个实体作为待修复实体集合 $R(o)$；最后，利用专题属性变化梯度序列中位数对 $R(o)$

中的实体进行专题属性值修复，即 $f_{\mathrm{RNSA}}(p_i)=M(o)\cdot D_{\mathrm{s}}(o,\ p_i)(p_i\in R(o))$。需要注意的是，该修复操作仅在度量空间实体异常度时对其空间邻域内实体进行，并不改变空间实体的固有专题属性值。

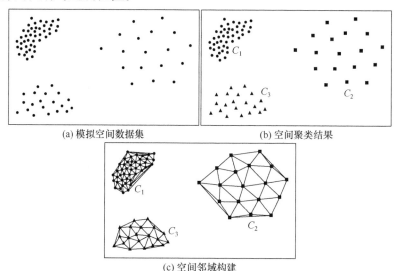

(a) 模拟空间数据集　　　　　　　　　　(b) 空间聚类结果

(c) 空间邻域构建

图 4.8　聚类间接探测法空间邻域构建简例

针对空间实体 o，利用其空间邻域实体的专题属性修复值并根据反距离加权插值法获得空间实体 o 的专题属性预测值，该预测值与空间实体 o 的真实专题属性值差异作为其空间异常度，可表示为

$$\mathrm{RSOM}(o)=\left|f_{\mathrm{NSA}}(o)-\frac{\sum\limits_{i=1}^{|\mathrm{SN}(o)|}\dfrac{f_{\mathrm{NSA}}(p_i)}{D_{\mathrm{s}}(o,p_i)}}{\dfrac{1}{\sum\limits_{i=1}^{|\mathrm{SN}(o)|}D_{\mathrm{s}}(o,p_i)}}\right|,\quad p_i\in\mathrm{SN}(o) \tag{4.25}$$

对空间数据集 SD 中的所有空间实体计算其空间异常度，得到 $\mathrm{RSOM}=\{\mathrm{RSOM}_1,\mathrm{RSOM}_2,\cdots,\mathrm{RSOM}_N\}$。当样本数目大于等于 30 时，令 μ 和 σ 分别为序列 RSOM 的均值和标准差；当样本数目较小(小于 30)时，令 $\mu=\mathrm{Median}\{\mathrm{RSOM}_1,\mathrm{RSOM}_2,\cdots,\mathrm{RSOM}_N\}$，$\sigma=\mathrm{Median}\{|\mathrm{RSOM}_1-\mu|,|\mathrm{RSOM}_2-\mu|,\cdots,|\mathrm{RSOM}_N-\mu|\}$。对于空间实体 o，若$|f_{\mathrm{NSA}}(o)-\mu|>2\sigma$，则 o 为空间异常实体。空间数据集 SD 中的所有空间异常实体构成空间异常数据集 SOs，表达式为

$$\mathrm{SOs}=\left\{\forall o\,\big|\,|f_{\mathrm{NSA}}(o)-\mu|>2\sigma\right\} \tag{4.26}$$

该方法可以描述如下：

(1) 给定一个空间数据集 SD，采用 ADBSC 法进行聚类分析，得到若干空间簇 C_i；

(2) 以各空间簇 C_i 为研究对象，构建 Delaunay 三角网，从而获得各空间实体 o 的空间邻域 SN(o)；

(3) 对各空间实体 o 进行专题属性梯度变化分析，并对梯度变化较大的实体进行专题属性值修复；

(4) 利用反距离加权插值法获得空间实体 o 的专题属性预测值，并计算其空间异常度；

(5) 通过对所有空间实体计算空间异常度，根据样本大小进一步计算得到空间异常度均值(中位数)μ 和标准差(中位数绝对偏差)σ，若$|f_{NSA}(o)-\mu|>2\sigma$，则 o 为空间异常实体；

(6) 进行迭代计算，从空间数据集 SD 中探测得到空间异常数据集 SOs。

分析基于空间聚类的异常探测法发现，此类方法主要有以下缺陷：

(1) 严重依赖空间聚类法的选择，进而影响后续的异常探测分析结果；

(2) 在分析局部空间相关性时仅从空间分布角度考虑，忽略了均质空间分布中专题属性异质情况；

(3) 当空间数据分布复杂时，简单地删除专题属性偏离严重的空间实体难以保证探测结果的准确性。

4.6　基于智能计算的异常探测

随着模式识别与机器学习技术的快速发展，很多学者已经将智能计算方法应用于各类空间数据的自动挖掘分析中(Bishop, 2006)。其中，利用 RW 模型、自组织映射神经网络进行空间异常探测是近年来智能计算方法的重要应用，本节将对这两种基于智能计算的空间异常探测法进行详细介绍(Liu et al., 2010; Cai et al., 2013)。

4.6.1　随机游走模型探测法

随机游走模型探测法的基本思想是：通过构建某种图模型并利用随机游走模型来计算空间实体与其空间邻近实体之间的专题属性相似度，进而获得该空间实体的异常度。在该方法中，采用两种图模型来进行随机游走模型的计算，即二分图随机游走(random walk on bipartite graph，RW-BP)模型和穷举组合随机游走(random walk on exhaustive combination，RW-EC)模型，这两种模型进行异常探测的思路是一致的，这里重点介绍 RW-BP 模型。

给定一个包含 N 个空间实体的空间数据集 SD，根据所有空间实体的专题属性值，采用聚类法(如 K-means)将 SD 划分为 K 个簇，根据各空间实体与各簇之间的一一对应关系构建一个 Bipartite 图结构，如图 4.9 所示。其中，o_1, o_2,$\cdots$, o_N 和 C_1, C_2,$\cdots$, C_K 分别为各空间实体和各个簇。此外，利用图结构中每条边所连接空间实体和簇之间的专题属性值差异来定义边的权重，即

$$E\langle o_i, C_j \rangle = \frac{1}{e^{\left| f_{\text{NSA}}(o_i) - f_{\text{NSA}}(C_j) \right|^\alpha}}, \quad 0 < \alpha \leqslant 2 \tag{4.27}$$

进而，在加权后的 Bipartite 图结构中利用随机游走模型计算不同空间实体之间的专题属性值相似度。随机游走，顾名思义，指从某空间实体 o_i 传输到某个簇具有某个特定的概率，同时具有一定的概率 c 返回到原空间实体。于是，随机游走模型可以表示为

$$S_o = (1-c)W_o S_o + ce_o \tag{4.28}$$

式中，W_o 为空间实体 o 的归一化邻接矩阵；e_o 为 $n+m$ 行 1 列的起始向量；S_o 为稳定状态时的游走概率向量；系数 c 通常设置为 0.1。

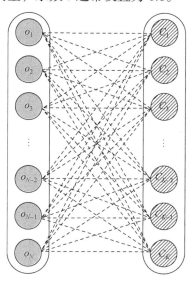

图 4.9　Bipartite 图结构

根据 Bipartite 图结构中各空间实体与各簇之间的连接关系及相应的边权重，可以获得一个 N 行 K 列的矩阵：

$$M_{N \times K} = \begin{bmatrix} E\langle o_1, C_1 \rangle & E\langle o_1, C_2 \rangle & \dots & E\langle o_1, C_K \rangle \\ E\langle o_2, C_1 \rangle & E\langle o_2, C_2 \rangle & \dots & E\langle o_2, C_K \rangle \\ \vdots & \vdots & & \vdots \\ E\langle o_N, C_1 \rangle & E\langle o_N, C_2 \rangle & \dots & E\langle o_N, C_K \rangle \end{bmatrix}$$

进而由该矩阵可以构建 Bipartite 图结构中所涉空间单元 c(各实体和簇)相对应的

邻接矩阵 $M_c = \begin{bmatrix} M_{N \times K}^{\mathrm{T}} & o_{K \times K} \\ o_{N \times N} & M_{N \times K} \end{bmatrix}$。假设从 Bipartite 图结构中任一空间实体 o_i 出发，

则遍历边 $\langle o_i, C_j \rangle$ 的概率 $W_o \langle o_i, C_j \rangle = M_o(j,i) \Big/ \sum\limits_{k=1}^{N+K} M_o(k,i)$。另外，对于起始向量

e_o，有 $e_{o_i} = \langle o_1, o_2, \cdots, 1_i, \cdots, o_{N+K} \rangle$。进而，对于两个空间实体 o_i 和 o_j，其相似程度可以通过各自对应的随机游走概率之间的余弦系数进行度量，即

$$\mathrm{Sim}(o_i, o_j) = \frac{\left(S_{o_i}, S_{o_j}\right)}{\sqrt{\left(S_{o_i}, S_{o_i}\right)} \cdot \sqrt{\left(S_{o_j}, S_{o_j}\right)}} \tag{4.29}$$

最后，空间实体 o_i 的异常度可以通过与其空间邻域内其他实体之间的相似度所构成的几何平均数进行度量，表达式为

$$\mathrm{OutScore}(o_i) = \left[\prod_{j=1}^{\mathrm{SN}(o_i)} \mathrm{Sim}(o_i, p_j)^{|\mathrm{SN}(o_i)|} \right]^{\frac{1}{|\mathrm{SN}(o_i)|}}, \quad p_j \in \mathrm{SN}(o_i) \tag{4.30}$$

式中，$\mathrm{OutScore}(o_i)$ 越小，说明空间实体 o_i 越偏离其空间邻域其他实体，越有可能为异常空间实体。对所有空间实体的异常度按升序排列，得到序列 $S_{\mathrm{OutScore}} = \{\mathrm{OutScore}_1, \mathrm{OutScore}_2, \cdots, \mathrm{OutScore}_N\}$。给定参数 α，S_{OutScore} 中第 α 个异常度记为 $\mathrm{OutScore}_\alpha$，则空间异常数据集 SOs 为

$$\mathrm{SOs} = \left\{ \forall o \big| \mathrm{OutScore}(o) \leqslant \mathrm{OutScore}_\alpha \right\} \tag{4.31}$$

该方法可以描述如下：

(1) 给定一个空间数据集 SD，根据空间实体的专题属性值进行聚类(如 K-means 方法)分析，得到 K 个簇；

(2) 根据每个空间实体与不同簇之间的专题属性值差异构建 Bipartite 图结构；

(3) 在 Bipartite 图结构中利用随机游走模型计算各空间实体的随机游走概率值，进而得到不同空间实体之间的相似度；

(4) 对空间实体构建空间邻域，并根据实体与其邻域内其他实体之间的相似度计算空间实体的空间异常度 $\mathrm{OutScore}(o)$，并对所有空间实体的异常度按升序排列；

(5) 给定某个参数 α，从空间数据集 SD 中探测得到空间异常数据集 SOs。

该方法实质上是利用随机游走模型间接地对空间实体之间的专题属性差异进行度量，而没有根据空间实体的空间分布对其邻域的构建进行重点分析，这在本质上与大多数空间异常探测法是一致的，从而导致该方法依然受空间异常实体的污染问题影响，进而无法探测空间异常区域。

4.6.2　自组织映射神经网络探测法

自组织映射神经网络探测法的基本思想是：利用自组织映射神经网络学习模型对实体的空间属性进行建模分析，获得若干个空间簇结构，并在各空间簇中通

过计算空间实体间的专题属性稳健距离(robust distance, RD)来探测空间异常点。

自组织映射神经网络是一种基于竞争学习机制的神经网络结构，主要作用是将高维向量以拓扑有序的形式映射到二维离散图中，该过程主要包括竞争、刺激和自适应三个步骤。给定空间实体 o_i，首先将 o_i 所包含的多维空间属性构成的向量作为输入向量 v_i，对于二维格网中规则排列的神经元所连接的权值向量 w_j，通过竞争可以获得与 v_i 之间距离最小的权值向量所对应的神经元 $b_i=\mathrm{argmin}\|v_i-w_j\|$，获胜的即为最佳匹配神经元。进而，利用高斯核函数来定义获胜神经元的邻域范围，即

$$g_{j,k}(t) = \exp\left[-\frac{\left\| r_j - r_k \right\|}{2\sigma_0^{\,2}\exp\left(-\dfrac{2t}{\tau}\right)}\right] \tag{4.32}$$

式中，t 为学习过程中的时间参数；r_j 为第 j 个神经元在二维格网中的位置向量；σ_0 为高斯带宽；τ 为刺激过程中的常数。第 j 个神经元高斯邻域内的其他神经元对其产生刺激作用，并且随着距离增大刺激作用减弱。在第 j 个神经元被邻域神经元刺激后，其自身连同其邻域神经元所连接的权值向量均会发生相应调整，即

$$w_k(t+1) = w_k(t) + \eta(t)g_{j,k}(t)\left[v_i(t) - w_k(t)\right] \tag{4.33}$$

式中，$\eta(t)$ 为学习率参数，且 t 越大 $\eta(t)$ 越小。通过对自组织映射神经网络进行迭代训练可以获得稳定的输出权值向量，并完成原始输入空间属性向量的聚类分析。

对于空间实体 o_i，与属于同一空间簇的其他空间实体构成空间邻域 $\mathrm{SN}(o_i)$，对所有空间实体的专题属性值进行归一化可以得到

$$f_{\mathrm{NSA}}^{N}(o) = \frac{f_{\mathrm{NSA}}(o) - \mu_{\mathrm{NSA}}}{\sigma_{\mathrm{NSA}}} \tag{4.34}$$

式中，$f_{\mathrm{NSA}}(o)$ 为空间实体 o 的专题属性值；μ_{NSA} 和 σ_{NSA} 分别为所有空间实体专题属性的平均值与标准差。根据 F 分布可以推导获得 o_i 与其空间邻域实体之间的多维专题属性稳健距离 RD(式(4.35))及空间异常阈值 $\mathrm{th}=\lambda F_{q,\,m-q+1}(\alpha)$，其中 q 为专题属性的维数；α 为置信度；λ 和 m 为估计的参数，具体推导过程可参考文献(Cai et al., 2013)。

$$\mathrm{RD}(o_i) = \mathrm{rd}\left\langle f_{\mathrm{NSA}}^{N}(o_i), \sum_{j=1}^{|\mathrm{SN}(o_i)|} \frac{f_{\mathrm{NSA}}^{N}(p_j)}{|\mathrm{SN}(o_i)|}\right\rangle \tag{4.35}$$

式中，$|\mathrm{SN}(o_i)|$ 为空间实体 o_i 的空间邻域实体数目；于是，空间异常数据集 SOs 为

$$\mathrm{SOs} = \left\{\forall o \,\middle|\, \mathrm{rd}\left\langle f_{\mathrm{NSA}}^{N}(o), \sum_{j=1}^{|\mathrm{SN}(o)|} \frac{f_{\mathrm{NSA}}^{N}(p_j)}{|\mathrm{SN}(o)|}\right\rangle^2 \geqslant \mathrm{th}\right\} \tag{4.36}$$

该方法可以描述如下：

（1）给定一个空间数据集 SD，根据空间实体的空间属性值利用自组织映射神经网络模型对数据进行训练，并通过聚类分析得到若干空间簇；

（2）将所有空间实体的多维专题属性值进行归一化；

（3）利用 F 分布的参数估计，计算每个空间实体与其空间邻域实体之间的多维专题属性稳健距离 RD，并获得空间异常探测阈值 th；

（4）根据多维专题属性稳健距离 RD 和空间异常探测阈值 th，从 SD 中探测得到空间异常数据集 SOs。

该方法的特点主要是处理高维空间数据集中的异常探测问题，重点是对多维属性之间的距离度量进行分析推导，没有顾及多维专题属性之间的关联性和可度量性，使得探测过程缺乏可解释性。

4.7　基于图论的异常探测

自空间异常的概念被提出以来，相应发展的空间异常探测法大多针对空间格网数据集，空间邻域的构建较为简单，如对规则格网采用4-邻域或8-邻域构建法，在不规则格网数据中则通过搜索共享边来确定空间邻域，这些方法的核心任务是通过比较空间实体与其空间邻域内实体之间的专题属性值差异来度量空间实体的异常度。对于矢量空间数据，需要采用专门的技术手段来构建空间邻域。Shekhar 等于 2001 年首次采用图论的思想提出利用图结构来构建时空邻域，进而在图结构中进行异常探测的分析(Shekhar et al., 2001)。图 4.10 为一组简单的时空数据。以空间实体 P 为例，虚线箭头表示空间邻域范围，点段线箭头表示时间邻域范围，而虚线、实线和点段线箭头则表示了空间实体 P 的时空邻域，进而对所有实体和其时空邻域范围内的其他实体用线进行连接，从而构成了一组图结构。图论的思想同样适用于基于位置和属性的空间异常探测，本节主要介绍两个基于图论的空

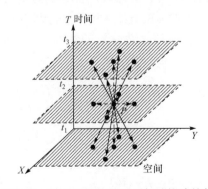

图 4.10　基于图结构的时空邻域构建简例

间异常探测法，即 K 邻近图探测法和作者提出的图论-密度耦合探测法(Lu et al., 2011; Shi et al., 2017)。

4.7.1　K 邻近图探测法

K 邻近图探测法的基本思想是：根据空间实体间的空间距离并利用 K 邻域法获取空间邻域，形成一个由 K 邻域构成的图结构，进而将该图结构中各边的权重定义为相应两空间实体之间的专题属性距离，通过删除图结构中较长的边来获得一系列子图，其中所含空间实体较少的子图为空间异常。图 4.11 为一组模拟空间数据集，其中椭圆代表空间实体，内部数字为专题属性值，箭头表示该数据集的 K 邻域图结构(K=3)，每条边的权值为两个端点空间实体之间的专题属性距离。示例中，可探测得到 O_1 为空间异常点，O_2 为空间异常区域。

给定一组空间数据集 SD，根据空间实体之间的空间距离关系对数据集构建 K 邻域图结构。在图结构中，各空间实体 o 与其 K 邻域中其他实体构成一系列边 $\text{Edge}_{o \rightarrow \text{KNN}(o)} = \{\text{edge}_{o \rightarrow p_i} | p_i \in \text{KNN}(o)\}$，每条边的权重定义为所连接两个空间实体间的专题属性距离，即 $W_{\text{edge}_{o \rightarrow p_i}} = |f_{\text{NSA}}(o) - f_{\text{NSA}}(p_i)|$，其中专题属性距离越大，则权重越大，反之越小。在进行空间异常点探测时，从该图结构中依次删除权重最大的边，当得到的孤立空间实体个数达到设置的阈值 m 时，将这些实体识别为空间异常点 SOP。

此外，在探测空间异常区域时，从原始图结构中删除权重大于某阈值 T_{edge} 的边，在剩余子图中选取所含空间实体数目小于阈值 K 的子图作为候选异常区域 CSOR_i。若候选异常区域 CSOR_i 内部紧密度(式(4.37))大于 T_{sim}，且与邻近的子图 CSOR_i 之间的差异度(式(4.38))大于 T_{diff}，则将该候选区域识别为空间异常区域 SOR。

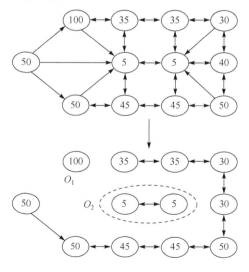

图 4.11　K 邻近图探测示例

$$\text{Evenness}\left(\text{CSOR}_i\right) = \frac{\max\left(W_{\text{edge}_k}\right) - \min\left(W_{\text{edge}_k}\right)}{\dfrac{\displaystyle\sum_{k=1}^{|\text{CSOR}(i)|} W_{\text{edge}_k}}{|\text{CSOR}(i)|}}, \quad \text{edge}_k \in \text{CSOR}_i \qquad (4.37)$$

$$\text{Diff}\left(\text{CSOR}_i \to \text{CSOR}_j\right) = \frac{\dfrac{\displaystyle\sum_{k=1}^{|\text{CSOR}(i)|} W_{\text{edge}_k}}{|\text{CSOR}(i)|} - \dfrac{\displaystyle\sum_{l=1}^{|\text{CSOR}(j)|} W_{\text{edge}_l}}{|\text{CSOR}(j)|}}{\left(\dfrac{\dfrac{\displaystyle\sum_{k=1}^{|\text{CSOR}(i)|} W_{\text{edge}_k}}{|\text{CSOR}(i)|} + \dfrac{\displaystyle\sum_{l=1}^{|\text{CSOR}(j)|} W_{\text{edge}_l}}{|\text{CSOR}(j)|}}{2}\right)} \qquad (4.38)$$

空间数据集 SD 中的所有空间异常点和异常区域内实体构成空间异常数据集 SOs：

$$\text{SOs} = \{\forall o \mid o \in \text{SOP} \cup o \in \text{SOR}\} \qquad (4.39)$$

该方法可以描述如下：

(1) 给定一个空间数据集 SD，根据空间实体间的空间距离关系对数据集构建 K 邻域图结构，其中各边的权重为所连接两个空间实体间的专题属性距离；

(2) 以原始图结构为分析对象，依次删除图中的最长边，直至获得孤立空间实体的数目为给定阈值 m，这些孤立空间实体即空间异常点；

(3) 以原始图结构为分析对象，删除边长大于阈值 T_{edge} 的边，在得到的各子图中，选取所含空间实体数目小于阈值 K 的子图为候选异常区域；

(4) 选取内部紧密度大于阈值 T_{sim} 且与邻域区域间的差异度大于 T_{diff} 的候选异常区域为空间异常区域；

(5) 所有空间异常点和空间异常区域中的空间实体构成空间异常数据集 SOs。

通过对 K 邻近探测法的分析发现，此方法主要有以下缺陷：

(1) KNN 邻域难以适应空间密度分布复杂的数据集，这将影响空间异常实体的探测分析；

(2) K 邻近探测属于一种全局删边操作，没有顾及空间实体的局部专题属性分布情况，当空间数据的专题属性分布复杂时，容易产生误判、漏判现象。

4.7.2　图论-密度耦合探测法

空间异常不仅包括异常点，还包括空间异常区域(Lu et al., 2011)。基于位置和属性的现有空间异常探测法大多仅能探测空间异常点，不能有效地探测空间异常区域，进而影响异常探测的准确度。尤其当空间数据分布复杂时，这些方法的探测精度无法得到保证(Chawla & Sun, 2006; Chen et al., 2008)。图 4.12(a)为一组包含异常空间实体(A_1、A_2 和 A_3)的空间格网数据集，根据空间实体之间的空间邻近性和专题属性值相似性，可将其划分为专题属性值具有明显差异的四个空间区域(通过"+"区分)。对于异常区域与正常区域的相邻处及相邻正常区域的交界处(如区域 $R_1 \sim R_4$)，现有的空间异常探测法赋予的异常度高，这显然是不准确的。另外，A_2 和 A_3 属于包含空间实体较少的异常区域，在 4.7.1 节介绍了 Lu 等针对此问题提出的 K 邻近图探测法(Lu et al., 2011)。当空间数据呈现较强异质特性时，该方法容易造成大量的误判、漏判问题。如图 4.12(a)左上方区域中相邻空间实体之间专题属性值差异约为 0.2，而右上方区域中相邻空间实体之间专题属性值差异约为 2，利用该方法进行探测分析可能造成两种错误：①左上方区域中的异常空间实体 A_1 无法被识别；②右上方区域被隔离为若干小区域。

在现实世界中，很多空间数据集为离散的采样数据(如气象站点数据)。如图 4.12(b)所示，根据空间实体之间的空间距离可将其划分为两个半圆区域；若顾及专题属性值，又可将其划分为区域 I、II(专题属性值位于[3, 4])和区域 III(专题属性值位于[10, 12])两部分。虽然区域 II 和区域 III 空间相邻，但两者之间专题属性值差异较大；此外，区域 II 和区域 I 具有相似的专题属性值，但两者空间非邻近，并且区域 II 包含较少空间实体，为此认为其属于空间异常区域。空间采样数据与空间格网数据相比具有更为复杂的形状和非均匀的密度分布，导致空间实体之间邻近关系更为复杂。

为了从带有专题属性且分布复杂的空间采样数据中更加准确地探测各类异常点和异常区域，本书作者提出了一种融合图论和密度思想的空间异常探测法(简称图论-密度耦合探测法)，该方法的基本思路如图 4.13 所示。具体策略包括：①借助 TIN 来粗略表达空间实体之间的邻接关系；②通过分析 TIN 中的边长统计特性对原始 TIN 施加两层约束，删除不一致长边，获得空间实体之间准确的邻近关系；③考虑相邻空间实体之间的专题属性值差异，继续对剩余边长施加两层约束，从而将数据集中正常空间实体和异常空间实体进行分离，空间异常即包含空间实体数目较少的连通子图；④采用局部密度度量的思想计算空间实体的异常度，并基于异常度绘制空间内插曲面，对空间实体异常度进行可视化。

图论-密度耦合探测法主要包括四个步骤：①构建不规则三角网 TIN，并对三角网的边长施加全局和局部两层次约束，获得准确的空间邻域；②以 TIN 的剩余边为分析对象，考虑所连接空间实体之间的专题属性值差异，继续施加全局和局部两层次约束，将空间异常实体与其他空间实体分离；③针对剩余的边，通过扩展分析形成一系列连接子图，在此基础上识别正常区域、异质区域和异常区域；④针对正常区域和异常区域的空间实体，利用基于密度估计的思想计算其异常度，并根据异常度绘制空间内插面进行可视化表达。下面结合具体实例对这四个步骤进行详细阐述。

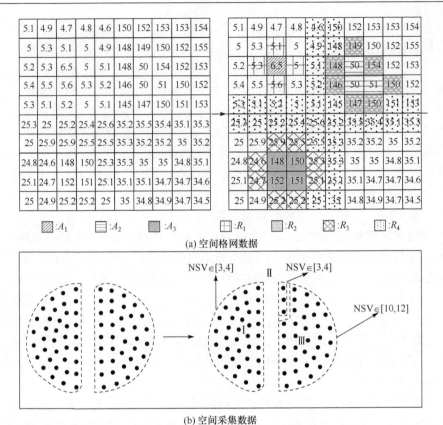

(a) 空间格网数据

(b) 空间采集数据

图 4.12 含有空间异常的两类空间数据

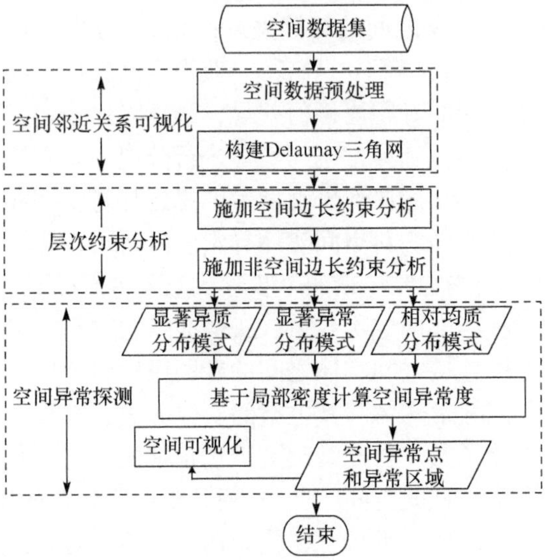

图 4.13 图论-密度耦合探测法的基本思路

1. 空间邻域构建

空间采样数据通常呈现出离散、形状任意、密度非均匀等分布特点，空间邻域的构建相比连续格网数据更加困难。图 4.14(a)为一组模拟的空间采样数据，其中包含三个相互分离、密度和形状各异的空间子区域，这里将采用 3.5 节的层次约束 TIN 策略来构建空间实体的空间邻域。

首先，构建不规则三角网 TIN，如图 4.14(b)所示，其中虚线区域为三角网中的误差区域。图 4.14(c)中空间实体 P_1 和 P_2 构成的边属于空间全局长边，通过对 TIN 施加空间全局约束，得到图 4.14(d)所示结果。在图 4.14(d)中，某些局部区域仍然存在一些空间局部长边(如实线多边形区域)，对此类局部长边需要进一步施加约束，以获得更加准确的空间邻域。图 4.14(e)为对所有连通子图进行局部不一致长边删除后所得到的结果，发现 TIN 中剩余边可以准确地表达空间实体之间的邻近关系。对于空间实体 P_i，所有与 P_i 通过剩余边相连的空间实体构成其空间邻域 $SN(P_i)$，将形成的子图记为 FSG_k，如图 4.14(e)中的 FSG_1、FSG_2、FSG_3。

2. 不同类型空间分布模式分离

Tobler 的地理学第一定律指出：空间实体距离越近，专题属性值越相似(Tobler, 1970)。然而，空间异质性使得部分空间实体可能与其空间邻域内其他空间实体之间的专题属性值差异较大，在这种情况下，空间异常很可能蕴含在异质区域中(Adam et al., 2004)。为此，考虑空间边长约束后得到的连通子图，以相邻实体间的专题属性距离为边权重，进而采用两层约束分析来分离正常区域、异质区域及异常实体。

给定空间边长约束后得到的各子图 FSG_k，将每条边 $FSG_k(E_i)$ 的权重定义为两个相连实体间的专题属性值距离，表达式为

$$\text{Len}_{\text{NS}}[FSG_k(E_i)] = \left| f_{\text{NSA}}(P_i) - f_{\text{NSA}}(P_j) \right| \tag{4.40}$$

式中，$f_{\text{NSA}}(P_i)$ 和 $f_{\text{NSA}}(P_j)$ 分别为空间实体 P_i 和 P_j 的专题属性值。进而，可以计算得到子图中所有边的平均长度 $\text{Mean}_{\text{NS}}[FSG_k(E)]$ 和标准差 $\text{SD}_{\text{NS}}[FSG_k(E)]$。于是，对于边 $FSG_k(E_i)$，其专题属性距离全局约束指数可以定义为

$$\text{NSA\_CI}^1[FSG_k(E_i)] = \text{Mean}_{\text{NS}}[FSG_k(E)] + \alpha_{\text{NS}} \cdot \text{SD}_{\text{NS}}[FSG_k(E)]$$
$$\alpha_{\text{NS}} = \frac{\text{Mean}_{\text{NS}}[FSG_k(E)]}{\text{Len}_{\text{NS}}[FSG_k(E_i)]} \tag{4.41}$$

在此基础上，子图 FSG_k 中的专题属性距离全局长边可以定义为

$$\text{NSA\_LE}^1 = \left\{ \forall E_i \in FSG_k : \text{Len}_{\text{NS}}[FSG_k(E_i)] \geqslant \text{NSA\_CI}^1[FSG_k(E_i)] \right\} \tag{4.42}$$

为了形象地描述基于专题属性距离的边长约束，对图 4.14(a)中各空间实体的专题属性值进行模拟，以图 4.14(e)的子图 FSG_1 为例(图 4.15(a))，对分析过程进行

详细说明。由图 4.15(b)可以发现，通过虚线相连的两部分空间实体之间专题属性值距离约为 2，明显大于实线连接的空间实体之间专题属性值距离，从而认为虚线所表示的边属于专题属性距离全局长边；此外，部分实线所连接的空间实体之间专题属性值距离为 0.8 和 0.9，这与其周围局部区域相比也属于一种长边。下面需要继续施加约束分析来删除专题属性距离局部长边。

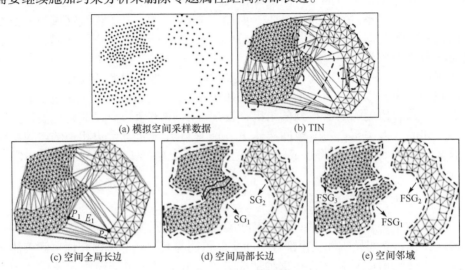

(a) 模拟空间采样数据 (b) TIN

(c) 空间全局长边 (d) 空间局部长边 (e) 空间邻域

图 4.14 空间邻域的构建

通过删除各子图所有专题属性距离全局长边后可以得到一系列新子图 FSG_{km}，即图 4.15(c)的 $FSG_{11}, FSG_{12}, \cdots, FSG_{33}$。对于子图中任一空间实体 P_i，将与其相连的局部边集合记为 $FSG_{km}(LE_i)$，而每条边 $FSG_{km}(LE_{ij})$ 的权重为两个相连空间实体之间专题属性距离。在此基础上，可以得到 $FSG_{km}(LE_i)$ 中所有边的平均长度 $Mean_{NS}[FSG_{km}(LE_i)]$ 和标准差 $SD_{NS}[FSG_{km}(LE_i)]$。对于子图中的各条边，其专题属性距离局部约束指数可以定义为

$$
\begin{aligned}
&NSA\_CI^2[FSG_{km}(LE_{ij})] \\
&= Mean[FSG_{km}(LE_i)] \\
&+ \beta_{NS} \cdot \frac{\sum_{i'=1}^{n} SD[FSG_{km}(LE_{i'})]}{n}, \quad LE_{i'} \in FSG_{km} \\
&\beta_{NS} = \frac{Mean_{NS}[FSG_{km}(LE_i)]}{Len_{NS}[FSG_{km}(LE_{ij})]}
\end{aligned}
\tag{4.43}
$$

进而，各子图的专题属性距离局部长边可以定义为

$$
NSA\_LE^2 = \{\forall FSG_{km}(LE_{ij}) : Len_{NS}[FSG_{km}(LE_{ij})] \geqslant NSA\_CI^2[FSG_{km}(LE_{ij})]\}
\tag{4.44}
$$

通过删除所有专题属性距离局部长边(图 4.15(d)的新增虚线)，可以将 TIN 进行进一步精化，使得剩余边所连接的两个空间实体之间不仅空间邻近且专题属性值相似。将精化后各空间实体的邻域实体表示为 $FN(P_i)$，连通子图表示为 FG_k，即图 4.15(e)中 $FG_1, FG_2, \cdots, FG_{10}$。

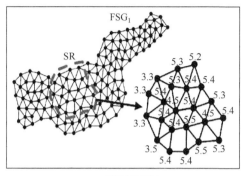

(a) 示例区域数据　　　　　　　　(b) 专题属性距离全局约束

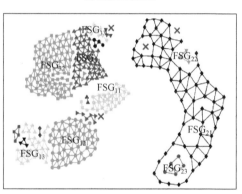

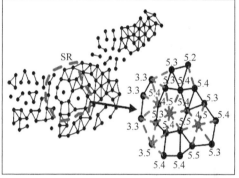

(c) 施加专题属性距离全局约束的结果　　　　　　(d) 专题属性距离局部约束

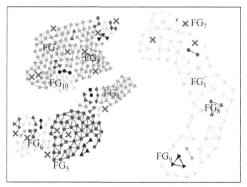

(e) 施加专题属性距离局部约束的结果

图 4.15　专题属性距离约束分析

3. 不同类型空间分布模式识别

空间数据集主要包括三种类型的分布模式：①相对均质分布模式(relative homogeneity patterns, RHOP)，相邻空间实体专题属性值差异不大；②显著异质分布模式(apparent heterogeneity patterns, AHEP)，不同空间实体专题属性值差异明显，并且形成一系列相对均质的小区域；③显著异常分布模式(apparent spatial anomaly patterns, ASAP)，属于一类与相对均质分布模式空间相邻的显著异质分布模式。下面将从分离出的各子图中识别不同类型的空间分布模式。

针对连通子图 FG_k，如果任一空间实体满足以下两个条件：

$$P_i \in FG_m$$
$$\exists P_j \in SN(P_i),\ P_j \in FG_n \text{ 且 } FG_n \neq FG_m$$

则 P_i 为子图 FG_m 和 FG_n 之间的转折点，记为 $TP_i^{FG_m \rightarrow FG_n}$；通过识别子图 FG_m 中所有转折点，可以得到其相邻子图 $AG(FG_m)$。如图 4.16(a)所示，FG_5 和 FG_6 互为相邻子图。为了判断子图 FG_k 中是否包含极少数空间实体，定义

$$\text{CSA\_I}(FG_k) = \text{Mean}_{SZ}(FG) - \gamma \cdot \text{SD}_{SZ}(FG), \quad \gamma = \frac{|FG_k|}{\text{Mean}_{SZ}(FG)} \tag{4.45}$$

式中，$\text{Mean}_{SZ}(FG)$ 和 $\text{SD}_{SZ}(FG)$ 分别为所有子图中包含空间实体数目的均值和标准差。于是，候选空间异常子图可以定义为

$$\text{CSAs} = \left\{ \forall FG_k \,\|\, FG_k \,|\! \leqslant \text{CSA\_I}(FG_k) \right\} \tag{4.46}$$

结合式(4.45)和式(4.46)发现，若子图包含较少数目的空间实体，则相应的异常识别指标取值(CSA_I)将较大，通过这种策略可以更全面地识别包含较少空间实体的子图(异常)。如图 4.16(b)所示，虚线框区域为识别的候选空间异常，剩余的子图则属于相对均质分布模式。

对于连通子图 FG_k，若其满足以下两个条件：

$$FG_k \in CSAs$$
$$\exists FG_l \in AG(FG_k),\ FG_l \in RHOP$$

则 FG_k 被识别为一个显著空间异常子图。除了显著空间异常子图，其他候选空间异常子图则构成显著异质分布模式。如图 4.16(c)所示，圆点、空心符号和实心符号分别表示相对均质、显著异质和显著异常分布模式。

虽然可以从空间数据集中定性地识别出显著空间异常，但在均质分布模式中还可能存在一类潜在空间异常，这类空间异常实体在局部范围内不同于其他大部分空间实体，可以通过计算异常度得以进一步识别。分析发现，现有的空间异常度计算大多将所有空间实体等同对待，导致空间异常实体影响空间正常实体异常度计算的准确性，从而引起误判和漏判现象。为了解决这个问题，本节提出一种改进的基于局部密度估计的异常度计算方法，并对空间异常度进行层次可视化分析。

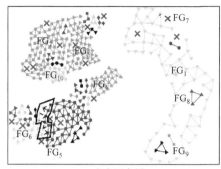
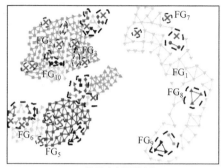

(a) 相邻图实例　　　　　　　　　　　　　　　(b) 候选空间异常图

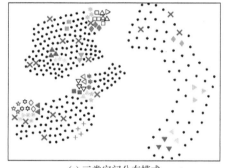

(c) 三类空间分布模式

图 4.16　各种类型空间分布模式的识别

从全局视角来看，空间异常度可以用来定量描述空间异常实体与相邻均质分布模式中空间实体之间的专题属性值差异程度；从局部视角来看，空间异常度可以定量表达均质分布模式中各空间实体的异常度，从而突显出潜在的异质区域。为此，需要采用不同的策略来分别度量均质分布模式内空间正常实体和空间异常实体的空间异常度。在最终提取的子图中，若两个相邻空间实体之间没有边相连，则表明两者的专题属性值差异较大，这种局部异质分布区域可能存在潜在的空间异常。为了准确度量空间实体的空间异常度，首先需要分别对相应子图中的边进行修复，构建合理的空间邻域，具体包括：

(1) 给定显著异常分布模式中任一连通子图 FG_k，对于一个转折点 P_i，若数据集中另一空间实体 P_j 满足 $\exists P_j \in SN(P_i)$，其中 $P_j \in FG_l$ 且 $FG_l \in RHOP$，则将 P_i 定义为特征异常点，并且将 P_j 放入 P_i 的分析邻域 $CN(P_i)$。

(2) 给定相对均质分布模式中任一连通子图 FG_k，对于图中实体 P_i，若数据集中存在一个空间实体 P_j 满足 $P_j \in SN(P_i)$ 且 $P_j \notin FN(P_i)$，则将 P_j 放入 P_i 的另一个邻域集合 $AN(P_i)$ 中，进而 $AN(P_i)$ 和 $FN(P_i)$ 共同构成 P_i 的分析邻域 $CN(P_i)$。

由于显著异常分布模式中各子图内空间实体之间专题属性值差异不大，因此将与均质分布模式相邻的特征异常点作为代表来度量其异常度，突出该异常子图与相邻正常子图之间的专题属性值差异。给定显著异常分布模式中任一子图 FG_k，其中所有特征异常点构成集合 $FA=\{fa_1, fa_2, \cdots, fa_n\}$。对于任一特征异常点 fa_i，它的局部密度可以定义为

$$L\_Den(fa_i) = \cfrac{1}{\left\lceil \cfrac{\sum\limits_{i'=1}^{|CN(fa_i)|}\left|f_{NSA}(fa_i) - f_{NSA}(P_{i'})\right|}{|CN(fa_i)|} \right\rceil}, \quad P_{i'} \in CN(fa_i) \qquad (4.47)$$

对于任一空间实体 $P_{i'} \in CN(fa_i)$，其局部密度可以定义为

$$L\_Den(P_{i'}) = \cfrac{1}{\left\lceil \cfrac{\sum\limits_{j=1}^{|CN(P_{i'})|}\left|f_{NS}(P_{i'}) - f_{NS}(P_j)\right|}{|CN(P_{i'})|} \right\rceil}, \quad P_j \in CN(P_{i'}) \qquad (4.48)$$

进而，特征异常点 fa_i 的异常度可以进一步定义为

$$SOD(fa_i) = \cfrac{\left\lceil \cfrac{\sum\limits_{i'=1}^{|CN(fa_i)|} L\_Den(P_{i'})}{|CN(fa_i)|} \right\rceil}{L\_Den(fa_i)}, \quad P_{i'} \in CN(fa_i) \qquad (4.49)$$

对于相对均质分布模式中的任一子图，其中的一个空间实体 P_i 的空间异常度可以定义为

$$L\_Den(P_i) = \cfrac{1}{\left\lceil \cfrac{\sum\limits_{j=1}^{|CN(P_i)|}\left|f_{NSA}(P_i) - f_{NSA}(P_j)\right|}{|CN(P_i)|} \right\rceil}, \quad P_j \in CN(P_i)$$

$$(4.50)$$

$$SOD(P_i) = \cfrac{\left\lceil \cfrac{\sum\limits_{i'=1}^{|CN(P_i)|} L\_Den(P_{i'})}{|CN(P_i)|} \right\rceil}{L\_Den(P_i)}, \quad P_{i'} \in CN(P_i)$$

可以发现，相对均质子图中空间实体的异常度可以反映该实体与子图中相邻空间实体之间的专题属性值差异程度，从而避免了与该实体相邻而专题属性值差异较大的其他空间实体对其异常度计算的影响。

根据计算得到的实体空间异常度，采用常用的反距离加权(inverse distance weighted, IDW)插值法来绘制空间内插面，其中空间异常度的局部极大值可以反映局部空间异常区域(Franke & Gertz, 2008)。图 4.17(a)为移除显著异质分布模式内

空间实体后绘制的空间异常度内插面，可以发现显著的空间异常实体均具有局部极大异常度。在这种情况下，将显著空间异常实体移除，对均质分布模式中的实体异常度内插面采用更加详细的层级分类显示(图 4.17(b))，可以发现圆圈内潜在空间异常实体被识别出来。

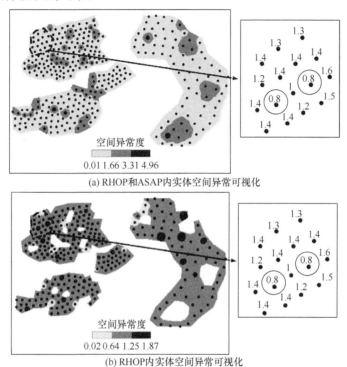

(a) RHOP和ASAP内实体空间异常可视化

(b) RHOP内实体空间异常可视化

图 4.17　空间异常可视化分析

4. 图论-密度耦合探测法描述

给定一个包含 N 个空间采样数据的数据集 SD，图论-密度耦合探测法可以描述如下：

(1) 根据数据集 SD 中所有空间实体的空间位置属性构建 TIN，获取空间实体的初始空间邻域，其中 TIN 各边的权重为两相连实体之间的空间距离；

(2) 以所构建的 TIN 为分析对象，施加全局和局部边长约束，删除全局和局部长边，剩余边构成了一系列连通子图，获得各空间实体准确的空间邻域；

(3) 以各连通子图为研究对象，将边的权重定义为相连实体之间的专题属性距离，进而施加专题属性全局和局部边长约束，继续删除在全局和局部范围内专题属性距离较长边，获得最终连通子图；

(4) 以最终连通子图中所包含空间实体的数目为研究对象，采用空间异常模

式判别指标识别各类空间分布模式;

(5) 针对相对均质和显著异常分布模式中的特征异常实体,计算空间异常度,进而采用 IDW 法进行插值计算并绘制空间异常度的内插面,实现对空间实体异常度的可视化与潜在空间异常提取。

4.7.3 实例分析

本节将采用两个实际算例来详细阐述图论-密度耦合探测法在降水量空间异常分布探测和土壤重金属浓度空间异常分布探测方面的具体应用。

1. 降水量空间异常分布探测

本实验数据集来源于国家气象科学数据中心,包括 1982~2011 年中国陆地区域 527 个气象站点的降水月均值数据,气象站点相对均匀地分布于中国中部和东部地区,仅内蒙古自治区的气象站点较为稀疏,其他地区气象站点均密集分布。此外,采用 1997~2001 年各年夏季降水量(6~8 月降水量累积值)作为专题属性,包含的先验知识可以用来验证图论-密度耦合探测法结果的合理性。

通过分析这五年夏季降水量的空间异常探测结果可以发现,不同年份之间既存在相似模式又存在明显差异。从整体来看,在黑龙江北部、云南西南部、广东南部和广西南部及海南等地均存在空间异常区域。其中,在 1998 年和 1999 年,中国长江中下游地区及东南地区(如浙江、福建等省)的夏季降水量明显不同于周边地区;在 2000 年,黄河中下游地区也出现了夏季降水量空间异常。

通过空间异常度可视化还可以看到一些分布于正常区域内的潜在异常区域,这些区域虽然异常度不足以被识别为显著的空间异常,但在较小尺度下却具有局部极大空间异常度,这可能蕴含着未知、有价值的知识和规律。区域 R_1 和 R_2 在这五年的夏季降水量情况列于表 4.1,其中区域 R_1 为探测到的空间异常区域,区域 R_2 为其周边正常区域。

表 4.1 区域 R_1、R_2 在 1997~2001 年夏季降水量情况

1997 年				1998 年				1999 年			
R_1		R_2		R_1		R_2		R_1		R_2	
站点	降水量 /mm	站点	降水量 /mm	站点	降水量 /mm	站点	降水量 /mm	站点	降水量 /mm	站点	降水量 /mm
360	552.8	342	648.9	360	1217.3	342	389.8	360	766.1	342	724.1
370	567.4	352	428.4	370	1136.8	352	867.9	370	869.2	352	690.1
429	401.1	357	380.8	429	1409.7	357	664.4	429	1117.7	357	606.8
432	1282.9	358	322.1	432	1363.0	358	782.8	432	1282.9	358	886.3
438	1157.6	359	276.2	438	1110.6	359	765.9	438	2040.9	359	688.3
440	698.3	369	309.4	440	1367.7	369	737.4	440	1205.7	369	573.4

续表

1997 年				1998 年				1999 年			
R_1		R_2		R_1		R_2		R_1		R_2	
站点	降水量/mm	站点	降水量/mm	站点	降水量/mm	站点	降水量/mm	站点	降水量/mm	站点	降水量/mm
446	671.9	380	608.7	446	1050.7	380	616.7	446	1142.0	380	889.1
447	741.4	381	646.0	447	942.4	381	472.7	447	1264.8	381	737.3
448	827.1	421	286.5	448	1449.2	421	319.4	448	1089.4	421	393.0
449	750.0	422	585.1	449	970.1	422	454.3	449	753.9	422	779.0
450	807.2	423	187.9	450	1290.7	423	468.2	450	1035.7	423	469.8
456	995.9	424	331.7	456	1000.6	424	540.6	456	770.8	424	712.7
457	899.8	431	475.9	457	1053.2	431	535.7	457	814.5	431	1355.9
461	1001.9	464	868.0	461	804.9	464	476.9	461	525.1	464	644.4
462	944.9	466	676.8	462	824.0	466	617.9	462	650.0	466	465.3
468	980.4	467	906.2	468	859.8	467	566.7	468	756.3	467	733.0

2000 年				2001 年			
R_1		R_2		R_1		R_2	
站点	降水量/mm	站点	降水量/mm	站点	降水量/mm	站点	降水量/mm
360	425.5	342	299.4	360	424.0	342	274.8
370	486.5	352	373.5	370	408.8	352	214.4
429	272.9	357	306.5	429	428.9	357	362.2
432	791.0	358	335.7	432	786.8	358	321.0
438	740.2	359	322.9	438	556.9	359	411.1
440	523.6	369	314.3	440	567.5	369	243.8
446	501.8	380	550.5	446	592.1	380	335.3
447	617.7	381	475.5	447	472.5	381	571.8
448	921.4	421	239.6	448	696.3	421	263.0
449	625.4	422	457.6	449	587.0	422	370.2
450	640.5	423	410.3	450	871.9	423	328.6
456	839.9	424	381.6	456	899.6	424	195.0
457	760.4	431	419.1	457	696.3	431	734.6
461	817.7	464	668.6	461	805.3	464	718.7
462	596.9	466	673.2	462	715.4	466	662.1
468	1064.3	467	910.5	468	532.6	467	729.7

通过对表 4.1 进行分析可以发现，这五年中区域 R_1 夏季降水量绝大部分大于区域 R_2，其中主要原因在于区域 R_1 更靠近东南沿海，受台风影响较区域 R_2 严重；区域 R_1 在 1998 年和 1999 年的夏季降水量则绝大部分大于区域 R_2，引起这一现象的主要原因为 1998 年前后发生的厄尔尼诺现象导致洞庭湖和鄱阳湖流域降水量明显增加，黑龙江省北部的松花江和嫩江流域也受到了严重影响，在 1998 年这些区域均发生了罕见的洪涝灾害事件。

综上所述，图论-密度耦合探测法得到的空间异常模式与先验知识高度吻合，具有良好的可解释性，这也表明该方法具有合理性和实用性。此外，由于云南和海南地形较为复杂，降水呈现出异质分布特点；中国南部沿海地区由于受到东南季风影响严重，降水量也明显大于北部相邻地区；黄河中下游地区在 2000 年发生的空间异常在很大程度上归因于厄尔尼诺现象的后续影响。

空间异常可以影响时空内插和时空预测的精度,将空间异常乃至时间异常视为一类特殊的模式纳入时空内插和时空预测中,能够有效提高时空内插和时空预测的精度,从而有助于相关部门有效地应对极端气候事件。

2. 土壤重金属浓度空间异常分布探测

本实验数据为中国南部某城市 2006 年的土壤重金属元素含量监测数据,监测站点、主要污染源和河流的空间分布如图 4.18 所示。其中,包括 104 个监测站点和 249 个主要污染源,本节将对 As、Cd、Cr、Hg 和 Pb 五种重金属元素的含量进行空间异常探测分析。

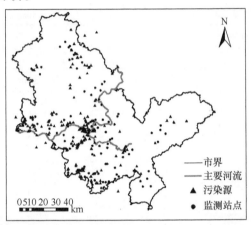

图 4.18　中国南部某城市土壤重金属元素监测站点、主要污染源和河流的空间分布

图 4.19(a)～图 4.19(e)分别为利用图论-密度耦合探测法对该城市各监测站点监测的 As、Cd、Cr、Hg 和 Pb 五种重金属元素含量进行空间异常分布探测的结果,图 4.20(a)～图 4.20(e)为相应的空间异常度可视化表达。通过对探测结果进行分析发现,探测得到的空间异常区域大都分布于主要污染源的附近区域,其中靠近污染源的监测站点重金属元素含量较周围地区异常度偏高,相反远离污染源的监测站点重金属元素含量异常度偏低,从而表明这些污染源对土壤中重金属元素的含量具有严重影响。对于 As 和 Cd 两种元素,存在较少的空间异常区域和异质区域,而其他三种元素则存在较多空间异常分布,这从侧面说明该城市的土壤特性和污染源对 As 和 Cd 两种元素的累积影响相对较小。

通过空间异常度的可视化也可以发现一些分布于正常区域内的潜在异常区域(图 4.20 中颜色较深的区域),这些区域与周围相比土壤重金属元素含量可能偏高,也可能偏低。另外,异常区域的沿河分布可以从一定程度上反映出相应河岸区域的污染状况。深入分析这些空间异常模式并结合相关领域知识,有助于相关部门

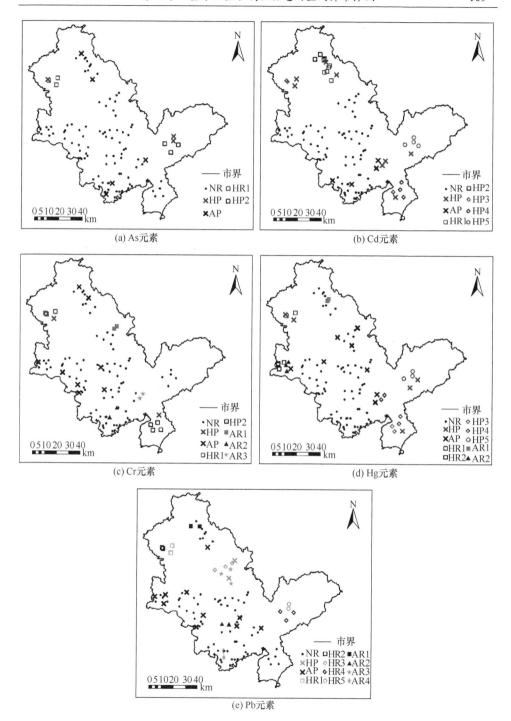

图 4.19　图论-密度耦合探测法探测中国南部某城市各土壤重金属元素含量空间异常分布

采取不同措施对相关区域污染源和河流进行有效管理和整治，尽可能使土壤中重金属元素含量维持在正常水平的同时不影响其经济发展。

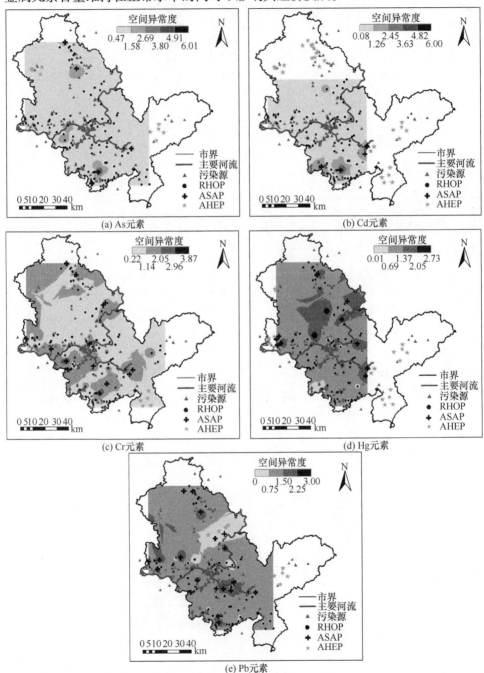

图 4.20　中国南部某城市各土壤重金属元素含量空间异常度可视化

4.8　本章小结

从带有专题属性信息的空间数据中探测空间异常，不能简单地将专题属性信息和空间位置信息等同视为一个多维属性数据，需要将空间属性和专题属性分开处理。然而，现有的基于位置和属性信息的空间异常探测法主要存在两方面问题：①研究对象大多为格网数据，对离散的采样数据缺乏针对性分析处理；②无法从根本上解决由异常导致的误判和漏判问题，并且大多仅能探测异常点，无法同时准确探测异常点和异常区域。为此，本章以带有专题属性的空间采样数据为研究对象，对现有基于位置和属性的空间异常探测法进行了系统回顾、方法分析和扩展应用，并分别对各类探测方法中的代表性方法进行了详细阐述，指出了其存在的主要问题。针对这些问题，本章重点阐述了融合图论和密度思想的空间异常探测法，并以气象要素(降水量)空间异常分布和土壤重金属含量空间异常分布探测为例进行了验证分析和实际应用。

参 考 文 献

邓敏, 刘启亮, 李光强. 2010. 采用聚类技术探测空间异常. 遥感学报, 14(5): 951-958.

李德仁, 王树良, 李德毅. 2013. 空间数据挖掘理论及应用. 2 版. 北京：科学出版社.

李德毅, 杜鹢. 2014. 不确定性人工智能. 2 版. 北京：国防工业出版社.

李光强, 邓敏, 程涛, 等. 2008. 一种基于双重距离的空间聚类方法. 测绘学报, 37(4): 482-487.

李光强. 2009. 时空数据异常探测理论与方法. 长沙：中南大学博士学位论文.

李光强, 邓敏, 朱建军, 等. 2009. 一种顾及邻近域内实体间距离的空间异常检测新方法. 遥感学报, 13(2): 197-202.

马荣华, 何增友. 2006. 从 GIS 数据库中挖掘空间离群点的一种高效算法. 武汉大学学报(信息科学版), 31(8): 679-682.

薛安荣, 鞠时光, 何伟华, 等. 2007. 局部离群点挖掘算法研究. 计算机学报, 30(8): 1455-1463.

杨学习, 徐枫, 石岩, 等. 2018. 一种基于场论的空间异常探测方法. 武汉大学学报(信息科学版), 43(3): 364-371.

郑旻琦, 陈崇成, 樊明辉, 等. 2008. 基于 Delaunay 三角网的空间离群挖掘. 微型计算机应用, 29(6): 76-82.

Adam N, Janeja V P, Atluri V. 2004. Neighborhood based detection of anomalies in high dimensional spatio-temporal sensor datasets//Proceedings of the 19th ACM Symposium on Applied Computing, New York: 576-583.

Anselin L. 1995. Local indicators of spatial association: LISA. Geographical Analysis, 27(2): 93-115.

Bishop C M. 2006. Pattern Recognition and Machine Learning. New York: Springer.

Cai Q, He H, Man H. 2013. Spatial outlier detection based on iterative self-organizing learning model. Neurocomputing, 117: 151-172.

Chawla S, Sun P. 2006. SLOM: A new measure for local spatial outliers. Knowledge and Information System, 9(4): 412-429.

Chen D C, Lu C T, Kou Y F, et al. 2008. On detection of spatial outliers. GeoInformatica, 12(4): 455-475.

Chen F, Lu C T, Boedihardjo A P. 2010. GLS-SOD: A generalized local statistical approach for spatial outlier detection//Proceedings of the 16th ACM SIGKDD International Conference on Knowledge Discovery and Data Mining, Washington: 1069-1078.

Deng M, Liu Q, Cheng T, et al. 2011. An adaptive spatial clustering algorithm based on delaunay triangulation. Computers Environment & Urban Systems, 35(4):320-332.

Franke C, Gertz M. 2008. Detection and exploration of outlier regions in sensor data streams//IEEE International Conference on Data Mining Workshops, Pisa: 375-384.

Haslett J, Brandley R, Craig P, et al. 1991. Dynamic graphics for exploring spatial data with application to locating global and local anomalies. The American Statistician, 45(3): 234-242.

Jiang S Y, Li Q H. 2003. GLOF: A new approach for mining local outlier//Proceedings of the 2nd International Conference on Machine Learning and Cybernetics, Xi'an: 157-161.

Liu H G, Jezek K C, O'Kelly M E. 2001. Detecting outliers in irregularly distribution spatial data sets by locally adaptive and robust statistics analysis in GIS. International Journal of Geographical Information Science, 15(8): 721-741.

Liu X, Lu C T, Chen F. 2010. Spatial outlier detection: Random walk based approaches//Proceedings of the 18th SIGSPATIAL International Conference on Advances in Geographic Information Systems, San Jose: 370-379.

Lu C T, dos Santos J R F, Liu X, et al. 2011. A graph-based approach to detect abnormal spatial points and regions. International Journal on Artificial Intelligence Tools, 20(4): 721-751.

Rousseeuw P J, Hubert M. 2011. Robust statistics for outlier detection. Wiley Interdisciplinary Reviews Data Mining & Knowledge Discovery, 1(1):73-79.

Shekhar S, Chawla S. 2002. A Tour of Spatial Databases. New Jersey: Prentice Hall.

Shekhar S, Lu C T, Zhang P S. 2001. Detecting graph-based spatial outliers: Algorithms and applications//Proceedings of the 7th ACM SIGKDD International Conference on Knowledge Discovery and Data Mining, San Francisco: 371-376.

Shekhar S, Lu C T, Zhang P S. 2003. A united approach to detecting spatial outliers. GeoInformatica, 7(2): 139-166.

Shi Y, Deng M, Yang X, et al. 2017. A spatial anomaly points and regions detection method using multi-constrained graphs and local density. Transactions in GIS, 21(2): 376-405.

Tobler W. 1970. A computer movie simulating urban growth in the Detroit region. Economic Geography, 46: 234-240.

第 5 章　时空轨迹异常探测

5.1　引　　言

在现实世界中，相比静态的空间数据，带有时间维度的时空数据能够更加真实而具体地反映地理事物的客观发展规律，从时空数据中探测异常在众多应用领域亦具有重要的实际应用价值(Das, 2009)。与空间异常探测类似，时空异常探测旨在从海量的地理时空数据中获取潜在的、偏离时空数据整体或局部分布的时空单元或时空聚集。针对不同类型的时空数据，可以将时空异常探测大致分为时空轨迹异常探测和时空序列异常探测。其中，时空轨迹异常探测大多仅考虑轨迹的空间属性，而忽略轨迹的非空间专题属性(如台风的强度)。本章将以时空轨迹为研究对象，对现有的时空轨迹异常探测工作展开系统归纳分类和详细分析。下面首先对现有方法进行简要回顾。

时空轨迹的异常可以分为时空轨迹形状异常和时空轨迹分布异常，相应地，现有方法可以分为时空轨迹形状异常探测法和时空轨迹分布异常探测法。时空轨迹形状异常探测法具体包括以下三种：①基于划分的方法。Lee 等通过充分度量时空轨迹之间的空间关系，提出了一种基于划分的时空轨迹聚类法，并在此基础上探测异常轨迹(Lee et al., 2008)。②基于方向和密度的方法。Ge 等通过对研究区域进行格网划分，提出了一种基于方向和密度的时空轨迹异常度量法，并通过将各轨迹在时间序列上的异常度进行衰减性叠加,探测偏离其他轨迹的异常轨迹(Ge et al., 2010)。③基于格网计数的方法。Zhang 等将研究区域划分为若干规则格网，并以通过选定起点格网和终点格网的时空轨迹为研究对象，借助时空轨迹之间所经过格网的频度差异来探测由不同原因(如出租车载客、路段整修等)所引起的异常轨迹(Zhang et al., 2011)。

时空轨迹的分布异常探测法主要有以下三种：①基于距离的方法。Liu 等根据城市路网将城市划分为若干功能区域，将获取的车辆 GPS 数据与城市路网进行匹配，形成一系列穿梭于各区域之间的子轨迹，融合不同时间间隔得到的车辆数量形成一套时空数据，通过距离度量探测时空异常轨迹，并利用频繁模式挖掘异常轨迹之间的关联模式(Liu et al., 2011)；Pan 等针对 GPS 获取的浮动车行驶轨迹数据，提取了行驶时间较长的轨迹作为候选异常，将候选异常轨迹连接成网，采用社交媒体文本数据对得到的异常轨迹网络进行时空事件验证(Pan et al., 2013)。

②基于主成分分析(principal component analysis，PCA)的方法。Chawla 等同样根据城市路网的区域划分与获取的车辆 GPS 数据进行匹配，形成时空轨迹的起点—终点数据，通过主成分分析手段探测时空异常轨迹，利用线性优化手段探析引起异常轨迹的根源(Chawla et al.，2012)。③基于空间扫描统计的方法。Pang 等针对某一时间段将城市划分为三维时空格网，根据该时间段内所记录的 GPS 轨迹数据可以得到各时空格网中经过的轨迹数目，利用统计方法探测轨迹数目相对较多的格网作为异常(Pang et al.，2011)。

5.2　时空轨迹形状异常探测

本节将对时空轨迹的形状异常探测法进行详细阐述，主要包括轨迹划分探测法、方向-密度度量探测法及格网计数探测法。

5.2.1　轨迹划分探测法

学者 Lee 等将时空轨迹定义为一系列有序时空点的连接，可根据不同应用需求将轨迹划分为若干子轨迹的集合。若某条轨迹含有足够多在局部表现出明显偏离的子轨迹，则将这条轨迹定义为异常(Lee et al.，2008)。图 5.1(a)为一个模拟时空轨迹集合，将其按照最精细的划分策略(不丢弃任何记录点)可以得到图 5.1(b)所示子轨迹集合，可以发现在轨迹 TR_3 中存在两段子轨迹与其邻域相比呈现出明显的偏离特性，于是，判别这两段子轨迹为异常子轨迹，进而将轨迹 TR_3 定义为异常轨迹。该方法主要包括三个步骤，即子轨迹间距离度量、子轨迹局部密度度量及异常轨迹探测。

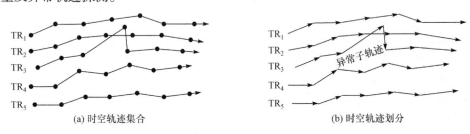

(a) 时空轨迹集合　　　　　　　　　　　(b) 时空轨迹划分

图 5.1　异常时空轨迹简例

1. 子轨迹间距离度量

在度量两段子轨迹之间的距离时，主要考虑两者之间的水平距离 $d_∥$、垂直距离 $d_⊥$ 及倾斜距离 $d_θ$(Chen et al.，2003)。如图 5.2 所示，给定任意两段子轨迹 L_i 和 L_j，L_i 和 L_j 的起点和终点分别为 s_i、s_j 和 e_i、e_j，即 $L_i=s_i→e_i, L_j=s_j→e_j$，可以得到：

$$l_{∥1} =| x_{s_i} - x_{s_j} |, \quad l_{∥2} =| x_{e_i} - x_{e_j} |$$

$$l_{\perp1} = |y_{s_i} - y_{s_j}|, \quad l_{\perp2} = |y_{e_i} - y_{e_j}|$$

$$d_\theta = |L_j| \cdot \sin\theta$$

进而，L_i 和 L_j 之间的水平距离、垂直距离及倾斜距离可以分别定义为

$$d_\parallel(L_i, L_j) = \min(l_{\parallel1}, l_{\parallel2})$$

$$d_\perp(L_i, L_j) = (l_{\perp1}^2 + l_{\perp2}^2)/(l_{\perp1} + l_{\perp2})$$

$$d_\theta(L_i, L_j) = \begin{cases} |L_j| \cdot \sin(\theta), & 0 \leqslant \theta \leqslant 90° \\ |L_j|, & 90° \leqslant \theta \leqslant 180° \end{cases}$$

基于此，L_i 和 L_j 之间的综合距离可以表示为

$$d(L_i, L_j) = w_\parallel \cdot d_\parallel(L_i, L_j) + w_\perp \cdot d_\perp(L_i, L_j) + w_\theta \cdot d_\theta(L_i, L_j) \tag{5.1}$$

式中，$w_\parallel$、$w_\perp$、w_θ 分别为水平距离、垂直距离和倾斜距离所占权重，可根据实际应用需求进行设置。例如，若偏重探测子轨迹在空间位置方面的差异性，则增加水平距离和垂直距离所占权重；若需要探测子轨迹在倾斜角度方面的差异性，则增大倾斜距离所占权重。

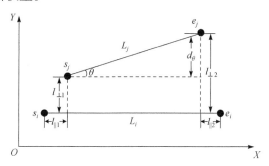

图 5.2　时空子轨迹之间距离度量示意图

2. 子轨迹局部密度度量

通常一个时空轨迹集合里包含各种密度的区域，位于分布密集区域中的子轨迹将会包含更多邻近子轨迹；而在稀疏的区域中，相邻子轨迹往往较少。为了避免在度量子轨迹的局部偏离程度时由分布不均匀带来的误判和漏判，需要对各子轨迹所处的局部密度进行度量，并将其纳入异常轨迹探测。

给定轨迹 TR_i 中的子轨迹 L_i，局部密度 $\mathrm{den}(L_i)$ 可以定义为与其综合距离小于 σ 的所有子轨迹的总数目，这里 σ 为所有子轨迹相互之间距离的标准差。进而，针对子轨迹 L_i 定义一个适应系数：

$$\mathrm{adj}(L_i) = \frac{\sum\limits_{L_j \in L} \mathrm{den}(L_j)/|L|}{\mathrm{den}(L_i)} \tag{5.2}$$

式中，L 为所有的子轨迹集合。可以发现，若 L_i 的局部密度较大，则将会被分配一个较小的适应系数，反之将会被分配一个较大的适应系数。

3. 异常轨迹探测

给定一条轨迹 TR_j 和距离阈值 D，针对属于另一条轨迹 TR_i 的子轨迹 L_i，若 TR_j 中所有与 L_i 之间距离小于 D 的子轨迹的总长度大于 L_i 的长度，则认为轨迹 TR_j 与子轨迹 L_i 是相邻的，表达为 $TR_j \rightarrow L_i$。进而，根据欧氏距离度量的空间异常探测思想，即若与子轨迹 L_i 相邻的轨迹数目占轨迹总数目的比例小于某一阈值 p，则认为 L_i 属于异常子轨迹(Knorr & Ng, 1998)。这里考虑各子轨迹的适应系数，可以将轨迹 TR_i 中的异常子轨迹具体定义为

$$\text{OL}(TR_i, p, D): \text{adj}(L_i) \cdot \left| \left\{ TR_j \middle| TR_j \rightarrow L_i \right\} \right| \leqslant (1-p)|TR|, \quad L_i \in TR_i \tag{5.3}$$

进而，若轨迹 TR_i 中所有异常子轨迹的长度与所有子轨迹长度相比大于某一阈值 α，则认为 TR_i 属于一条异常轨迹，具体表达式为

$$\text{OT}(TR_i): \frac{\displaystyle\sum_{L_i \in \text{OL}(TR_i, p, D)} \text{len}(L_i)}{\displaystyle\sum_{L_{i'} \in TR_i} \text{len}(L_{i'})} \geqslant \alpha \tag{5.4}$$

5.2.2　方向-密度度量探测法

学者 Ge 等通过对时空轨迹集合所在空间区域范围进行格网划分，提出了一种基于方向和密度的异常度量法，将移动过程中方向明显偏离其他轨迹或穿过格网不同于其他轨迹的时空轨迹定义为异常(Ge et al., 2010)。该方法主要包括两个步骤：基于方向和密度的异常度量及异常轨迹探测。

1. 基于方向和密度的异常度量

首先，给定一个时空轨迹集合，将覆盖的空间范围进行规格格网化，如图 5.3 所示；然后，将每个格网平分为 8 个方向的子区域，如 bin_1, bin_2,…, bin_8，每个子区域具有 45° 角的辐射范围；接着，采用各子区域通过其中心方向的向量来表示该子区域的方向(如 v_1, v_2,…, v_8)；最后，对于每个格网 g，将穿过该格网的轨迹集合表达为 $g=(f_1, f_2,…, f_8)$，其中 f_i 为穿过子区域 bin_i 的轨迹占穿过该格网所有轨迹的比例。

对于一条轨迹 TR_i，假设 TR_i 在穿过某个格网时有 K 个方向，则 TR_i 与穿过该格网的其他轨迹相比，基于方向的异常度可以表示为

$$\text{OD\_Dir} = 1 - \sum_{k=1}^{K} \frac{1}{K} \sum_{i=1}^{8} f_i \cdot \cos\theta(v_k, v_i) \tag{5.5}$$

式中，v_k 为该轨迹在穿过格网时第 k 个方向对应的向量；$\theta(v_k,v_i)$ 为向量 v_k 与 bin_i 的中心方向之间的夹角，见图 5.3 中 $\theta(v_k, v_2)$。类似地，若 TR_i 穿过的格网具有的密度(所有穿过该格网的轨迹数目)小于某个阈值，则为 TR_i 分配一个基于密度的异常度。

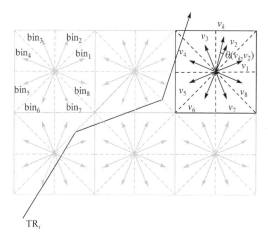

图 5.3　基于方向的异常度量简例

2. 异常轨迹探测

轨迹由移动目标的运动而形成，移动目标的异常行为可以通过其异常轨迹间接推理得到。这里主要解决两个问题：一个是如何体现历史轨迹的异常度随时间的衰减情况；另一个是如何度量轨迹的异常度随时间的积累情况。该方法通过指数延迟函数 $\exp(-\lambda\Delta t)$ 来控制历史轨迹的异常度对整体轨迹异常度的影响。假设一条轨迹在初始时间 t_0 穿过某格网，则在时刻 t_i 该轨迹基于方向或密度的积累异常度可以表示为

$$\text{OD}_{t_i}^{\Sigma} = \text{OD}_{t_i} + \exp(-\lambda\Delta t_{i-1})\text{OD}_{t_{i-1}} + \cdots + \exp(-\lambda\Delta t_0)\text{OD}_{t_0} \tag{5.6}$$

式中，Δt_{i-j} 为时刻 t_j 与 t_i 之间的时间差。若 $\text{OD}_{t_i}^{\Sigma}$ 大于某个用户设置的阈值，则说明该轨迹随着时间积累表现出明显的异常行为。

5.2.3　格网计数探测法

学者 Zhang 等将研究区域规则格网化，以选定起点格网和终点格网的时空轨迹为研究对象，通过格网计数度量不同时空轨迹经过格网的频度差异，以此指导探测异常轨迹(Zhang et al., 2011)。该方法主要包括时空轨迹格网化和异常轨迹探测两个步骤。

1. 时空轨迹格网化

为了便于表达海量时空轨迹，将时空轨迹覆盖的空间范围进行规则格网化，并将时空轨迹与规则格网进行叠加，从而将时空轨迹通过规则格网进行表达，如图 5.4 所示。时空轨迹通过一系列具有一定时间间隔的点依次连接而成，点之间的时间间隔越小，记录的时空轨迹越准确，反之得到的时空轨迹与实际情况偏差越大。在规则格网中，将实际记录的点所在的格网称为轨迹点，如图 5.4 中 $p_1, p_2, \cdots,$ p_5；此外，将两个相邻时间记录的点之间连线形成的子轨迹所通过的格网称为伪轨迹点，见图 5.4 中箭头穿过的格网。给定某时间段和一对起点-终点格网，可以提取该时间段内所有通过该起点-终点格网的时空轨迹，例如图 5.4 中轨迹可以表达为 $p_1 \rightarrow p_2 \rightarrow p_3 \rightarrow p_4 \rightarrow p_5 \rightarrow p_6$。

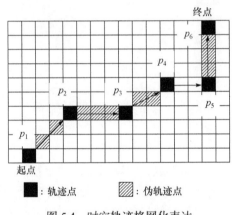

图 5.4　时空轨迹格网化表达

对于起点-终点格网对 (p_1, p_6)，假设有两条轨迹：①TR_1, $p_1 \rightarrow p_2 \rightarrow p_3 \rightarrow p_4 \rightarrow p_5 \rightarrow p_6$；②$TR_2$, $p_2 \rightarrow p_1 \rightarrow p_3 \rightarrow p_5 \rightarrow p_6$。据此，每个轨迹点可以表达为 p_1: {(TR_1, 1), (TR_2, 2)}，p_2: {(TR_1, 2), (TR_2, 1)}，p_3: {(TR_1, 3), (TR_2, 3)}，p_4: {(TR_1, 4)}，p_5: {(TR_1, 5), (TR_2, 4)}，p_6: {(TR_1, 6), (TR_2, 5)}。这里，p_1: {(TR_1, 1), (TR_2, 2)}表示轨迹点 p_1 分别在时刻 1 和时刻 2 出现在轨迹 TR_1 和轨迹 TR_2 中。

2. 异常轨迹探测

给定若干时空轨迹，通过度量不同轨迹之间经过的轨迹点频度差异来探测异常轨迹。轨迹集合 T 包含五条轨迹，分别表达为：①TR_0, $p_1 \rightarrow p_7 \rightarrow p_8 \rightarrow p_9 \rightarrow p_{10} \rightarrow p_{11}$；②$TR_1$, $p_1 \rightarrow p_2 \rightarrow p_3 \rightarrow p_4 \rightarrow p_5 \rightarrow p_6$；③$TR_2$, $p_2 \rightarrow p_1 \rightarrow p_3 \rightarrow p_5 \rightarrow p_6$；④$TR_3$, $p_1 \rightarrow p_2 \rightarrow p_3 \rightarrow p_4 \rightarrow p_6$；⑤$TR_4$, $p_1 \rightarrow p_2 \rightarrow p_4 \rightarrow p_5 \rightarrow p_6$。

若以轨迹 TR_0 为分析对象，从中随机选取一个轨迹点 p_i，将其他轨迹中不包含 p_i 的轨迹从集合 T 中暂时删除，直到其他所有轨迹被删除或仅剩下与 TR_0

具有相同轨迹点的轨迹，分析过程结束，并将此随机选取过程用到的轨迹点数目 $n(\mathrm{TR}_0)$ 记录下来。通过不断重复此随机选取过程，可以得到分离轨迹 TR_0 所需要的平均轨迹点数目 $E[n(\mathrm{TR}_0)]$。$E[n(\mathrm{TR}_0)]$ 越小，说明 TR_0 与其他轨迹相比经过的格网差异越大，TR_0 就属于异常轨迹。基于此，轨迹 TR_i 的异常度可以表示为

$$\mathrm{OD}(\mathrm{TR}_i) = 2^{\frac{E[n(\mathrm{TR}_i)]}{c(N)}} \tag{5.7}$$

$$c(N) = 2H(N-1) - 2(N-1)/N$$

式中，N 为分离轨迹 t_i 过程中删除的轨迹数目；$c(N)$ 为一个与 N 有关的参数，其中 $H(i)$ 为协调函数，可以估计为 $\ln i + 0.57721566$。当 $E[n(\mathrm{TR}_0)] < c(N)$ 时，$\mathrm{OD}(t_i) > 0.5$，此时 TR_i 为异常轨迹的可能性增大。

5.3 时空轨迹分布异常探测

本节将详细阐述时空轨迹的形状异常探测法，主要包括距离度量探测法、PCA 探测法、扫描统计探测法及本书提出的基于时空聚类的探测法。

5.3.1 距离度量探测法

学者 Liu 等基于城市道路分布将城市进行区域划分，通过将车辆 GPS 数据与城市路网叠加，获取穿梭于相邻区域间的子轨迹，进而融合不同时间间隔得到轨迹数据，采用一种基于属性距离度量的策略探测时空异常轨迹 (Liu et al., 2011)。该方法主要包括时空轨迹表达和轨迹异常分布探测两个步骤，下面分别进行阐述。

1. 时空轨迹表达

给定一个城市的空间范围及其内部路网，将该城市划分为若干个区域(如图 5.5 模拟数据中的区域 a, b, $\cdots$, i)，进而将城市车辆 GPS 轨迹数据与划分得到的区域进行叠加。一条轨迹数据由一系列按时间顺序记录的点连接而成。不妨给定一条轨迹数据 TR: $p_1 \to p_2 \to \cdots \to p_n$，其中 $1, 2, \cdots, n$ 表示记录轨迹点的次序，若两个相邻记录的轨迹点 p_i 和 p_{i+1} 分别位于区域 R_1 和 R_2，即轨迹进入区域 R_1 后从区域 R_2 离开，则将 $C_{R_1 \to R_2}$ 定义为一个连接(见图 5.5 中 $C_{a \to b}$，$C_{a \to d}$ 等)。通过将某时间段内所有的时空轨迹进行计数归纳，可以将各连接 $C_{R_i \to R_j}$ 用一个三元数组表示为 $f_{i,j} = (n_{i,j}, p_{i \to \cdots}, p_{\cdots \to j})$，其中 $n_{i,j}$ 为连接 $C_{R_i \to R_j}$ 中的轨迹数目，$p_{i \to \cdots}$ 和 $p_{\cdots \to j}$ 为该连接中的轨迹数目分别占所有从区域 R_i 出发的轨迹及所有进入区域 R_j 轨迹的比例。如图 5.5 所示，对于连接 $C_{a \to b}$，其轨迹数目 $n_{a,b} = 3$，

$p_{a\rightarrow\cdots}$=3/(2+3+5)=0.3，$p_{\cdots\rightarrow b}$=3/(2+3)=0.6。

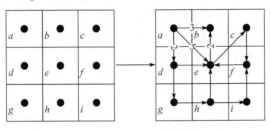

图 5.5　时空轨迹区域表达

2. 轨迹异常分布探测

给定某天记录的时空轨迹数据，可将一天时间划分为若干时间段，如划分为 00：00～6：00、6：00～12：00、12：00～18：00 和 18：00～24：00，其中每个时间段又由若干时间片段组成，如每 30min 记录一组数据。对于每个时间段 tf_k，可以将一个连接 $R_i\rightarrow R_j$ 表达为向量：

$$F_{i,j}(k) = \left\langle f_{i,j}(k,1), f_{i,j}(k,2), \cdots, f_{i,j}(k,q) \right\rangle \tag{5.8}$$

式中，q 为时间段 tf_k 包含的时间片段数目。给定连接 $R_i\rightarrow R_j$ 在不同时间段对应的向量，它们之间距离可以表示为

$$\mathrm{Dist}(\mathrm{tf}_m,\mathrm{tf}_n)_{R_i\rightarrow R_j} = \sqrt{\sum_{p=0}^{q} |f_{i,j}(m,p) - f_{i,j}(n,p)|^2} \tag{5.9}$$

对于连接 $R_i\rightarrow R_j$ 在任一时间段内记录的轨迹向量，通过式(5.9)度量其与相邻星期的同一天中同一时间段所记录轨迹向量之间的距离，可以得到所有距离中的最小值 minDist，并将此最小距离值作为衡量连接 $R_i\rightarrow R_j$ 在该时间段所表达模式的指标。该连接在所有时间段对应的距离最小值中，极大值或极小值则可认为是一种时间异常。

此外，对于每个时间段，可以将记录的所有连接对应的距离最小值分解为式(5.8)中所用向量，然后通过 Mahalanobis 距离度量得到严重偏离中心的连接，这也属于一种空间异常。综合时间和空间两个维度的分析结果，可以获得轨迹数据的时空异常分布。

5.3.2　PCA 探测法

学者 Chawla 等根据路网对城市进行区域划分，通过与车辆 GPS 数据进行匹配形成时空轨迹数据，进而采用 PCA 手段探测轨迹的时空异常分布(Chawla et al., 2012)。该方法主要包括时空轨迹建模和轨迹异常分布探测两个步骤。

1. 时空轨迹建模

首先,根据城市的路网分布进行区域划分,如图 5.6 模拟数据中的区域 $a, b, \cdots, i$。然后, 将车辆 GPS 轨迹数据与各区域进行叠加, 得到轨迹在各区域之间的穿梭情况, 获得一系列区域间连接, 如 l_1、l_2、l_3、l_4、l_5。以穿梭于区域 a、b、d、e 中的轨迹为例, 所有以区域 b 为终点的路径可以表达为 p_1: $a \rightarrow b$、p_2: $a \rightarrow e \rightarrow b$、$p_3$: $a \rightarrow d \rightarrow e \rightarrow b$、$p_4$: $e \rightarrow b$、p_5: $d \rightarrow e \rightarrow b$。接着, 建立各连接与路径之间的隶属关系矩阵, 记为 $A(l_i, p_j)$, 若 l_i 隶属于路径 p_i, 则矩阵中 $A(l_i, p_j)=1$, 否则 $A(l_i, p_j)=0$。以图 5.6 为例, 隶属矩阵可以表示为

$$
\begin{array}{c c c c c c}
 & p_1 & p_2 & p_3 & p_4 & p_5 \\
l_1 & 1 & 0 & 0 & 0 & 0 \\
l_2 & 0 & 0 & 1 & 0 & 0 \\
l_3 & 0 & 1 & 0 & 0 & 0 \\
l_4 & 0 & 1 & 1 & 1 & 1 \\
l_5 & 0 & 0 & 1 & 0 & 1
\end{array}
$$

实际上, 通过一个连接的交通流量(记为向量 y)可以看做包含此连接所有路径(记为向量 x)的函数, 即 $Ax=y$。此外, 对于一个连接, 在各个时刻通过的轨迹数目可以形成一个向量 l, 进而所有的连接就可以构成一个矩阵 L。

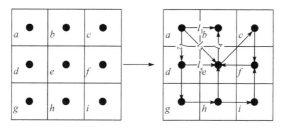

图 5.6　时空轨迹建模

2. 轨迹异常分布探测

PCA 是数据挖掘领域中一项重要的降维技术。主成分, 就是一个高维向量中具有较大标准差的少数主要分方向, 这些主成分可以在尽可能保留数据特性的基础上使得原始数据的维度大大降低, 以便于降低数据分析计算量。

这里以矩阵 L 为研究对象, 为了探测与其他连接相比出现异常的连接, 令 $\tilde{L} = L - \mu$, 其中 μ 为矩阵各列均值形成的向量。令 $C = \tilde{L}^T \tilde{L}$, 求取矩阵 C 的特征值 λ_i 和特征向量 v_i, 即 $Cv_i = \lambda_i v_i$, 从而得到各特征值由大到小的排序。选取前 r 个特征值对应的特征向量为主成分, 记为 P_n, 剩余特征向量记为 P_a。进而, 将各原始数据 x 通过向量 P_a 进行映射得到值 x_a, 若 $\|x-x_a\|>\theta$, 则认为 x 属于一个异常值。

根据连接与路径之间的隶属关系,采用线性规划的策略探测异常连接的来源路径。

5.3.3　扫描统计探测法

学者 Pang 等首先根据给定的时间段将城市划分为三维时空格网,得到该时间段内各时空格网中经过的车辆轨迹数目,将时空轨迹的异常探测问题转化为时空点数据的热点探测,进而采用扫描统计策略探测轨迹数目相对较多的格网作为异常(Pang et al., 2011)。

给定一组数据集 X 及其服从的分布模型 $f(X, \theta)$,令零假设和备择假设分别为 H_0 和 H_1,那么似然比统计量可以表示为

$$\lambda = \frac{\sup_\theta\left\{L(\theta|X)|H_1\right\}}{\sup_\theta\left\{L(\theta|X)|H_0\right\}} \tag{5.10}$$

式中, $L(\theta/X)$ 为似然函数。零假设表示待检测区域与剩余区域之间无明显差异;备择假设表示待检测区域为异常区域,即该区域的表现特征明显偏离剩余区域。当得到显著偏大的似然比数值时,应该选择备择假设,即认为待检测区域为异常区域,如图 5.7 中的区域 R。

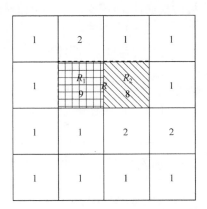

图 5.7　扫描统计探测法简例

此外,该方法针对实际应用中的具体情况,将车辆轨迹的分布异常分为两类:①持续异常。备择假设为待检测区域中经过的车辆轨迹数目明显多于剩余区域,且在某个时间范围内这种异常状态保持不变;②逐渐出现的异常。这类异常的备择假设为待检测区域中经过的车辆轨迹数目不会随着时间而减少,且均多于剩余区域。

5.3.4　时空聚类探测法

通过 GPS 获取的浮动车时空轨迹是一类重要的城市交通时空数据,可有效地

反映居民日常出行活动规律，其中蕴含的时空热点在一定程度上有效反映了交通拥堵问题。为此，以城市交通领域的浮动车行驶轨迹为研究对象，本书提出了一种基于轨迹时空聚类的居民行为热点探测法。该方法主要包括三个步骤：①有效轨迹及特征点提取；②进行基于核密度估计的时空特征点聚类，获得居民出行轨迹时空热点；③对探测结果进行有效性分析。下面对该方法进行详细阐述。

1. 有效轨迹及特征点提取

给定时空轨迹数据集中某移动目标 MO_i，已知 MO_i 在移动过程中各时刻 t_1、t_2、$\cdots$、t_n 的空间 k 维属性分别为 $SA_1=(sa_{11}, sa_{12}, \cdots, sa_{1k})$、$SA_2=(sa_{21}, sa_{22}, \cdots, sa_{2k})$、$\cdots$、$SA_n=(sa_{n1}, sa_{n2}, \cdots, sa_{nk})$，非空间 d 维属性分别为 $NA_1=(na_{11}, na_{12}, \cdots, na_{1d})$、$NA_2=(na_{21}, na_{22}, \cdots, na_{2d})$、$\cdots$、$NA_n=(na_{n1}, na_{n2}, \cdots, na_{nd})$，则称 $MO_i \rightarrow \{(t_1, SA_1, NA_1), (t_2, SA_2, NA_2), \cdots, (t_n, SA_n, NA_n)\}$ 为轨迹时空点集，进而可将一条时空轨迹定义为 $St\_T(MO_i)_{t_1 \rightarrow t_n} = \{(t_1, SA_1, NA_1), (t_2, SA_2, NA_2), \cdots, (t_n, SA_n, NA_n)\}$。如图 5.8(a)所示，$a$、$b$、$c$、$d$、$e$、$f$ 为时空点集，构成的折线 T 为一条时空轨迹；图 5.8(b)为浮动

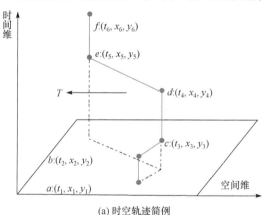

(a) 时空轨迹简例

时间	经度	纬度	车辆状态
2009年8月1日星期六0:41:35	113.9403,	22.5079,	空车
2009年8月1日星期六0:42:15	113.9425,	22.50647,	空车
2009年8月1日星期六0:42:31	113.9432,	22.50637,	重车
2009年8月1日星期六0:44:31	113.945,	22.50742,	重车
2009年8月1日星期六0:46:31	113.9302,	22.50798,	重车
2009年8月1日星期六0:48:31	113.9277,	22.51463,	重车
2009年8月1日星期六0:50:15	113.9244,	22.51897,	空车
2009年8月1日星期六0:50:54	113.9243,	22.52393,	空车
2009年8月1日星期六0:51:34	113.9247,	22.53083,	空车

(b) 时空轨迹数据结构

图 5.8　时空轨迹数据表达

车时空轨迹数据结构，包括轨迹在不同时刻的空间和非空间属性值，其中"空车"表示空载状态，"重车"表示载客状态。

浮动车 GPS 轨迹数据中存在两类无效信息需要剔除：①GPS 时空点中的离群数据，即明显偏离整体分布的少量点集，可能包含了一些错误数据，这对于探测时空热点意义不大；②时空轨迹中的无效轨迹。一条完整的时空轨迹中包含了对探测时空热点不重要的无效轨迹，如空载状态下的时空轨迹。

时空离群点：给定 n 辆浮动车 PV= (pv$_1$, pv$_2$,…, pv$_n$)及任一浮动车 pv$_i$ 的时空轨迹属性 STA$_i$={(t_1, lon$_1$, lat$_1$, NA$_1$), (t_2, lon$_2$, lat$_2$, NA$_2$),…, (t_m, lon$_m$, lat$_m$, NA$_m$)}，其中 lon、lat 分别表示经、纬度。所有时空点的经、纬度均值分别为 Avg$_{lon}$ 和 Avg$_{lat}$，标准差分别为 Std$_{lon}$ 和 Std$_{lat}$，对于任一浮动车 pv$_i$，若在某时刻 t_j 满足|lon$_j$−Avg$_{lon}$|>q·Std$_{lon}$ 或|lat$_j$−Avg$_{lat}$|>q·Std$_{lat}$，则可判别数据轨迹点(t_j, lon$_j$, lat$_j$, NA$_j$)为时空离群点。其中，q 为调整系数，通过实验验证，q=5 时异常点探测效果最佳。

有效时空轨迹：给定任一浮动车 pv$_i$，不妨设某一开始载客和结束载客的时刻分别为 t_{sj} 和 t_{ej}，相应空间位置坐标分别为(lon$_{sj}$, lat$_{sj}$)和(lon$_{ej}$, lat$_{ej}$)，且在行驶过程中非空间属性 NA 均为"重车"，则将这段时空轨迹定义为一条有效时空轨迹。

时空特征点：对于浮动车 pv$_i$ 及相应的所有有效时空轨迹，所有开始载客时刻和结束载客时刻对应的时空点构成 pv$_i$ 的时空特征点 CSTP(pv$_i$)，进而所有浮动车的时空特征点构成时空特征点集 CSTPS。

2. 基于核密度估计的时空特征点聚类

时空特征点可以描述城市交通中居民的出行行为特征，通常代表居民出行的高频区域，如学校、公园、餐厅、住所等。通过对时空特征点进行聚类分析，可发现高密度簇指示的城市居民出行时空热点区域。下面采用一种基于核密度估计的时空聚类法对时空特征点进行聚类分析(Hinneburg & Gabriel, 2007; Anderson, 2009)，主要步骤包括：①高密度时空点集提取；②基于密度吸引点的时空聚类。

1) 高密度时空点集提取

首先采用与文献(Demsar & Virrantaus, 2010)类似的策略对时空特征点集构建时空邻域，具体地，将时空域等分为一系列时空单元 VE，并与各时空特征点进行融合。对于时空特征点 P_i，若 P_i 落入单元 ve$_i$，则以 ve$_i$ 为基准分别向其前、后、左、右、上、下六个方向延伸影响范围 ks，由此得到的新单元即 P_i 的时空邻域 STNN(P_i)。如图 5.9 所示，P_2、P_3、P_4、P_5 和 P_6 构成 P_1 的时空邻域 STNN(P_1)。

给定时空特征点 P_i，若满足|STNN(P_i)|$\geqslant\xi_{HD}$，则称 P_i 为高密度时空特征点，CSTPS 中所有高密度时空特征点构成高密度时空特征点集 CSTPS$_{HD}$，表示为

$$\text{CSTPS}_{\text{HD}} = \left\{ P_i \in \text{CSTPS} \big\| \text{STNN}(P_i) \big| \geqslant \xi_{\text{HD}} \right\} \tag{5.11}$$

式中，$|\text{STNN}(P_i)|$ 为时空特征点 P_i 邻域内的时空特征点数；ξ_{HD} 为高密度时空特征点阈值。

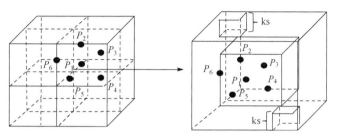

图 5.9　时空邻域的构建

2) 基于密度吸引点的时空聚类

对于提取的高密度时空特征点集，利用基于核密度估计的思想获取密度吸引点集，具体地，给定时空特征点 P_i，其他时空特征点 P_j 对 P_i 的影响度可用高斯函数表示(Yang et al., 2003)为

$$f_I^{P_j}(P_i) = \mathrm{e}^{-\frac{d^2(P_i, P_j)}{2\sigma^2}} \tag{5.12}$$

式中，$d(P_i, P_j)$ 表示 P_i 与 P_j 之间的欧氏距离；σ 为高斯带宽。P_i 的密度值可表示为 $\text{STNN}(P_i)$ 内所有时空特征点对 P_i 的影响度之和，即

$$f_D(P_i) = \sum_{j=1}^{|\text{STNN}(P_i)|} f_D^{P_j}(P_i), \ P_j \in \text{STNN}(P_i) \tag{5.13}$$

若 P_i 的密度值为 CSTPS 中的密度局部极大值且满足 $f_D(P_i) \geqslant \xi_{\text{DA}}$，其中 ξ_{DA} 为密度吸引点阈值，则称 P_i 为密度吸引点，记为 P_i^*。进而，CSTPS 中所有密度吸引点构成密度吸引点集 CSTPS_{DA}，即

$$\text{CSTPS}_{\text{DA}} = \left\{ P_i^* \big| P_i^* \in \text{CSTPS} \right\} \tag{5.14}$$

给定任一密度吸引点 P_i^*，对于非密度吸引点 P_j，若存在时空点集 $\{x_0, x_1, \cdots, x_k\}$ 且满足以下条件：

① $x_0 = P_j$，$x_k = P_i^*$；

② x_i 位于 x_{i-1} 的梯度方向，即 $x_i = x_{i-1} + \delta \dfrac{\nabla f_D(x_{i-1})}{\left\| \nabla f_D(x_{i-1}) \right\|}$ $(1 \leqslant i \leqslant k)$。

式中，$\nabla f_D(x_{i-1})$ 为对象 x_{i-1} 的密度函数梯度：$\nabla f_D(x_{i-1}) = \displaystyle\sum_{j=1}^{|\text{STNN}(x_{i-1})|} (x_j - x_{i-1}) \cdot$

$f_D^{x_j}(x_{i-1})$，则称时空特征点 P_j 被密度吸引点 P_i^* 吸引。CSTPS 中所有被 P_i^* 吸引的

非密度吸引点连同 P_i^* 形成一个时空簇，针对所有密度吸引点进行密度吸引，可得到以各密度吸引点为中心的时空簇集合 STC。

根据地理学第一定律"距离越近越相似"原则(Tobler, 1970)，需要对初始时空簇中邻近密度吸引点所代表的时空簇进行合并。其基本原则为：给定其中任意两个密度吸引点 P_i^* 与 P_j^*，若满足 $d(P_i^*, P_j^*) \leqslant \varepsilon$，其中 ε 为距离阈值，则将它们所代表的时空簇 STC_i 与 STC_j 合并。

3. 探测结果有效性分析

对车辆 GPS 轨迹进行时空聚类探测得到的高密度热点区域反映了城市居民出行较集中的空间区域和时间段，在一定程度上也代表了城市交通拥堵较严重的时空热点。为了分析探测结果的有效性，需要结合城市地理信息，具体包括：①针对每个时空簇，找出相应的城市区域；②从该城市基础地理信息数据库中提取出包含常见热点地物类别中的所有地物(列于表 5.1)，作为一个单独图层；③将步骤①提取的城市区域与步骤②获取的图层进行叠置分析，若得到的热点城市区域中包含的常见热点地物非空，则说明探测结果与实际具有吻合度；否则说明探测结果蕴含未知信息，需要进一步分析；④对探测到的热点区域进行实际分析，以验证结果的实用性。

表 5.1　常见热点地物类别统计表

序号	地物类别
1	学校
2	车站/码头/机场
3	游乐场/广场/旅游景点
4	商场/超市
5	政府机关
6	医院
7	酒店/宾馆/饭馆

5.3.5　实例分析

本节将用一个实例来详细分析基于时空聚类的方法在城市居民出行行为时空热点探测方面的具体应用。实验数据采用我国华南某市一天 50 辆浮动车的 GPS 行驶数据。通过对原始 GPS 数据进行分析，共提取到有效时空轨迹 4811 条，特征点 7496 个。

时空聚类过程需要三个参数,分别是影响范围 ks、高密度时空特征点阈值 ξ_{HD} 和密度吸引点阈值 ξ_{DA},实验通过对参数进行多种组合得到时空聚类结果。其中,令

$$\text{Avg}_{HD} = \frac{\sum\limits_{i=1}^{|\text{CSTPS}|} |\text{STNN}(P_i)|}{|\text{CSTPS}|}, \quad \text{Std}_{HD} = \sqrt{\frac{\sum\limits_{i=1}^{|\text{CSTPS}|} (|\text{STNN}(P_i)| - \text{Avg}_{HD})^2}{|\text{CSTPS}| - 1}}$$

$$\text{Avg}_{DA} = \frac{\sum\limits_{i=1}^{|\text{CSTPS}|} f_D(P_i)}{|\text{CSTPS}|}, \quad \text{Std}_{DA} = \sqrt{\frac{\sum\limits_{i=1}^{|\text{CSTPS}|} [f_D(P_i) - \text{Avg}_{DA}]^2}{|\text{CSTPS}| - 1}}$$

通过分析可以发现,不同参数组合会对时空聚类结果产生不同影响,具体表现为:①若固定 ξ_{HD} 和 ξ_{DA} 不变,则时空簇在竖直方向的半径大小与影响范围 ks 成反比;②若固定 ks 和 ξ_{HD} 不变,则时空簇在竖直方向上所占范围与 ξ_{DA} 成反比;③若固定 ks 和 ξ_{DA} 不变,则 ξ_{HD} 对时空聚类竖直方向结果影响不明显。通过大量实验发现,ξ_{HD} 变化较大将影响时空簇在水平方向上的聚集程度,其中 ξ_{HD} 越小,时空簇在水平方向上越紧凑,反之越离散。

充分考虑各参数不同组合对聚类结果的影响,重新对参数进行多次组合实验分析,发现了结果较为理想的一个参数组合:ks=10,ξ_{HD}=Avg$_{HD}$+5×Std$_{HD}$,ξ_{DA}=Avg$_{DA}$-Std$_{DA}$,相应的时空聚类结果如图 5.10 所示。

通过分析图 5.10 可以发现,研究区域从空间区域上可划分为四个高密度热点区域:①[22.52°N～22.57°N, 113.90°E～113.97°E](区域 A);②[22.52°N～22.58°N, 114.02°E～114.15°E](区域 B);③[22.60°N～22.66°N, 114.02°E～114.06°E](区域 C);④[22.60°N～22.63°N, 114.10°E～114.12°E](区域 D)。进而,将四个区域与该市热点地物进行叠加,如图 5.11 所示,其中四个矩形框分别代表四个热点区域,点状要素代表该市基础地理信息数据库中的所有热点地物,不同深浅颜色与符号代表不同地物类别。

通过分析图 5.11 可以发现:区域 A、B 包含大量热点地物类别,而区域 C、D 内为空。结合该市实际情况发现,区域 A、B 位于市区,而区域 C、D 位于市郊,但数据库中记录的所有要素均位于市区。由此对探测到的四个热点区域具体解释为:①区域 A、B 的交通流量相对市区其他区域大,属于居民出行频繁区域,需要重点对此类区域进行监控管理,以有效缓解交通拥堵和避免交通事故、刑事犯罪等;②热点区域 C、D 位于该市市郊,大量城市居民在周末等节假日涌入郊外活动,从而导致该区域交通流量较大。

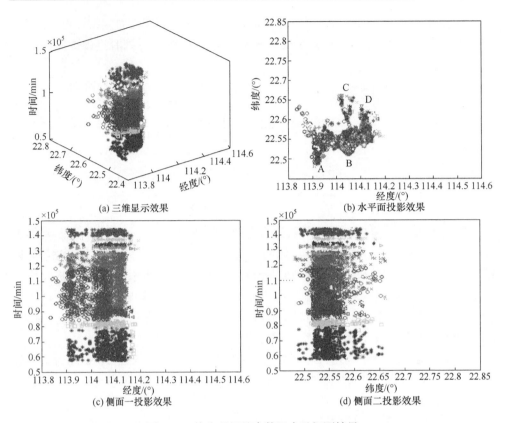

(a) 三维显示效果　　　　　(b) 水平面投影效果

(c) 侧面一投影效果　　　　　(d) 侧面二投影效果

图 5.10　较为理想的参数组合及探测结果

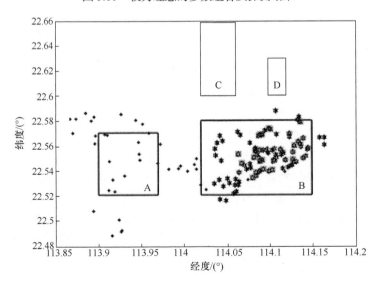

图 5.11　热点空间区域探测结果

从时间域角度可将探测结果划分为四个热点时间段：59000～70200、85000～92000、120000～130000、140000～144000，分别对应于 16:20～19:30、23:40～1:30、9:20～12:10、14:40～16:00。结合城市居民日常作息规律具体解释为：①9:20～12:10 及 14:40～16:00 为居民上班及工作活动的时间段；②16:20～19:30 为居民下班回家或进行其他活动的时间段；③23:40～1:30 为部分居民进行夜生活的时间段，该市系南方某年轻城市，丰富的夜生活使得该时间段为居民出行热点时段。以上对探测结果的分析和解释证明了探测结果的有效性和实用性。

5.4 本 章 小 结

城市计算已经成为数据挖掘新近的一个热门领域，主要研究通过车载 GPS、社交媒体等手段获取城市浮动车行驶轨迹、城市居民出行轨迹等。近年来，一些学者针对这些时空轨迹数据进行了异常探测方面的相关研究，这些探测法大多以具体应用为驱动，缺乏一定的系统性。为此，本章落脚于时空轨迹中的异常探测问题，对现有时空轨迹异常探测法进行了回顾总结、算法分析和扩展应用。首先，对现有方法进行了归纳分类，通过总结分析将其分为以下两类：①时空轨迹的形状异常探测法，包括基于划分、基于方向和密度、基于格网计数等方法；②时空轨迹的分布异常探测法，包括基于属性距离度量、基于 PCA、基于空间扫描统计等方法。分别对各类探测法的代表性方法进行详细阐述和分析；最后，介绍了本书提出的一种基于核密度估计的时空聚类法，并用来探测城市居民出行时空热点区域。通过对热点空间区域与热点时段进行综合分析，可为深入探析城市交通热门路线、挖掘居民日常出行规律等提供信息基础。

参 考 文 献

Anderson T K. 2009. Kernel density estimation and K-means clustering to profile road accident hotspots. Accident Analysis and Prevention, 41: 359-364.

Chen J, Leung M K H, Gao Y. 2003. Noisy logo recognition using line segment Hausdorff distance. Pattern Recognition, 36(4): 943-955.

Chawla S, Zheng Y, Hu J. 2012. Inferring the root cause in road traffic anomalies//Proceedings of the 12th IEEE International Conference on Data Mining, Brussels: 141-150.

Das M. 2009. Spatio-temporal anomaly detection. Columbus: The dissertation of the Ohio State University.

Demsar U, Virrantaus K. 2010. Space-time density of trajectories: Exploring spatio-temporal patterns in movement data. International Journal of Geographical Information Science, 24(10): 1527-1542.

Ge Y, Xiong H, Zhou Z H, et al. 2010. TOP-EYE: Top-k evolving trajectory outlier detection //Proceedings of the 19th ACM International Conference on Information and Knowledge Management, Toronto: 1733-1736.

Hinneburg A, Gabriel H H. 2007. DENCLUE 2.0: Fast clustering based on kernel density estimation. Lecture Notes in Computer Science, 4723: 70-80.

Knorr E M, Ng R T. 1998. Algorithms for mining distance-based outliers in large dataset //Proceedings of the 24th International Conference on Very Large Data Bases, San Francisco: 329-403.

Lee J G, Han J, Li X. 2008. Trajectory outlier detection: A partition-and-detect framework //Proceedings of the 2008 IEEE 24th International Conference on Data Engineering, Cancun: 140-149.

Liu W, Zheng Y, Chawla S. 2011. Discovering spatio-temporal causal interactions in traffic data streams//Proceedings of the 17th ACM SIGKDD International Conference on Knowledge Discovery and Data Mining, San Diego: 1010-1018.

Pan B, Zheng Y, Wilkie D, et al. 2013. Crowd sensing of traffic anomalies based on human mobility and social media//Proceedings of the 21st ACM SIGSPATIAL International Conference on Advances in Geographic Information Systems, Orlando: 344-353.

Pang L X, Chawla S, Liu W, et al. 2011. On mining anomalous patterns in road traffic streams //Proceedings of the 7th International Conference on Advanced Data Mining and Applications, Beijing: 237-251.

Tobler W. 1970. A computer movie simulating urban growth in the detroit region. Economic Geography, 46(2): 234-240.

Yang C, Duraiswami R, Gumerov N A, et al. 2003. Improved fast gauss transform and efficient kernel density estimation//Proceedings of the 9th IEEE International Conference on Computer Vision, Nice: 664-671.

Zhang D, Li N, Zhou Z H, et al. 2011. iBAT: Detecting anomalous taxi trajectories from GPS traces// Proceedings of the 13th International Conference on Ubiquitous Computing, Beijing: 99-108.

第6章 时空序列异常探测

6.1 引 言

在地理空间信息领域，同时带有空间属性和非空间专题属性的时空序列数据也是一类重要的时空数据，其主要特点在于实体的空间位置是固定的，而非空间专题属性随着时间不断变化，如各气象站点记录的气温、降水、风力等属性信息随时间变化的情况。实质上，时空序列数据是带有专题属性的空间数据在时间维度的扩展。如何从时空序列数据中探测时空异常呢？学者 Shekhar 将时空异常定义为"非空间属性与时空邻域内其他实体差异显著的时空单元"(Shekhar et al., 2001)。由于时空数据具有动态性，因此其相对空间数据更新快、数据量大且更为复杂，这一方面意味着时空数据中蕴含类型更加丰富、形态更加多样的时空模式；另一方面这也将使得时空异常探测更加困难(Das, 2009)。为此，本章首先对现有的时空序列异常探测法进行系统归纳总结，并对几种典型的异常探测法进行详细分析；进而专门针对路网交通流这类动态时空序列数据，重点探析本书作者提出的一种融合动态时空传递的时空流异常探测法。

学者在空间异常探测法的基础上，提出了一系列时空序列异常探测法，这些方法可以大致分为以下四种：

(1) 基于属性距离度量的方法。这类方法实际上是基于属性距离度量的空间异常探测法在时间维度的扩展，通常分别在空间维度和时间维度探测异常，将同时属于空间异常和时间异常的实体作为时空异常。例如，Sun 等针对气候时空序列数据进行了基于距离的时空异常探测研究，在探测空间异常时将时间维度固定，反之亦然(Sun et al., 2005)；刘启亮等提出了一种时空一体化框架下的时空异常探测法，其利用空间异常探测法整体提取空间异常点，在建立时空邻域的基础上对每个空间异常点的时间序列进行验证分析，获得时空异常点(刘启亮等, 2011)。

(2) 基于空间扫描统计的方法。Wu 等以降水时空数据为主要研究对象，对空间扫描统计进行了扩展，从空间数据集中发现 k 个与其他区域具有明显差异的异常区域，通过连接不同时间段探测得到的空间异常，形成一个时空异常探测框架(Wu et al., 2010)。

(3) 基于聚类分析的方法。由于时空数据更为复杂，很多学者将聚类技术引入时空异常探测框架，更加全面、准确地探测时空异常。例如，Cheng 和 Li 提出了一种时空异常探测的新思想，具体描述为：针对某个时刻 t，若对原始空间数据进行聚类模糊化后，某空间实体的专题属性值与该时刻其空间邻域内其他空间实体差异较大，则该空间实体为空间异常；若在时刻 t 的某个空间异常与该空间实体前后时刻的专题属性值差异较大，则时刻 t 的该空间异常属于时空异常(Cheng & Li, 2004)。Birant 和 Kut 将基于密度的聚类法 DBSCAN 扩展到空间领域，通过同时顾及空间属性和专题属性进行聚类操作，筛选不属于任何簇的实体(空间异常)，进而将空间异常进行时间序列分析以获取时空异常实体(Birant & Kut, 2006)。Telang 等充分考虑实体间的局部性差异，借助统计学工具发展了一种融合聚类思想的空间异常探测法，进而通过观察连续时刻的空间异常变化来获取空间异常随时间的变化规律(Telang et al., 2014)。

(4) 基于尺度空间的多尺度方法。一些学者将多尺度思想引入时空异常探测，提出了基于多尺度的时空异常探测法。例如，Barua 和 Alhajj 利用小波变换在气象数据中进行了多尺度时空异常探测研究，在空间维度认为属性主要随纬度变化较为明显，因此在各个纬度探测多尺度空间异常，在时间维度则挖掘变化频率较高的模式为时间异常(Barua & Alhajj, 2007)。

6.2　基于属性距离度量的异常探测

学者 Shekhar 等发展了一种基于属性距离度量的空间异常探测法(Shekhar et al., 2003)。在空间异常探测法的基础上，学者 Sun 等以气候时空序列数据为研究对象，将空间维度和时间维度分开处理，开展了基于属性距离度量的时空异常探测研究(Sun et al., 2005)，本书称其为时空分治探测法。一些学者充分考虑时空数据的相关性和异质性，将基于属性距离度量的时空异常探测进行了延拓，如刘启亮等提出的时空一体化探测法(刘启亮等, 2011)。下面详细阐述这两个基于属性距离度量的时空异常探测法。

6.2.1　时空分治探测法

时空分治探测法的基本思想在于将时空序列数据的空间维度和时间维度分开处理，分别将空间域和时间域进行固定，采用基于属性距离度量的空间异常探测法进行异常探测。如图 6.1 所示，图 6.1(a)通过将时空序列的时间域固定，对每个空间实体在 $T_1 \sim T_4$ 的专题属性值进行平均得到一组空间数据，进而对此空间数据进行异常探测得到专题属性值为 10 的空间实体为异常；类似地，图 6.1(b)将该时空序列的空间域进行固定，所选取的空间区域为加粗矩形框内区域，通过在各时刻对空间区域内所有子区域的专题属性值进行平均得到该区域的代表性专题属性值，然后对此区域的四个时刻进行异常探测，可以发现 T_3 时刻为异常。

时空分治探测法描述如下：

(1) 给定一个时空序列数据集 STD，先对某个时间段 TP 进行固定，针对每个空间实体，将 TP 内各时间点所记录的专题属性值的平均值作为空间实体在 TP 的专题属性值；

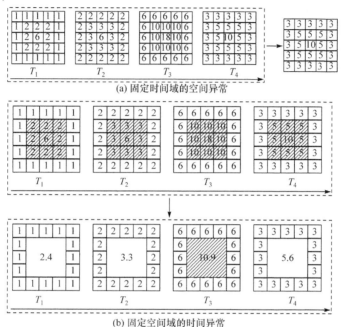

(a) 固定时间域的空间异常

(b) 固定空间域的时间异常

图 6.1　时空分治探测法简例

(2) 寻找空间实体 o 的空间邻域 SN(o)，计算 SN(o) 内其他实体的专题属性值的平均值，表示为 $f_{\mathrm{NSA}}^{\mathrm{TP}}[\mathrm{SN}(o)] = \sum_{i=1}^{|\mathrm{SN}(o)|} f_{\mathrm{NSA}}^{\mathrm{TP}}(p_i) / |\mathrm{SN}(o)|$，并得到空间实体 o 与 SN(o) 内空间实体的专题属性距离，表达为 $\mathrm{Dis}_{\mathrm{NSA}}^{\mathrm{TP}}(o) = \left| f_{\mathrm{NSA}}^{\mathrm{TP}}(o) - f_{\mathrm{NSA}}^{\mathrm{TP}}[\mathrm{SN}(o)] \right|$；

(3) 对时间段 TP 内所有空间实体相应的专题属性距离求平均值 μ 和标准差 σ，可以得到空间实体 o 的异常度 $\mathrm{OD}(o) = \dfrac{\left| \mathrm{Dis}_{\mathrm{NSA}}^{\mathrm{TP}}(o) - \mu \right|}{\sigma}$，若 $\mathrm{OD}(o)$ 大于给定阈值 θ，则空间实体被判别为时间段 TP 内的空间异常实体；

(4) 固定某个空间区域 SR，针对各个时间点，计算 SR 内所有空间实体专题属性值的平均值，并作为空间区域 SR 的专题属性值；

(5) 针对时间点 t，将除 t 以外的其他时间点作为其时间邻域 TN(t)，计算 TN(t) 内空间区域 SR 专题属性值的平均值 $f_{\mathrm{NSA}}^{\mathrm{SR}}[\mathrm{TN}(t)] = \sum_{i=1}^{|\mathrm{TN}(t)|} f_{\mathrm{NSA}}^{\mathrm{SR}}(p_i) / |\mathrm{TN}(t)|$，并得到时

间点 t 与 TN(t) 内空间实体的专题属性距离 $\text{Dis}_{\text{NSA}}^{\text{SR}}(t) = \left| f_{\text{NSA}}^{\text{SR}}(t) - f_{\text{NSA}}^{\text{SR}}[\text{TN}(t)] \right|$；

　　(6) 对空间区域 SR 中所有时间点相应的专题属性距离求平均值 μ 和标准差 σ，得到时间点 t 的异常度 $\text{OD}(t) = \dfrac{\left| \text{Dis}_{\text{NSA}}^{\text{TP}}(t) - \mu \right|}{\sigma}$，若 $\text{OD}(t)$ 大于给定阈值 θ，则其被识别为空间区域 SR 中的时间异常实体。

　　时空分治探测法只是简单地将基于属性距离度量的空间异常探测法应用于时空序列数据，这在本质上仍然属于空间或时间异常探测，而非真正意义上的时空异常探测。

6.2.2　时空一体化探测法

　　时空一体化探测法的基本思想描述为：首先对时空序列数据的各个时间点进行空间异常探测，通过顾及时空相关性和异质性，利用时空统计学与聚类技术构建时空邻域，在时空邻域内对空间异常实体进行时空验证，并筛选得到时空异常。下面以气温异常探测为例进行详细描述。

　　以气象数据中的年均气温为研究对象，通过顾及气温与高程之间存在的关联关系，采用反距离平方加权插值法(Nalder & Wein, 1998)对各空间实体 o_i 在时刻 t 对应的时空实体 o_i^t 记录的年均气温进行预测，从而得到其与观测值之间的偏差，具体表达式为

$$\text{Dis}_{o_i^t} = \left| f_{\text{NSA}}(o_i^t) - f'_{\text{NSA}}(o_i^t) \right|$$

$$f'_{\text{NSA}}(o_i^t) = \frac{\displaystyle\sum_{j=1}^{n} \frac{f_{\text{NSA}}(o_j^t) + (x_{o_i^t} - x_{o_j^t})C_x + (y_{o_i^t} - y_{o_j^t})C_y + (z_{o_i^t} - z_{o_j^t})C_z}{d^2(o_i^t, o_j^t)}}{\displaystyle\sum_{j=1}^{n} \frac{1}{d^2(o_i^t, o_j^t)}} \tag{6.1}$$

式中，n 为用于对时空实体 o_i^t 进行插值的实体数目；$d(o_i^t, o_j^t)$ 为时空实体 o_i^t 与 o_j^t 之间的大圆距离；$x_{o_i^t}$、$x_{o_j^t}$ 为待插值时空实体 o_i^t 与其他时空实体 o_j^t 的 X 轴坐标；$y_{o_i^t}$、$y_{o_j^t}$ 为待插值时空实体 o_i^t 与其他时空实体 o_j^t 的 Y 轴坐标；$z_{o_i^t}$、$z_{o_j^t}$ 为待插值时空实体 o_i^t 与其他时空实体 o_j^t 的高程坐标；此外，C_x、C_y、C_z 分别为气温值与 X、Y 轴坐标以及高程坐标之间的回归系数。令 $\mu_t = \text{Median}\left\{ \text{Dis}_{o_1^t}, \text{Dis}_{o_2^t}, \cdots, \text{Dis}_{o_N^t} \right\}$，$\sigma_t = \text{Median}\left\{ \left| \text{Dis}_{o_1^t} - \mu \right|, \left| \text{Dis}_{o_2^t} - \mu \right|, \cdots, \left| \text{Dis}_{o_N^t} - \mu \right| \right\}$。若 $\left| \text{Dis}_{o_i^t} - \mu_t \right| > 2\sigma_t$，则 o_i^t 为空间异常实体。时空序列数据集 STD 中各时间点的所有空间异常实体构成空间异常数据集 SOs：

$$\text{SOs} = \left\{ \forall o_i^t \,\middle|\, \left| f_{\text{NSA}}\left(o_i^t\right) - \mu_t \right| > 2\sigma_t \right\} \tag{6.2}$$

进而，根据空间实体的空间属性和所有时间点的专题属性值的平均值构建空间实体间的距离函数，即 $D\left(o_i, o_j\right) = W_S \cdot d\left(o_i, o_j\right) + W_{\text{NS}} \cdot \left| f_{\text{NSA}}\left(o_i\right) - f_{\text{NSA}}\left(o_j\right) \right|$ 进行 *K*-Means 聚类分析(Macqueen, 1967)，其中，W_S 和 W_{NS} 分别表示空间距离和专题属性距离所占权重。在所得到的各个簇中，首先对每个空间实体构建 Delaunay 三角网，并根据三角网边长均值对三角网进行修剪，构建空间实体最终的空间邻域(Kolingerova & Zalik, 2006)；然后利用 STARIMA (spatio-temporal antoregressive intergrated moving average)模型获取时间邻域窗口，其中利用高斯变差函数建立空间权重矩阵(Isaaks & Srivastana, 1989; Fotheringtham et al., 2002)，表达式为

$$\begin{cases} \gamma(h) = 0, & h = 0 \\ \gamma(h) = C_0 + C\left[1 - \mathrm{e}^{-3(h/r)^2}\right], & 0 < h \leqslant r \\ \gamma(h) = C_0 + C, & h > r \end{cases} \tag{6.3}$$

$$\begin{cases} W(h) = \left[C \cdot \mathrm{e}^{-3(h/r)^2}\right] / (C_0 + C), & o < h \leqslant r \\ W(h) = 0, & h = 0 \text{或} h > r \end{cases}$$

式中，$\gamma(h)$ 和 $W(h)$ 分别为高斯变差函数和空间权重矩阵；C_0 和 C 分别为块金值和拱高；h 和 r 分别为大圆距离和变程。通过计算时空自相关和偏相关函数来观察截尾，获得时间延迟 lag-T，即时间邻域窗口大小，从而空间邻域和时间邻域 2lag-T(某时间点的前后时间邻域窗口)共同构成各时空实体的时空邻域(王佳璆, 2008)。

针对探测得到的空间异常实体，在其时空邻域内进一步探测，验证是否为时空异常。具体地，对于时空实体 o_i^t，利用式(6.1)对其时空邻域 STN_{o_i} 内的其他时空实体进行加权插值计算，在进行加权插值计算时需要剔除相应时空邻域内的空间异常以排除其影响。于是，时空异常数据集 STOs 可以通过以下准则进行识别，表达式为

$$\text{STOs} = \left\{ \forall o_i^t \,\middle|\, \left| f_{\text{NSA}}\left(o_i^t\right) - \hat{\mu}_{o_i} \right| > 2\hat{\sigma}_{o_i} \right\}$$

$$\hat{\mu}_{o_i} = \text{Median}\left[f'_{\text{NSA}}\left(\text{STN}_{o_i}\right)\right], \quad \hat{\sigma}_{o_i} = \text{Median}\left[\left| f'_{\text{NSA}}\left(\text{STN}_{o_i}\right) - \hat{\mu}_{o_i} \right| \right] \tag{6.4}$$

时空一体化探测法可以描述如下：

(1) 给定一个时空序列数据集 STD，针对所有空间实体在各时间点的专题属性值进行反距离平方加权插值，获得各时空实体的实际观测专题属性值与插值间的偏离度，从而得到各时间点空间异常实体，并构成空间异常数据集 SOs；

(2) 利用每个实体的空间属性和每个实体所有时间点的专题属性平均值进行 *K*-Means 聚类分析，并在各个簇中利用约束的 Delaunay 三角网构建实体的空间邻域；

(3) 对时空数据进行 STARIMA 建模来获得时间邻域窗口大小，进而获得所有时空实体的时空邻域；

(4) 针对步骤(1)的 SOs 中每个空间实体，与其各自时空邻域内其他实体的专题属性加权插值进行偏离度计算，从而探测得到时空异常数据集 STOs。

通过分析时空一体化探测法发现，该方法仍存在一些主要缺陷，具体描述如下：

(1) 在进行空间异常探测时，对每个实体进行插值难以有效确定所涉及的实体，插值精度将直接影响探测的准确度；

(2) 利用 K-Means 聚类法难以确定簇的数目，这也将影响空间邻域的精确构建；

(3) 探测过程中无法完全避免潜在的时空异常对探测结果的影响；

(4) 仅能探测时空异常点，无法识别时空异常簇。

6.3　基于空间扫描统计的异常探测

学者 Wu 等认为，在时空序列中时空异常并非仅在某一个时间点上专题属性明显偏离时空邻域的实体，而是指所有时间点上的空间异常在时间维度的扩展连接(Wu et al., 2010)。根据该定义，Wu 等基于空间扫描统计的思想(Kulldorff, 1997)，提出了一种时空异常探测法。

该方法的基本思想在于：首先针对时空序列的各时间点，对原始空间扫描统计法进行扩展以探测热度最高的 k 个空间区域作为空间异常区域，进而通过对某时间点的异常区域设置一个缓冲区域来判断其是否延展到下一时间点的异常区域，从而完成时空异常的探测。

具体地，给定具有 N 个空间实体的时空序列数据集 STD，首先针对各个时间点采用 Kulldorff 空间扫描统计分析获取热度最高的 k 个空间区域。空间扫描统计用来探测得到一个与剩余实体专题属性值差异明显的空间区域，探测时需要测值 m 和基值 b 两个变量，分别代表某空间区域范围内发生某种事件的数目及有风险发生该事件的所有载体数目。例如，在探测流行病事件热点区域时，测值 m 和基值 b 分别为患病人数和有风险感染该病的人口总数。为了计算子区域 R 发生事件的热度 $d(m, b, R)$，需要计算整个数据集中的测值总量 $M = \sum_{p \in U} m(p)$ 和基值总量 $B = \sum_{p \in U} b(p)$，其中 p 和 U 分别为数据集中各子区域和闭合该数据的整体区域；对于子区域 R，令 $m_R = \sum_{p \in R} \dfrac{m(p)}{M}$，$b_R = \sum_{p \in R} \dfrac{b(p)}{B}$，其发生事件的热度可以表示为

$$d(m,b,R)=\begin{cases} m_R \log_2\left(\dfrac{m_R}{b_R}\right)+(1-m_R)\log_2\left(\dfrac{1-m_R}{1-b_R}\right), & m_R > b_R \\ 0, & m_R \leqslant b_R \end{cases} \tag{6.5}$$

　　Kulldorff 以某空间单元为中心，通过不断扩大半径进行画圆来逐步计算扩张区域的热度，实现热点区域探测，这种情况下通常仅能探测圆形热点区域。为了从数据集中探测热度最高的 k 个具有任意形状的空间区域，将 Agarwal 等提出的 Exact-Grid 算法扩展为 Exact-Grid Top-k 算法(Agarwal et al., 2006)。原始的 Exact-Grid 算法仅能获取数据集中热度最大的空间局部区域，在进行空间扫描统计分析时，若两个子区域发生了重叠,则直接将热度较低的子区域舍弃。如图 6.2(a) 所示，若 $d(R_1)< d(R_2)< d(R_3)$，则将区域 R_3 识别为热点区域，同时直接舍弃区域 R_1 和 R_2。当需要探测热度最大的 k 个区域时，若采取与 Exact-Grid 算法相同的扫描统计分析策略，则区域 R_1 和 R_2 同样被舍弃，并将区域 R_3 作为进入候选的 k 个热点区域之一。随着空间扫描距离的增加，在区域 $R_1{\rightarrow}R_2{\rightarrow}R_3$ 过渡的过程中，区域 R_1 与 R_3 之间可能出现较大差异，这是一种链式效应。在这种情况下，直接用 R_3 替代区域 R_1 和 R_2 将会丢失大量有效信息；如果将三个区域合并后热度更高，那么可以选择用合并后的区域替代原始区域，如图 6.2(b)所示。当新的候选热点区域与已有候选热点区域发生重叠时，首先判断发生重叠的区域面积占已有候选热点区域面积的百分比，若其大于某阈值(如 10%)且新的候选热点区域的热度大于已有候选热点区域的热度，则替换已有候选热点区域；若其小于某阈值，则将直接替换掉原有候选热点区域中热度最小的区域。通过这种策略，可以提取数据集中各时间点热度最高的 k 个空间区域，即空间异常区域。

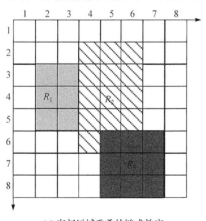
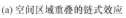
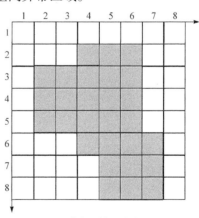

(a) 空间区域重叠的链式效应　　　　　　　(b) 空间区域重叠处理

图 6.2　空间区域重叠示例

　　针对每个时间点探测得到的空间异常区域，采用一种 Outstretch 算法分析空间异常区域的时空连接性，具体操作如下：以时间点 $T=1$ 中的空间异常区域为中心进行伸缩值为 r 的扩张，形成一个泛空间异常区域 $PR_{T=1}$；若在 $T=2$ 时刻得到的空间异常区域被框定在 $PR_{T=1}$ 中，则将 $T=1$ 和 $T=2$ 时刻的空间异常区域进行合并，从而完成时空连接；进而，将 $T=2$ 时刻得到的该新区域继续生成缓冲区域 $PR_{T=2}$，并与 $T=3$ 时刻的空间异常区域进行类似的时空连接分析，以此类推，直至新时间点的空间异常区域无法被前一时刻的泛空间异常区域框定，具体过程如图 6.3 所示。通过这种策略，最终提取在某段连续的时间段内位于某空间范围内的空间异常区域，即时空异常区域。

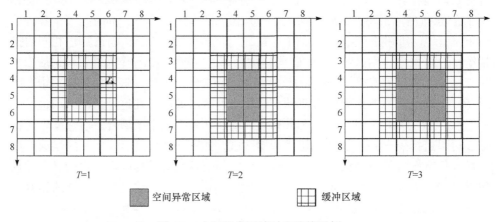

图 6.3　空间异常区域时空连接示例

　　该算法可以描述如下：

　　(1) 给定一个时空序列数据集 STD，针对各时间点的空间数据，采用 Exact-Grid Top-k 算法探测空间异常区域，从而构成空间异常数据集 SOs；

　　(2) 从时间点 $T=1$ 开始，对每个空间异常区域构造伸缩值为 r 的泛空间异常区域，若 $T=2$ 时刻的空间异常区域被 $T=1$ 时刻的泛空间异常区域框定，则其与相应的泛空间异常区域完成时空连接操作，以此类推，直至没有新时刻的空间异常区域加入前一时刻的泛空间异常区域；

　　(3) 对于数据集中没有完成时空连接的空间异常区域，以发生时刻最早的空间异常区域为起始对象，进行与步骤(2)类似的分析，直至所有时刻的空间异常区域完成时空连接操作；

　　(4) 将步骤(2)与(3)中的时空连接操作放入树结构，并提取在连续时间段内连续出现的空间异常区域，即时空异常数据集 STOs。

　　通过对该算法进行分析可以发现，其主要存在以下缺陷：

　　(1) 在每个时间点采用空间扫描统计来获取空间热点并作为空间异常区域，

这是一种全局探测分析，无法获取局部差异明显的异常区域；

(2) 扫描统计策略更适合于记录某类事件发生频数的时空数据，如疾病发病人数，针对降水序列这种连续记录专题属性的时空数据，首先需要对数据进行离散化，构成事件(如洪涝事件)才能采用该算法进行下一步的探测分析；

(3) 算法得到的时空异常区域本质上就是空间异常区域在时间维度的生存期，并没有在时间维度上体现出异常特性；

(4) 需要大量参数，如每个时间点的空间异常区域个数，判断空间异常区域之间是否发生重叠的阈值及泛空间异常区域的扩张参数，这也使得该算法主观性强。

6.4 基于聚类分析的异常探测

时空序列异常探测需要同时考虑时空实体在空间邻域和时间邻域范围内的专题属性值差异，从而导致探测过程比空间异常更为复杂。一方面，时空邻域构建的准确性将直接影响异常探测的精度；另一方面，空间邻域内异常实体对异常度度量的影响在时空序列异常探测中表现得更为明显。鉴于此，很多学者采用聚类分析手段将时空数据在所有时间点划分为一系列空间簇，并对空间聚类结果进行异常度度量和时间维度验证来筛选时空异常。本节将详细阐述两个典型探测法，即多尺度模糊探测法和密度聚类探测法(Cheng & Li, 2004; Birant & Kut, 2006)。

6.4.1 多尺度模糊探测法

图 6.4 为一组包含四个连续时刻的时空序列数据，其中"O"表示正常单元，"Y"和"N"表示潜在的时空异常单元。通过对该时空数据进行分析可以发现：T_2 时刻的空间异常单元"N"在其他三个时刻均表现为正常，因而认为在 T_2 时刻该区域发生了时空异常；T_3 时刻的正常单元"O"(竖阴影矩形实体)在其他三个时刻均表现为空间异常"Y"，因而在 T_3 时刻该区域也发生了时空异常；T_1、T_2 和 T_4 时刻的空间异常单元"Y"，在时间轴上属于正常模式，该区域在这三个时刻的异常表征仅属于一种空间异常。

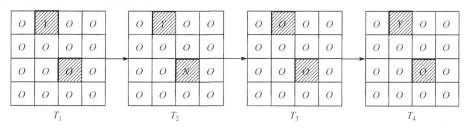

图 6.4 时空异常简例

据此,学者 Cheng 和 Li 提出一种基于多尺度模糊的时空异常探测法(Cheng & Li, 2004),其主要包括以下四个步骤:

(1) 给定一个时空序列数据集 STD,针对每个时间点的空间数据,顾及语义相似性和相关先验知识进行空间聚类;

(2) 对每个时间点的空间聚类结果进行多尺度模糊,将某些相似区域进行合并;

(3) 对步骤(2)的合并结果进行探索性分析,没有被合并的小区域即潜在的时空异常单元;

(4) 顾及时间维度,对步骤(3)的潜在时空异常进行检验,提取明显与其空间邻域和时间邻域差异均较大的区域作为时空异常。

通过对该方法进行分析发现,其存在以下主要缺陷:

(1) 在每个时间点通过空间聚类分析和多尺度模糊操作来识别空间异常,属于全局探测分析,从而无法更加细致地获取局部异常区域;

(2) 缺乏度量指标来对各单元异常度进行定量分析,通过肉眼识别异常单元难以保证精确度。

6.4.2　密度聚类探测法

学者 Birant 和 Kut 将带有专题属性的空间异常扩展到时空序列数据,并借助聚类的思想对时空序列中的异常进行描述(Birant & Kut, 2006)。图 6.5 为一组包含四个连续时刻的时空序列数据,其中实线箭头表示空间邻域范围,虚线箭头表示顾及专题属性距离后的空间邻域,若专题属性距离阈值设置为 5,则在 T_3 时刻专题属性值为 30 的实体仅与其他实体空间邻近,而专题属性值本身差异较大(点段线箭头),在 T_3 时刻进行空间聚类时该实体将被识别为异常点,并作为候选的时空异常;进而,将此实体与其他三个时刻记录的专题属性值进行比较,发现也存在明显差异(其他三个时刻该实体专题属性值均为 19),也就是说,在 T_3 时刻该实体被识别为一种时空异常。

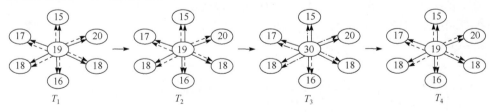

图 6.5　基于密度聚类的时空异常探测简例

据此,学者 Birant 和 Kut 提出一种基于密度聚类的时空异常探测法,其核心思想在于:通过同时顾及空间位置属性和非空间专题属性,将经典的基于密度聚类探测法 DBSCAN 进行扩展,从而对每个时间点记录的空间数据进行聚类分析

(Birant & Kut, 2007)。具体地，在密度聚类探测法中，采用设置一个半径 Eps 进行画圆的策略来确定每个实体的邻域范围；该方法针对空间属性和专题属性分别设置两个半径 Eps1 和 Eps2，来实现空间实体的邻域构建，即对于任一空间实体 o_i，若另一空间实体 o_j 与 o_i 之间的空间距离小于 Eps1 且专题属性距离小于 Eps2，则认为 o_j 落入 o_i 的空间邻域；进而，将这种空间邻域的构建策略纳入密度聚类探测法的框架中来实现同时兼顾空间位置属性和专题属性的聚类分析。

　　针对空间聚类分析得到的所有孤立实体，需要进一步将其与空间邻域(仅考虑空间距离小于 Eps1 的情况)内其他空间实体进行比较分析，来验证是否真正属于空间异常。具体来讲，对于孤立空间实体 o，若满足条件式(6.6)，则认为 o 属于空间异常。

$$f_{\text{NSA}}(o) > \text{Avg}_{f_{\text{NSA}}[\text{SN}(o)]} + k \cdot \sigma_{f_{\text{NSA}}[\text{SN}(o)]} \ \ \text{或} \ f_{\text{NSA}}(o) < \text{Avg}_{f_{\text{NSA}}[\text{SN}(o)]} - k \cdot \sigma_{f_{\text{NSA}}[\text{SN}(o)]}$$

$$\text{Avg}_{f_{\text{NSA}}[\text{SN}(o)]} = \frac{\sum\limits_{p \in \text{SN}(o)} \left[f_{\text{NSA}}(p) \right]}{|\text{SN}(o)|}, \quad \sigma_{f_{\text{NSA}}[\text{SN}(o)]} = \sqrt{\frac{\sum\limits_{p \in \text{SN}(o)} \left\{ f_{\text{NSA}}(p) - \text{Avg}_{f_{\text{NSA}}[\text{SN}(o)]} \right\}^2}{|\text{SN}(o)| - 1}}$$

$$(6.6)$$

式中，k 为一个预设常数。进而，将每个时间点得到的空间异常实体与其相邻时间点在同一空间位置记录的专题属性值进行比较，若差异明显偏大，则认为该空间异常属于时空异常。

　　综上所述，密度聚类探测法可以概括为以下三个步骤：

　　(1) 针对各个时间点记录的空间数据，同时兼顾实体间的空间距离和专题属性距离进行基于密度的空间聚类；

　　(2) 对于各个时间点空间聚类结果中的孤立实体，将与空间相邻实体专题属性距离较大的实体识别为空间异常；

　　(3) 兼顾时间维度，对步骤(2)得到的空间异常进行检验，提取明显与其相邻时间所记录专题属性值差异较大的空间异常，即时空异常。

　　通过对该方法进行分析发现，其存在以下主要缺陷：

　　(1) 继承了密度聚类探测法的缺陷，需要输入大量参数从而导致主观性强，并且聚类结果的质量将严重影响异常探测过程；

　　(2) 聚类过程属于全局视角分析，无法更加细致地识别潜在的局部时空异常；

　　(3) 空间异常在时间维度的验证较为简单，难以保证在时空邻域内精确识别异常实体。

6.5　基于尺度空间的多尺度异常探测

　　随着数据获取手段的不断提高，现有时空数据的时间分辨率和空间分辨率愈加精细，时间跨度和空间覆盖范围不断扩大，如覆盖全球的气象时空数据。从这类大尺度时空序列数据中探测异常模式需要考虑以下方面：①长时间序列中存在的周期性；②空间尺度效应。据此，一些学者采用小波变换的手段进行多尺度异常探测分析。以全球范围的气象时空数据为例，通过设置不同小波系数分别从时间维度(各空间区域记录的时间序列)和空间维度(沿同一纬度方向上各经度形成的横向序列)进行小波变换，并在不同尺度下转换的频域中提取异常(Barua & Alhajj, 2007; Lu et al., 2007)。这种策略仅从各纬度方向进行探测分析，无法全面细致地从全球范围探测分布各异的异常区域；此外，硬性地设置参数无法自然地体现数据中存在的空间尺度效应。为此，借助尺度空间理论，本章提出一种基于尺度空间聚类的多尺度异常探测法(简称尺度空间探测法)。

6.5.1　尺度空间理论

尺度空间理论源于计算机视觉领域，其基本思想为：将数据集抽象为一幅图像，初始像素点类比为原始数据中的点集，随着尺度增大，具有相似性质的点不断融合，形成光斑即各尺度下的聚类结果(Leung et al., 2000)。不妨设一个 d 维空间点集 $X=\{x_i \in \mathbb{R}^d : i=1, 2, \cdots, N\}$，将每个点视为一个像素点，点集 X 将形成一幅图像 $p(x)$。其中，采用 $p(x)$ 与高斯函数 $g(x, \sigma)$ 的卷积运算对图像进行多尺度表达，即

$$P(x,\sigma) = p(x) * g(x,\sigma) = \int p(x-y) \frac{1}{2\pi\sigma^2} e^{\frac{\|y\|^2}{2\sigma^2}} dy \tag{6.7}$$

式中，σ 为高斯函数 $g(x, \sigma)$ 的窗口宽度，又称为尺度参数。给定某一尺度对应的 σ，$P(x, \sigma)$ 关于 x 的各极大值点为此尺度下各光斑中心。对于某一光斑中心 x^*，其相应的光斑表达为 x^* 关于梯度系统 $dx/dt = \nabla_x P(x, \sigma)$ 的吸引域 $B(x^*)$，表达式为

$$B(x^*) = \left\{ x_0 \in \mathbb{R}^d : \lim_{t \to \infty} x(t, x_0) = x^* \right\} \tag{6.8}$$

式中，$x(t, x_0)$ 为梯度系统初值问题的解，表达式为

$$\begin{cases} \dfrac{dx}{dt} = \nabla_x P(x,\sigma) \\ x(t, x_0) = x_0, \quad t = 0 \end{cases} \tag{6.9}$$

随着 t 的变化，$x(t, x_0)$ 会被某一吸引域所吸引。当 t 趋于无穷时，若 $x(t, x_0)$ 最终无限趋近于某一光斑中心 x^*，则说明点 x_0 在 x^* 的吸引域内，从而成为 x^* 所在光斑成员，所有同属一个光斑的点称为同一类。在不同尺度下形成的光斑也不尽相同，得到的各尺度下的光斑即聚类结果。在实际尺度空间聚类过程中，将数据集中空间单元的属性值类比为图像数据中的像素值，针对某一空间单元，找到邻域中最相似的空间单元并建立连接，属性值较小单元被属性值较大单元吸引，即"暗

点"被"亮点"吸引，形成梯度连接方向。对数据集中每个空间单元进行类似分析，每个梯度传递过程结束于局部像素极大值("光斑中心")，相同传递过程遍历的空间单元构成一个空间簇。

6.5.2　改进的尺度空间聚类法

气象时空序列中的气象属性通常采用长时间序列记录，欧氏距离不能准确度量两个序列之间的相似性，并且气象时间序列中表现为周期性和季节性的时间自相关特性容易掩盖其他潜在的重要模式。为此，针对气象时空序列的特性将传统的尺度空间聚类法进行了必要改进(骆剑承等, 1999; Leung et al., 2000; 骆剑承等, 2002; Mu & Wang, 2008)。首先利用月平均 Z-core 法将气象时间序列中的时间自相关性剔除。具体地，给定气象时间序列中某个时间点对应的气象属性值 x_i，月平均 Z-core 值为 $Z_i = (x_i - \bar{x}) / \sigma$，其中 $\bar{x}$ 和 σ 分别表示该月份气象时间序列的平均值和标准差。相关文献表明，月平均 Z-core 法可以有效剔除长期气象时间序列中的周期性和季节性(Tan et al., 2001)。如图 6.6 所示，图 6.6(a)为某区域月平均海表温度原始气象时间序列变化，图 6.6(b)为利用月平均 Z-core 法处理后的时间序列，通过比较可以发现原始气象时间序列经月平均 Z-core 法处理后，周期性已经消失。

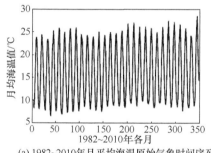
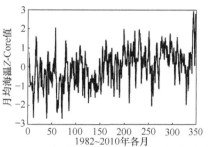

(a) 1982~2010年月平均海温原始气象时间序列　(b) 1982~2010年月平均海温去周期气象时间序列

图 6.6　气象时间序列周期性剔除

进而，度量去周期后气象时空序列之间的相似性。相关研究证明皮尔逊(Pearson)相关系数可以有效顾及时间序列的长序特征和趋势性，为此，采用皮尔逊相关系数法对去周期后的气象时空序列进行相似性度量(Tan et al., 2006)。针对两个时间长度为 d 的气象时间序列 X、Y，去周期相关系数可以表示为

$$R_{D\text{-}S}(X,Y) = \frac{\sum_{k=0}^{d} \left(x_k^{D\text{-}S} - \overline{x^{D\text{-}S}}\right) \cdot \left(y_k^{D\text{-}S} - \overline{y^{D\text{-}S}}\right)}{\sqrt{\sum_{k=0}^{d} \left(x_k^{D\text{-}S} - \overline{x^{D\text{-}S}}\right)^2} \cdot \sqrt{\sum_{k=0}^{d} \left(y_k^{D\text{-}S} - \overline{y^{D\text{-}S}}\right)^2}} \tag{6.10}$$

式中，$x_k^{D\text{-}S}$、$y_k^{D\text{-}S}$ 分别为剔除周期特性后气象时间序列 X、Y 的任一元素；$\overline{x^{D\text{-}S}}$、

$\overline{y^{D\text{-}S}}$ 分别为剔除周期特性后气象时间序列 X、Y 的平均值。$R_{D\text{-}S}(X, Y)$ 的取值范围为 $[-1,1]$，$R_{D\text{-}S}(X, Y)$ 取值越大，表明两个气象时间序列间相似度越大，反之越小。在利用皮尔逊相关系数度量两个时间序列相似性时，需要满足时间序列呈正态分布且序列之间线性相关，这里分别利用 Q-Q 图和散点图来检验气象时空序列是否满足此条件(Storch & Zwiers, 1990; Hauke & Kossowski, 2011)。图 6.7 给出海温气象时空序列中某区域去周期后气象时间序列的 Q-Q 图和某两个区域去周期后气象时间序列间的散点图。分析发现，该气象时空序列满足以上两个条件。实际上，相关文献也指出皮尔逊相关系数是度量气象长时间序列间相似性的有效工具(Kumar et al., 2001)。据此，下面探析尺度空间聚类的梯度求解。

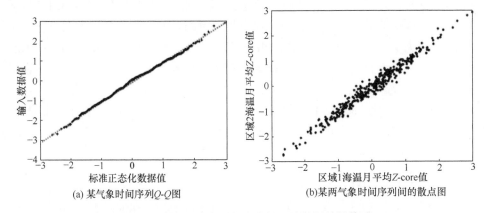

(a) 某气象时间序列 Q-Q 图　　　　(b) 某两气象时间序列间的散点图

图 6.7　气象时空序列的正态性、线性相关性检验

给定气象时间序列 i，与其空间邻接的所有气象时间序列构成 i 的空间邻域，记为 $N(i)$。将 $N(i)$ 中与 i 之间去周期相关系数最大的气象时间序列 j 定义为 i 的最邻近序列，同时将 i 定义为 j 的中心序列。令 Q_i 和 Q_j 分别表示 i 和 j 的序列属性平均值，D_{ij} 表示 i 与 j 间的连接方向，若 $Q_i<Q_j$，则认为 i 指向 j，$D_{ij}=1$；反之认为 j 指向 i，$D_{ij}=-1$。若某序列同时指向一个以上气象时间序列，则仅保留以该序列为中心序列时定义的连接方向。对于气象时间序列 i，若与其相关的 D_{ij} 均为 1，则定义 i 为局部极小气象时间序列；若 D_{ij} 均为 -1，则将 i 定义为局部极大气象时间序列。

下面用一个一维序列对尺度空间聚类过程进行实例描述。如图 6.8 所示，每个多边形表示一个空间区域，多边形内数值表示该区域的一维序列属性值。通过分析相邻区域间的属性相似度并建立连接方向，可得到区域 3、5 和 8 为局部极大气象时间序列(用"○"表示)，区域 1、2、6 和 7 为局部极小气象时间序列(用"□"表示)，区域 4 为其他类型气象时间序列，所建立的连接方向用箭头"→"表示。这里区域 6 为一类特殊区域，即与区域 8 最相似的为区域 6，而与区域 6 最相似的为区域 4，为了保证连接路径的单向性，消除区域 6 与 8 之间的连接关系。进而，根据连接方向进行传递，最终区域 1、2 和 3 融合为簇 i，用区域 1、2 和 3 的属性平均值作为簇 i 的属性值；区域 4、5 和 6 融合为簇 ii，用 4、5 和 6 的属性平均值作为簇 ii 的属性值；区域 7 和 8 融合为簇 iii，用区域 7 和 8 的属性平均值作为簇 iii 的属性值。在进行下一个尺度聚类时，将簇 i、ii 和 iii 作为新的空间区域重复以上操作，最终区域 1~8 融合为一个大簇 I，聚类过程结束。

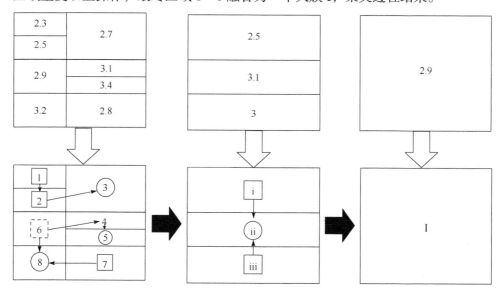

图 6.8　尺度空间聚类过程简例

从上述聚类操作可以发现，尺度空间聚类法将每个气象时间序列视为图像上的一个像素点，每次同一簇内气象时间序列合并的过程相当于图像的模糊化。基于空间邻近关系进行梯度求解可以避免尺度参数的设置，因而不需要人为设定尺度参数。该方法属于硬聚类，收敛结果为最大尺度下的聚类结果，在此尺度下所有实体隶属于一个簇。

6.5.3　基于尺度空间聚类的多尺度异常探测

针对各个尺度下的聚类分区结果，借鉴文献(薛安荣和鞠时光，2007)中的异常探测法发现异常区域，具体描述为：给定空间单元 O_1 与 O_2，两者之间的属性距离 disAttr(O_1, O_2)表示为

$$\text{distAttr}(O_1, O_2) = \frac{\sum_{i=1}^{d}|Z_{1i} - Z_{2i}|}{d} \tag{6.11}$$

式中，d 为时间序列维数；Z_{1i} 和 Z_{2i} 分别为 O_1 和 O_2 的第 i 维属性。对于任一空间单元 O，与其空间邻域内所有空间单元之间属性距离的平均值定义为 O 的邻域距离：

$$\text{dist}\big[O, N(O)\big] = \frac{\displaystyle\sum_{p \in N(O)} \text{distAttr}(O, p)}{|N(O)|} \tag{6.12}$$

式中，$N(O)$为空间单元 O 的空间邻域。在空间单元 O 与其邻域内空间单元构成的所有属性距离中，最大距离对应的邻域单元可能是异常单元，为了不影响结果，将最大距离剔除。于是，式(6.12)可修正为

$$\text{dist}\big[O, N(O)\big] = \frac{\displaystyle\sum_{p \in N(O)} \text{distAttr}(O, p) - \max\big[\text{dist}(O, p) \big| p \in N(O)\big]}{|N(O)| - 1} \tag{6.13}$$

基于此，空间单元 O 的异常度可以表示为

$$\text{SLOF}(O) = \frac{\text{dist}\big[O, N(O)\big] + \delta}{\dfrac{\displaystyle\sum_{P \in N(O)} \text{dist}\big[p, N(p)\big]}{|N(O)|} + \delta} \tag{6.14}$$

为了保证分母非 0 且不影响探测结果，在式(6.14)中分子分母同时附加一个接近于 0 的常数 δ。若异常度越大，则对应的空间单元的异常度越大，反之越小。对所有空间单元的异常度进行降序排列，得到平均值 a 和标准差 b，对每个空间单元的异常度与$(a+2b)$进行比较，若大于等于$(a+2b)$，则将此空间单元识别为异常区域。

综上所述，基于尺度空间聚类的多尺度异常探测法可以描述如下：

(1) 给定某一格网记录的气象时空序列数据，利用月平均 Z-core 法对气象时空序列数据中各空间单元记录的属性时间序列进行去周期处理；

(2) 对初始尺度的气象时空序列数据进行异常探测，并提取异常区域；

(3) 针对气象时空序列数据中的各空间单元构建空间邻域，在忽略异常区域的基础上计算相邻空间单元的去周期后序列间相似度，建立空间单元间的连接方向，并得到极大、极小空间单元；

(4) 寻找一个局部极小序列作为聚类初始空间单元 S_0，从 S_0 开始根据连接方向进行扩展，直至扩展到某一局部极大序列 S_t，将 S_0 到 S_t 路径上所有气象时间序列归为一类，以终止空间单元 S_t 作为类别标志，得到第 1 个尺度下的分区结果；

(5) 对得到的分区结果进行异常探测，获取新的异常区域；

(6) 针对新获得的气象时间序列重复步骤(3)~(5)，直到所有气象时间序列聚为一类，多尺度聚类操作终止，得到各尺度下的异常区域。

6.6　基于动态时空建模的异常探测

近年来，随着我国经济的飞速发展及城市化进程的加快，城市机动车保有量

呈现出爆炸式增长。然而，城市路网的更新速率远远落后于城市机动车的增长，使得城市交通拥堵现象愈加严重，已成为一种不可忽略的"城市病"。为了实时监测城市路网中各路段的车辆运行状况，很多城市在重要路段都安装了地感线圈和摄像头，积累了大量城市路网交通流时空序列数据。对于如降水时空序列这类传统的时空序列数据(图 6.9(a))，各站点所记录的降水量主要受当地的气象条件、地形等因素影响，降水量在不同站点之间的相互影响不明显。然而，由于城市路网上运行的车流在不同路段间穿梭，不同路段、不同时刻记录的交通流专题属性值之间将相互影响，与传统时空序列相比，交通流时空序列具有显著的动态特性(图 6.9(b))，从而使得交通流时空序列中的异常要比传统时空序列异常表现形式更多样、探测过程更复杂。为此，本节以城市路网交通流时空序列为研究对象，提出一种基于动态时空建模的交通流异常模式探测法(简称为动态时空建模探测法)。

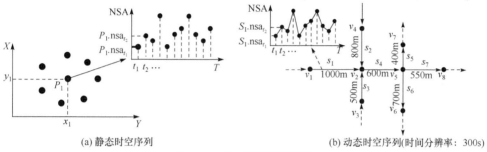

(a) 静态时空序列　　　　　(b) 动态时空序列(时间分辨率：300s)

图 6.9　时空序列数据示例

6.6.1　动态时空建模探测法

如图 6.10 所示，描述动态时空建模探测法的基本思路主要包括以下两步：

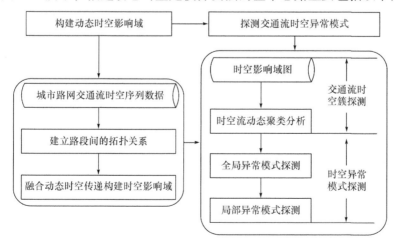

图 6.10　动态时空建模探测法的基本思路

　　(1) 构建动态时空影响域。给定一个城市路网的交通流时空序列数据，首先根据该路网的拓扑结构确定路段之间的拓扑关系，并根据各时空单元的实时交通流状态进行动态时空传递来构建其时空影响域，该过程称为动态时空建模。

　　(2) 探测交通流时空异常模式。各路段在不同时刻的时空影响域形成一组图结构，在该组图结构中对各时空单元的时空影响域通过度量局部交通流专题属性距离进行动态聚类分析，形成一系列以各时空单元为中心的交通流时空簇，并分别从全局和局部的角度自适应地提取交通流异常时空簇。

　　下面对该方法的主要步骤进行具体阐述。

1. 动态时空建模

　　交通流时空序列数据的空间载体为城市路网中的所有路段，通过一定时间分辨率(如 5min)实时记录路段上交通流专题属性值变化，如车流速度、单位旅行时间等信息(Cheng et al., 2012)。下面结合图 6.9(b)的示例数据，阐述城市路网交通流时空序列的相关概念。

　　在城市路网中，不同道路之间的交点称为节点(记为 v_i)，如图 6.11(a)中 v_1, v_2, $\cdots$, v_8。各道路节点将路网分割为若干路段(记为 s_i)，如图 6.11(a)中的 s_1, s_2, $\cdots$, s_7。交通流流动具有方向性，可以将城市路网定义为有向图，各路段具有特定的方向及几何长度，从而将各路段表达为一个三元数组，即 $s_i = (v_{\text{start}_i}, v_{\text{end}_i}, l_i)$，其中 v_{start_i} 和 v_{end_i} 分别为路段 s_i 的起始节点和终止节点，交通流方向可以表示为 $v_{\text{start}_i} \rightarrow v_{\text{end}_i}$；$l_i$ 为路段 s_i 的几何长度。以图 6.11(a)为例，s_1=(v_1, v_2, 1000m), s_2=(v_4, v_2, 800m),$\cdots$, s_7=(v_5, v_8, 550m)。对于任一路段 s_i，联合各时间段 t_j 构成了一系列时空单元，记为 $\text{stc}_{s_i \cdot t_j}$。每个时空单元包含了所在路段信息、所处的采样时间段及该路段在该时间段内的交通流专题属性信息，可以表达为 $\text{stc}_{s_i \cdot t_j} = (s_i, t_j, \text{tfa}_{s_i \cdot t_j})$，其中 $\text{tfa}_{s_i \cdot t_j}$ 为交通流专题属性值。图 6.11(b)和图 6.11(c)分别为图 6.11(a)中专题路网交通流平均旅行时间序列和车流平均速度时间序列，时间采样间隔均为 300s。图 6.11(b)中时空单元(s_1, t_1, 200)表示交通流在 t_1 时段通过路段 s_1 的平均时间为 200s，图 6.11(c)中时空单元(s_1, t_1, 5.0)表示交通流在 t_1 时段通过路段 s_1 的平均速度为 5m/s。

　　针对时空单元，通过构建时空邻域关系分别得到空间邻域和时间邻域，进而将两者进行耦合(Shekhar et al., 2001; Cheng & Li, 2004; Deng et al., 2013)。传统时空序列中实体间通常不存在方向关系，通过距离关系(如 KNN 邻域法、画圆法等)或拓扑关系(如边相邻法、Delaunay 三角网法等)可确定实体间空间邻接关系；此外，通过人为设置时间邻域范围或分析不同时间延迟下时空序列间的时空相关性，确定时空单元的时间邻域。与传统时空序列不同，城市路网交通流时空序列数据中不同路段之间通常具有拓扑关系和方向传递关系，并且车辆在路网中的运行使

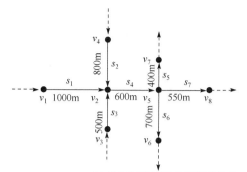

(a) 城市路网拓扑结构(时间分辨率：300s)

JT		t_1	t_2	t_3	…
			T		
	s_1	200	250	500	…
	s_2	150	200	100	…
	s_3	400	500	200	…
S	s_4	500	200	400	…
	s_5	100	200	150	…
	s_6	150	400	350	…
	s_7	350	300	220	…

(b) 各路段车流平均旅行时间序列(s)

V		t_1	t_2	t_3	…
			T		
	s_1	5.0	4.0	2.0	…
	s_2	5.3	4.0	8.0	…
	s_3	1.3	1.0	2.5	…
S	s_4	1.2	3.0	1.5	…
	s_5	4.0	2.0	2.7	…
	s_6	4.7	1.8	2.0	…
	s_7	1.6	1.8	2.5	…

(c) 各路段车流平均速度时间序列(m/s)

图 6.11　路网交通流时空序列示例数据

不同时空单元之间存在明显的动态流动性，各时空单元记录交通流专题属性值的差异导致相同路段在不同时刻的影响范围不同(Min et al., 2010；Cheng et al., 2014)。当时空单元记录的车速较慢时，交通流无法在该时间段内通过路段，从而将影响该路段在下一时间段的交通流，影响的空间范围较小；当时空单元记录的车速较快时，交通流可能在该时间段内通过相邻的其他路段，影响空间范围将扩大。下面兼顾交通流时空序列的动态特性构建各时空单元的时空影响域。

给定路网交通流时空序列 TFST 中任一路段 s_i，若存在另一路段 s_j 使得 $v_{\text{end}_i}=v_{\text{start}_j}$，则称路段 s_i 对 s_j 具有一阶空间影响，满足此条件的所有路段构成 s_i 的一阶空间影响域，记为 $\text{SIC}^1(s_i)=\{\forall s_j|v_{\text{end}_i}=v_{\text{start}_j}\}$，如图 6.11(a)中 $\text{SIC}^1(s_1)=\{s_4\}$；进而，路段 s_j 联合其一阶空间影响域构成 s_i 的二阶空间影响域，记为 $\text{SIC}^2(s_i)$，如图 6.11(a)中 $\text{SIC}^2(s_1)=\{s_4,s_5,s_6,s_7\}$；以此类推，可以得到路段 s_i 的 n 阶空间影响域。若路段 s_j 位于 s_i 的空间影响域内，则记 $w_{ij}=1$，否则记 $w_{ij}=0$。图 6.12(a)和图 6.12(b)分别为图 6.11(a)中城市路网各路段的一阶和二阶空间影响域矩阵。

不妨将 $\text{stc}_{s_it_j}=(s_i,t_j,\text{ujt}_{s_it_j})$ 作为车流初始时空单元(其中，$\text{ujt}_{s_it_j}$ 表示 t_j 时段车流在路段 s_i 的单位旅行时间)，当车流运行到时空单元 $\text{stc}_{s_mt_n}=(s_m,t_n,\text{ujt}_{s_mt_n})$

W	S							
	s_1	s_2	s_3	s_4	s_5	s_6	s_7	...
s_1	0	0	0	1	0	0	0	...
s_2	0	0	0	1	0	0	0	...
s_3	0	0	0	1	0	0	0	...
S s_4	0	0	0	0	1	1	1	...
s_5	0	0	0	0	0	0	0	...
s_6	0	0	0	0	0	0	0	...
s_7	0	0	0	0	0	0	0	...
⋮	⋮	⋮	⋮	⋮	⋮	⋮	⋮	⋮

(a) 一阶空间影响域矩阵

W	S							
	s_1	s_2	s_3	s_4	s_5	s_6	s_7	...
s_1	0	0	0	1	1	1	1	...
s_2	0	0	0	1	1	1	1	...
s_3	0	0	0	1	1	1	1	...
S s_4	0	0	0	0	1	1	1	...
s_5	0	0	0	0	0	0	0	...
s_6	0	0	0	0	0	0	0	...
s_7	0	0	0	0	0	0	0	...
⋮	⋮	⋮	⋮	⋮	⋮	⋮	⋮	⋮

(b) 二阶空间影响域矩阵

图 6.12　城市路网空间影响域矩阵

时，根据车流的实时位置和实时运行平均速度可以分析得到下一到达的时空单元为

$$\text{Arrival}(\text{stc}_{s_m t_n}) = \begin{cases} \text{stc}_{s_m t_{n+1}} = (s_m, t_{n+1}, \text{ujt}_{s_m t_{n+1}}), \\ \qquad (l_{s_m} - \text{Dis}_{s_m}) \cdot \text{ujt}_{s_m t_{n+1}} \geqslant (k+1) \cdot \text{TR} - T \\ \text{stc}_{\text{SN}(s_m) t_n} = (\text{SN}(s_m), t_n, \text{ujt}_{\text{SN}(s_m) t_n}), \\ \qquad (l_{s_m} - \text{Dis}_{s_m}) \cdot \text{ujt}_{s_m t_{n+1}} < (k+1) \cdot \text{TR} - T \end{cases} \tag{6.15}$$

式中，Dis_{s_m} 为车流在路段 s_m 上运行的距离；T 为车流从初始单元开始运行的时间。进而，以上两个变量更新表达为

$$\text{Dis}'_{s_m} = \begin{cases} \text{Dis}_{s_m} + [(k+1) \cdot \text{TR} - T] / \text{ujt}_{s_m t_{n+1}}, & (l_{s_m} - \text{Dis}_{s_m}) \cdot \text{ujt}_{s_m t_{n+1}} \geqslant (k+1) \cdot \text{TR} - T \\ 0, & (l_{s_m} - \text{Dis}_{s_m}) \cdot \text{ujt}_{s_m t_{n+1}} < (k+1) \cdot \text{TR} - T \end{cases}$$

$$T' = \begin{cases} (k+1) \cdot \text{TR}, & (l_{s_m} - \text{Dis}_{s_m}) \cdot \text{ujt}_{s_m t_{n+1}} \geqslant (k+1) \cdot \text{TR} - T \\ k \cdot \text{TR} + (l_{s_m} - \text{Dis}_{s_m}) \cdot \text{ujt}_{s_m t_{n+1}}, & (l_{s_m} - \text{Dis}_{s_m}) \cdot \text{ujt}_{s_m t_{n+1}} < (k+1) \cdot \text{TR} - T \end{cases}$$

$$\tag{6.16}$$

式中，k 为车流运行经过的时间采样间隔数。

如图 6.13 所示，给出图 6.11 中时空单元 $\text{stc}_{s_1 t_1}$ 为起始单元的交通流动态时空传递过程，具体描述为：在 t_1 时段内经过 200s 通过路段 s_1 到达路段 s_4，t_1 时段剩余 100s；在此 100s 内，通过在路段 s_4 以 1.2m/s 的平均速度继续行驶 120m 后，时间段 t_1 结束，车流到达时空单元 $\text{stc}_{s_4 t_2}$。采用该策略进行连续分析，以 $\text{stc}_{s_1 t_1}$ 为起始时空单元的动态时空传递过程可表示为

$$\mathrm{DSTT}\left(\mathrm{stc}_{s_1t_1}\right)=\mathrm{stc}_{s_1t_1}\underset{200\mathrm{s}}{\overset{1000\mathrm{m}}{\rightarrow}}\mathrm{stc}_{s_4t_1}\underset{100\mathrm{s}}{\overset{120\mathrm{m}}{\rightarrow}}\mathrm{stc}_{s_4t_2}\underset{160\mathrm{s}}{\overset{480\mathrm{m}}{\rightarrow}}\begin{bmatrix}\mathrm{stc}_{s_5t_2}\underset{140\mathrm{s}}{\overset{280\mathrm{m}}{\rightarrow}}\mathrm{stc}_{s_5t_3}\underset{44.4\mathrm{s}}{\overset{120\mathrm{m}}{\rightarrow}}\cdots\\[6pt]\mathrm{stc}_{s_6t_2}\underset{140\mathrm{s}}{\overset{252\mathrm{m}}{\rightarrow}}\mathrm{stc}_{s_6t_3}\underset{224\mathrm{s}}{\overset{448\mathrm{m}}{\rightarrow}}\cdots\\[6pt]\mathrm{stc}_{s_7t_2}\underset{140\mathrm{s}}{\overset{252\mathrm{m}}{\rightarrow}}\mathrm{stc}_{s_7t_3}\underset{119.2\mathrm{s}}{\overset{284\mathrm{m}}{\rightarrow}}\cdots\end{bmatrix}$$

$$(6.17)$$

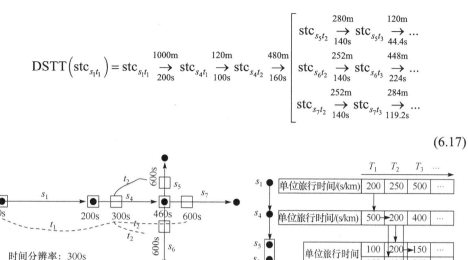

图 6.13　交通流动态时空传递过程示例

2. 动态时空聚类分析

在理想情况下，交通流的时空传递过程应该呈现出一种相对均质状态。城市交通是一个复杂的巨系统，很多因素(如天气、交通事故等)都将影响交通流的运行状态，从而导致实际情况中交通流时空传递通常呈现出局部均质、整体异质的特点。为此，以各时空单元为分析对象，采取一种融合动态时空传递的时空聚类策略来得到一系列时空簇，使同一时空簇内单元之间差异尽可能小，且不同时空簇间差异尽可能大，从而充分提取交通流传递过程中的局部均质时空区域。

传统时空聚类分析法大都针对经济、气候等领域而设计，在时空聚类过程中通常不考虑单元加入的次序。另外，这些方法大都仅考虑相邻实体间的专题属性值绝对差异，没有兼顾新加入实体与候选簇中心的差异。由于交通流时空序列具有动态传递性，在进行聚类时一方面需要满足时空邻近且专题属性值相似，另一方面还应考虑传递过程中的局部突变问题。鉴于此，在时空聚类时需要考虑单元间的时空可达性和时空相连性(Birant & Kut, 2007; Deng et al., 2013)。同时，需要兼顾单元间交通流专题属性值的绝对距离和相对距离来消除局部异质性。

给定任一时空单元 $\mathrm{stc}_{s_1t_1}$，动态时空传递过程 $\mathrm{DSTT}(\mathrm{stc}_{s_1t_j})$ 中时空单元 stc_q 与其上游相邻时空单元 stc_p 间的交通流专题属性值的绝对距离可表示为

$$A\_Dist_{stc_p \rightarrow stc_q} = \begin{cases} \left|ujt_{stc_q} - ujt_{stc_p}\right|, & \left|ujt_{stc_q} - ujt_{stc_p}\right| > Eps_1 ; stc_q \neq stc_{s_i t_j} \\ Eps_1, & \left|ujt_{stc_q} - ujt_{stc_p}\right| \leqslant Eps_1 ; stc_q \neq stc_{s_i t_j} \end{cases} \quad (6.18)$$

式中，阈值 Eps_1 用以判断两单元间的绝对差异是否小到足以忽略。因此，stc_q 与其上游相邻单元 stc_p 间的交通流专题属性相对距离可表示为

$$R\_Dist_{stc_p \rightarrow stc_q} = \begin{cases} \dfrac{\left|ujt_{stc_q} - ujt_{stc_p}\right|}{A\_Dist_{stc_o \rightarrow stc_p}}, & stc_p \neq stc_{s_i t_j} \\[4mm] \dfrac{\left|ujt_{stc_q} - ujt_{stc_p}\right|}{Eps_1}, & stc_p = stc_{s_i t_j} \end{cases} \quad (6.19)$$

式中，stc_o 为 stc_p 的上游相邻时空单元。给定两个阈值 Eps_2 和 Eps_3，若满足 $A\_Dist_{stc_p \rightarrow stc_q} \leqslant Eps_2$ 且 $R\_Dist_{stc_p \rightarrow stc_q} \leqslant Eps_3$，则称时空单元 stc_p 和 stc_q 时空可达，记为 $stc_p \Rightarrow stc_q$。此外，考虑交通流从起始单元 $stc_{s_i t_j}$ 到 stc_p 的时空传递过程（$stc_{s_i t_j} \rightarrow \cdots \rightarrow stc_p$），$stc_q$ 与 $(stc_{s_i t_j} \rightarrow \cdots \rightarrow stc_p)$ 之间的专题属性值绝对距离和相对距离可分别表示为

$$A\_Dist_{\left(stc_{s_i t_j} \rightarrow \cdots \rightarrow stc_p\right) \rightarrow stc_q} = \begin{cases} \left|ujt_{stc_q} - ujt_{\left(stc_{s_i t_j} \rightarrow \cdots \rightarrow stc_p\right)}\right|, \\ \quad \left|ujt_{stc_q} - ujt_{\left(stc_{s_i t_j} \rightarrow \cdots \rightarrow stc_p\right)}\right| > Eps_1 ; stc_q \neq stc_{s_i t_j} \\ Eps_1, \quad \left|ujt_{stc_q} - ujt_{\left(stc_{s_i t_j} \rightarrow \cdots \rightarrow stc_p\right)}\right| \leqslant Eps_1 ; stc_q \neq stc_{s_i t_j} \end{cases}$$

$$R\_Dist_{\left(stc_{s_i t_j} \rightarrow \cdots \rightarrow stc_p\right) \rightarrow stc_q} = \begin{cases} \dfrac{\left|ujt_{stc_q} - ujt_{\left(stc_{s_i t_j} \rightarrow \cdots \rightarrow stc_p\right)}\right|}{A\_Dist_{\left(stc_{s_i t_j} \rightarrow \cdots \rightarrow stc_o\right) \rightarrow stc_p}}, & stc_p \neq stc_{s_i t_j} \\[4mm] \dfrac{\left|ujt_{stc_q} - ujt_{\left(stc_{s_i t_j} \rightarrow \cdots \rightarrow stc_p\right)}\right|}{Eps_1}, & stc_p = stc_{s_i t_j} \end{cases} \quad (6.20)$$

式中，$ujt_{\left(stc_{s_i t_j} \rightarrow \cdots \rightarrow stc_p\right)}$ 和 $ujt_{\left(stc_{s_i t_j} \rightarrow \cdots \rightarrow stc_o\right)}$ 为时空传递链（$stc_{s_i t_j} \rightarrow \cdots \rightarrow stc_p$）和 $(stc_{s_i t_j} \rightarrow \cdots \rightarrow stc_o)$ 中所有时空单元的单位旅行时间平均值。若 $A\_Dist_{\left(stc_{s_i t_j} \rightarrow \cdots \rightarrow stc_p\right) \rightarrow stc_q} \leqslant Eps_2$ 且 $R\_Dist_{\left(stc_{s_i t_j} \rightarrow \cdots \rightarrow stc_p\right) \rightarrow stc_q} \leqslant Eps_3$，则称时空单元 stc_q 与时空传递过程（$stc_{s_i t_j} \rightarrow \cdots \rightarrow stc_p$）时空相连，记为 $(stc_{s_i t_j} \rightarrow \cdots \rightarrow stc_p) \Rightarrow stc_q$。若 stc_q 同时满足 $stc_p \Rightarrow stc_q$ 和 $(stc_{s_i t_j} \rightarrow ... \rightarrow stc_p) \Rightarrow stc_q$，则将时空单元 stc_q 加入该时空传递

过程；否则，该时空传递过程将在 $\text{stc}_p \to \text{stc}_q$ 处断开，$(\text{stc}_{s_i t_j} \to \ldots \to \text{stc}_p)$ 构成一个时空簇，记为 $\text{STFC}(\text{stc}_{s_i t_j})$。进而，将 stc_p 和 stc_q 分别定义为 $\text{STFC}(\text{stc}_{s_i t_j})$ 的起始断点和结束断点，记为 $\text{Sbc}_{\text{STFC}(\text{stc}_{s_i t_j})}$ 和 $\text{Ebc}_{\text{STFC}(\text{stc}_{s_i t_j})|\text{stc}_p}$；如果 stc_q 属于另一个时空簇 $\text{STFC}(\text{stc}_{s_i t_j})$，那么将 stc_p 定义为 $\text{STFC}(\text{stc}_{s_i t_j})$ 的影响单元，记为 $\text{IC}_{\text{STFC}(\text{stc}_{s_i t_j})}$，同时将 stc_q 定义为 $\text{STFC}(\text{stc}_{s_i t_j})$ 的被影响单元，记为 $\text{IC}_{\text{stc}_p \to \text{STFC}(\text{stc}_{s_i t_j})}$。

以上时空聚类过程主要涉及 Eps_1、Eps_2、Eps_3 三个参数，为了得到较为理想的聚类结果，需要对参数进行调试。考虑到聚类旨在使得同一簇内实体尽可能相似且不同簇间实体尽可能相异，为此需要提出聚类结果质量评价指标以指导参数选取。

任一时空簇 $\text{STFC}(\text{stc}_{s_i t_j})$ 中可能存在两类断点，即该簇本身具有的起始断点和与其相邻的其他簇的结束断点。将这些断点作为代表单元，可将 $\text{STFC}(\text{stc}_{s_i t_j})$ 的质量指标表示为

$$QI_{\text{STFC}(\text{stc}_{s_i t_j})} = \frac{\displaystyle\sum_{p=1}^{\text{Sbc}_{\text{STFC}(\text{stc}_{s_i t_j})}} \frac{\left| \text{ujt}_{\text{stc}_p} - \text{ujt}_{\text{STFC}(\text{stc}_{s_i t_j})} \right|}{\left| \text{ujt}_{\text{stc}_p} - \text{ujt}_{\text{stc}_{p'}} \right|} + \displaystyle\sum_{q=1}^{\text{IC}_{\text{STFC}(\text{stc}_{s_i t_j})}} \frac{\left| \text{ujt}_{\text{stc}_{q'}} - \text{ujt}_{\text{STFC}(\text{stc}_{s_i t_j})} \right|}{\left| \text{ujt}_{\text{stc}_{q'}} - \text{ujt}_{\text{stc}_q} \right|}}{\left| \text{Sbc}_{\text{STFC}(\text{stc}_{s_i t_j})} \right| + \left| \text{IC}_{\text{STFC}(\text{stc}_{s_i t_j})} \right|}, \quad (6.21)$$

$$\text{stc}_{p'} \in \text{Ebc}_{\text{STFC}(\text{stc}_{s_i t_j})|\text{stc}_p} ; \quad \text{stc}_{q'} \in \text{IC}_{\text{stc}_q \to \text{STFC}(\text{stc}_{s_i t_j})}$$

式中，$\text{ujt}_{\text{STFC}(\text{stc}_{s_i t_j})}$ 为时空簇 $\text{STFC}(\text{stc}_{s_i t_j})$ 中所有单元的平均单位旅行时间。给定参数 Eps_1、Eps_2、Eps_3，时空聚类结果质量评价指标可表示为

$$\text{STFCs\_QI}(\text{Eps}_1, \text{Eps}_2, \text{Eps}_3) = \frac{\displaystyle\sum_{p=1}^{\text{STFCs}_{\text{Eps}_1, \text{Eps}_2, \text{Eps}_3}} QI_{\text{STFC}(\text{stc}_p)}}{\left| \text{STFCs}_{\text{Eps}_1, \text{Eps}_2, \text{Eps}_3} \right|}, \quad (6.22)$$

$$\text{STFC}(\text{stc}_p) \in \text{STFCs}_{\text{Eps}_1, \text{Eps}_2, \text{Eps}_3}$$

式中，$\text{STFCs}_{\text{Eps}_1, \text{Eps}_2, \text{Eps}_3}$ 为根据给定参数得到的时空簇集合，该数值越小说明簇内差异与簇间差异的比值越小，得到的聚类结果质量越高。

3. 时空异常模式探测

在交通流时空序列中，异常模式主要包括异常通畅和异常拥堵两种，其中异常拥堵模式更具有实际应用价值，下面提到的交通流时空异常模式特指异常拥堵模式，即交通流单位旅行时间异常长或平均速度异常小。在交通流时空簇中，全局异常是指交通流专题属性值与其他簇相比相异明显，而局部异常是指流入该簇或流出该簇

的时空单元差异明显。在实际情况中，全局异常通常代表了异常拥堵时空区域，这种异常拥堵现象可能通过交通流的时空传递逐渐积累而成，也可能由邻近交通流突然爆发形成；局部异常则属于一种交通流突然爆发而形成的局部拥堵，既可能同时属于全局异常，也可能仅在局部呈现出拥堵状态。针对全局异常和局部异常的特点，下面提出两个统计量来分别度量时空簇的全局异常度和局部异常度。

对于任一时空簇 $\text{STFC}(\text{stc}_{s_i t_j})$，其交通流单位旅行时间可表示为

$$\text{ujt}_{\text{STFC}(\text{stc}_{s_i t_j})} = \frac{\sum_{k=1}^{\left|\text{STFC}(\text{stc}_{s_i t_j})\right|} \text{stc}_k}{\left|\text{STFC}(\text{stc}_{s_i t_j})\right|}, \quad \text{stc}_k \in \text{STFC}\left(\text{stc}_{s_i t_j}\right) \tag{6.23}$$

进而，$\text{STFC}(\text{stc}_{s_i t_j})$ 的全局异常度可以表示为

$$\text{Global\_AD}_{\text{STFC}(\text{stc}_{s_i t_j})} = \frac{\text{ujt}_{\text{STFC}(\text{stc}_{s_i t_j})}}{\sum_{k=1}^{|\text{STFCs}|} \text{ujt}_{\text{STFC}(\text{stc}_k)}}, \quad \text{STFC}\left(\text{stc}_k\right) \in \text{STFCs} \tag{6.24}$$

不同的时空簇之间可能共享某些起始断点或结束断点。不妨设一个交通流时空序列通过聚类可以划分为几个簇，描述为：①$\text{STFC}(\text{stc}_1)=(\text{stc}_1\to\text{stc}_2\to\text{stc}_3)\to\text{stc}_4$；②$\text{STFC}(\text{stc}_5)=(\text{stc}_5\to\text{stc}_2\to\text{stc}_3)\to\text{stc}_4$；③$\text{STFC}(\text{stc}_4)=(\text{stc}_4\to\text{stc}_6\to\text{stc}_7)\to\text{stc}_8$；④$\text{STFC}(\text{stc}_9)=(\text{stc}_9\to\text{stc}_4)\to\text{stc}_6$。若 $\text{ujt}_{\text{stc}_3} > \text{ujt}_{\text{stc}_4}$，则 $\text{STFC}(\text{stc}_1)$ 和 $\text{STFC}(\text{stc}_5)$ 具有相同的起始拥堵断点 stc_3，且 stc_3 的上、下游时空单元(分别为 stc_2 和 stc_4)在这两个簇也完全一致，称 $\text{STFC}(\text{stc}_1)$ 和 $\text{STFC}(\text{stc}_5)$ 共享起始拥堵断点，记为 $\text{sbcc}_m=(\text{stc}_i, \text{stc}_j, \text{stc}_k)$，其中 stc_i、stc_j、stc_k 分别对应该断点在传递过程断开时的下游单元、断点本身及上游单元，在该示例中分别为 stc_4、stc_3、stc_2；同理，若 $\text{ujt}_{\text{stc}_3} > \text{ujt}_{\text{stc}_4}$，则 $\text{STFC}(\text{stc}_4)$ 和 $\text{STFC}(\text{stc}_9)$ 共享结束拥堵断点 stc_4。进而，时空簇中所有共享拥堵断点形成集合 $\text{SBCCs}=[\text{sbcc}_1, \text{sbcc}_2, \cdots, \text{sbcc}_m, \text{sbcc}_n, \cdots]$，各共享拥堵断点的异常度可表示为

$$\text{Local\_AD}\left(\text{sbcc}_m\right) = \frac{\text{R\_Dist}_{\text{sbcc}_m}}{\sum_{m=1}^{|\text{SBCCs}|} \text{R\_Dist}_{\text{sbcc}_m}}$$

$$\text{R\_Dist}_{\text{sbcc}_m} = \begin{cases} \dfrac{\left|\text{ujt}_{\text{stc}_j} - \text{ujt}_{\text{stc}_i}\right|}{\text{A\_Dist}_{\text{stc}_k \to \text{stc}_j}}, & j \neq k \\[2mm] \dfrac{\left|\text{ujt}_{\text{stc}_j} - \text{ujt}_{\text{stc}_i}\right|}{\text{Eps}_1}, & j = k \end{cases} \tag{6.25}$$

通过观察式(6.24)和式(6.25)可以发现，两个异常度统计量与经典的 G^* 统计量

具有相似之处。学者 Getis 和 Ord 提出的 G^* 统计量表达式(Getis & Ord, 1992)为

$$G^*(x_i) = \frac{\sum_{j=1}^{n} w_{x_i x_j} \cdot \mathrm{Attr}(x_i)}{\sum_{j=1}^{n} \mathrm{Attr}(x_j)} \tag{6.26}$$

式中，x_i 为任一空间实体；$\mathrm{Attr}(x_i)$ 为 x_i 的专题属性值；n 为数据集中所有实体的数目；$w_{x_i x_j}$ 为实体 x_i 与 x_j 之间的邻接关系，若两者相邻，则 $w_{x_i x_j}=1$，否则 $w_{x_i x_j}=0$。此外，当 $x_i=x_j$ 时 $w_{x_i x_j}=1$。在式(6.24)中，任一时空簇 $\mathrm{STFC}(\mathrm{stc}_{s_i t_j})$ 对应于 x_i，其单位旅行时间对应于 $\mathrm{Attr}(x_i)$。在对交通流时空序列进行动态聚类分析后，可认为各时空簇之间满足相互独立性假设，仅当 $\mathrm{STFC}(\mathrm{stc}_k)=\mathrm{STFC}(\mathrm{stc}_{s_i t_j})$ 时，$w_{\mathrm{STFC}(\mathrm{stc}_{s_i t_j})}$ $\mathrm{STFC}(\mathrm{stc}_k)=1$；在式(6.25)中，任一共享拥堵断点 sbcc_m 对应于 x_i，sbcc_m 在与其上游单元断开时对应的相对差异则相当于 $\mathrm{Attr}(x_i)$，共享拥堵断点是对不同的时空簇之间进行相同断点合并而得到的，即不同的共享拥堵断点之间不再具有相关性。为此，可以将式(6.24)和式(6.25)中两个异常度统计量归纳为

$$\mathrm{AD}(x_i) = \frac{\mathrm{Attr}(x_i)}{\sum_{j=1}^{n} \mathrm{Attr}(x_j)} \tag{6.27}$$

由于空间实体 x_i 满足独立性假设，若将空间数据集中的实体专题属性值进行随机重排，则所有实体被分配专题属性值的概率均为 $1/n$，因此有

$$E\big[\mathrm{Attr}(x_i)\big] = \frac{\sum_{k=1}^{n} \mathrm{Attr}(x_k)}{n}$$

进而可以推得

$$E\big[\mathrm{AD}(x_i)\big] = \frac{E\big[\mathrm{Attr}(x_i)\big]}{\sum_{j=1}^{n} \mathrm{Attr}(x_j)} = \frac{1}{\sum_{j=1}^{n} \mathrm{Attr}(x_j)} \cdot \frac{\sum_{k=1}^{n} \mathrm{Attr}(x_k)}{n} = \frac{1}{n} \tag{6.28}$$

同理，可以得到

$$E\big[\mathrm{AD}(x_i)^2\big] = \frac{E\big[\mathrm{Attr}(x_i)^2\big]}{\left[\sum_{j=1}^{n} \mathrm{Attr}(x_j)\right]^2} = \frac{1}{\left[\sum_{j=1}^{n} \mathrm{Attr}(x_j)\right]^2} \cdot \frac{\sum_{k=1}^{n} \mathrm{Attr}(x_k)^2}{n}$$

于是有

$$\text{Var}\big[\text{AD}(x_i)\big] = E\big[\text{AD}(x_i)^2\big] - \big\{E\big[\text{AD}(x_i)\big]\big\}^2$$

$$= \frac{1}{\left[\sum\limits_{j=1}^{n}\text{Attr}(x_j)\right]^2} \frac{\sum\limits_{k=1}^{n}\text{Attr}(x_k)^2}{n} - \frac{1}{n_2} \tag{6.29}$$

进而，对 $\text{AD}(x_i)$ 构造 Z 值统计量，可以得到

$$Z\big[\text{AD}(x_i)\big] = \frac{\text{AD}(x_i) - E\big[\text{AD}(x_i)\big]}{\sqrt{\text{Var}\big[\text{AD}(x_i)\big]}} \tag{6.30}$$

当 $\text{AD}(x_i)$ 近似服从正态分布时，$Z[\text{AD}(x_i)]$ 也服从标准正态分布。给定某一显著性水平 α，若 $Z[\text{AD}(x_i)] \geqslant Z(1-\alpha)$ 或 $Z[\text{AD}(x_i)] \leqslant -Z(1-\alpha)$，则认为 $\text{AD}(x_i)$ 为异常值。对应于时空簇全局异常度和共享拥堵断点局部异常度，若 $Z[\text{AD}(x_i)] \geqslant Z(1-\alpha)$，则说明发生了全局异常拥堵和局部突发拥堵或拥堵突然消失(交通流局部异常突变模式)。

4. 动态时空建模探测法描述

给定一组包含 N 条路段、T 个时间段、时间分辨率为 R 的城市路网交通流时空序列 TFST，动态聚类阈值为 Eps_1、Eps_2、Eps_3，时空异常探测显著性水平为 α，动态时空建模探测法描述如下：

(1) 根据城市路网中各条路段之间的拓扑关系及所载交通流的运行方向信息，对各条路段构建空间影响域；

(2) 以各时空单元为分析对象，基于交通流的动态流动信息获取各时空单元的动态时空传递过程；

(3) 根据输入的阈值 Eps_1、Eps_2、Eps_3，在各时空单元的动态时空传递过程中进行动态聚类分析，从而获得各时空簇；

(4) 通过设置不同的阈值 Eps_1、Eps_2、Eps_3，对时空簇进行质量分析，并确定一组合适的聚类结果作为下一步的分析对象；

(5) 度量各时空簇的全局异常度，进一步构建其 Z 统计量，根据给定的显著性水平 α 探测全局异常拥堵簇；

(6) 以步骤(4)得到的各时空簇为分析对象，获得各共享拥堵流入断点和共享拥堵流出断点；

(7) 度量各共享拥堵断点的局部异常度，进一步构建其 Z 统计量，根据给定的显著性水平 α 探测交通流局部异常突变。

6.6.2　实例分析

本节将采用英国伦敦市中心路网的交通流时空序列数据进行实际应用分析，

验证基于动态时空建模的异常探测法在交通流异常拥堵探测方面的应用价值。该数据集来源于英国伦敦市交通拥堵分析项目，通过伦敦市交通中心在路网中设置的摄像系统自动获取交通流中车辆行驶通过各路段的旅行时间。共包括伦敦市中心 22 条路段，时间跨度为 2009 年 1 月 5 日~2009 年 3 月 5 日。摄像系统从每天 7：00 开始记录，至 20：00 完成该天的数据采集工作，对各路段每天共记录 13h 的交通流数据；此外，采集记录交通流的时间间隔为 300s(时间分辨率)，每小时可记录 12 条数据，各路段每天共获取 13×12=156 条交通流数据。由于每条道路的长度差异，下面采用车辆单位旅行时间(采样时间间隔内车辆通过该路段的总旅行时间/路段长度)作为交通流的时间序列属性进行实验分析。

图 6.14(a)为伦敦市中心 22 条路段构成的路网地理分布，图 6.14(b)描述 22 条路段的空间信息，包括连接每条路段的两个节点、每条路段的长度及不同道路间的拓扑关系和交通流流动方向，其中最短路段为节点 tfl081→tfl204 连接的 1616 号路段，长度为 473.4m，最长路段为节点 tfl145→tfl298 连接的 2301 号路段，长度为 3854.7m。为了便于分析与表达，图 6.14(c)给出该路网的简化图，将每条道路用更简单的标识码进行标识(Road1，Road2，…，Road22)，采用这种方式该路网的交通流流动方向信息可以表示为

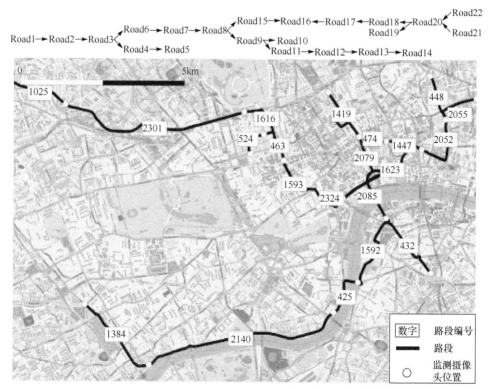

(a) 实际地理分布

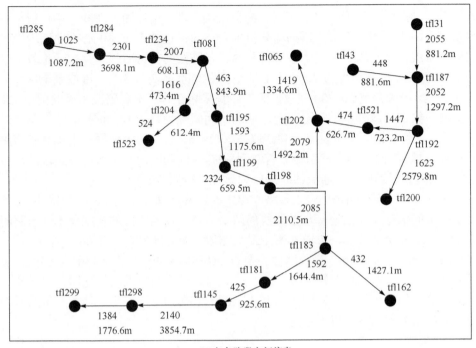

(b) 各条路段空间信息

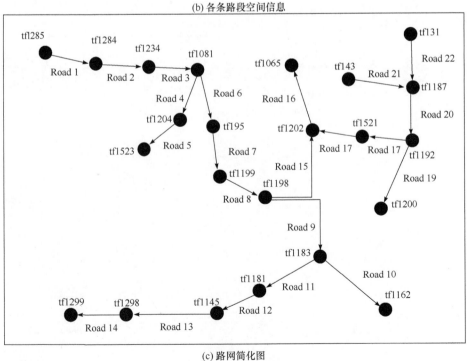

(c) 路网简化图

图 6.14 伦敦市交通路网空间分布示意图

　　为分别探索工作日和节假日的交通流时空序列中隐含的异常模式，分别采用
2009 年 1 月 5 日(周一)和 2009 年 1 月 10 日(周六)的交通流时空序列数据进行实
验分析，图 6.15(a)和图 6.15(b)分别给出这两天各路段交通流时间序列分布情况。
可以发现，工作日和节假日各条路段记录的交通流单位旅行时间大多短于
500s/km；Road4 和 Road17 在这两天均出现了单位旅行时间异常偏长的情况，即交
通异常拥堵现象，但出现的时间段在工作日和节假日有所差异。例如，Road4 分别在
工作日的 7：00～10：00、13：00～14：30 及节假日的 14：00～16：00 发生了此类
异常，而 Road17 则分别在工作日的 10：00～11：00 及节假日的 7：00～10：00 发生
了异常拥堵。下面采用动态时空建模探测法分别对其进行时空异常模式的提取与分析。

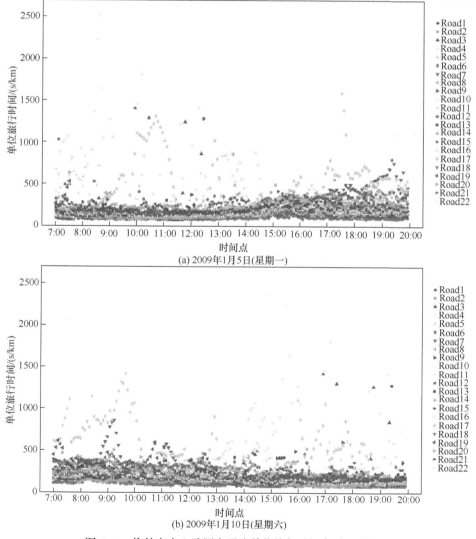

图 6.15　伦敦市中心路网交通流单位旅行时间序列(见彩图)

1. 参数分析

下面以 2009 年 1 月 5 日的交通流时空序列数据为例，根据 6.3.1 节的时空簇质量评价指标对动态时空建模探测法涉及的三个参数进行测试分析。

Eps_1 的作用是避免由相邻时空单元之间专题属性值差异较小而导致动态聚类缺乏连续性，Eps_3 可以消除时空簇中的突变情况，Eps_2 是为了强制性地使相邻时空单元之间专题属性值差异小于该阈值。Eps_1 和 Eps_3 能够自适应地使簇内保持稳定、均匀。为此，将 Eps_2 设置为无穷大以排除 Eps_2 的干扰，分别对 Eps_1 和 Eps_3 进行测试分析。

首先，将 Eps_3 分别设置为 1.5、2、2.5、3，使 Eps_1 在 $1\sim50$s/km 进行间隔为 1s/km 的连续变化，得到的测试结果如图 6.16 所示。可以发现，当 Eps_1 位于区间 [17s/km, 25s/km]时，时空簇质量评价指标 STFC-QI 首次出现了局部极小值，表示区间[17s/km, 25s/km]对应划分最为细致的局部最佳聚类结果。

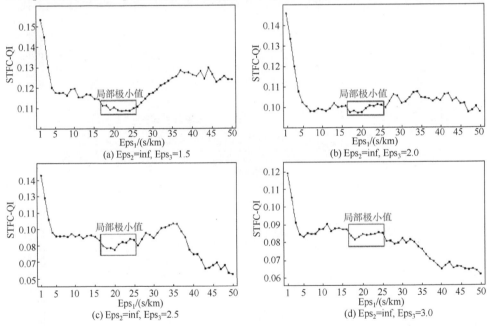

图 6.16　参数 Eps1 测试

然后，将 Eps_1 分别设置为 17s/km, 18s/km,…, 25s/km，使 Eps_3 由 $1.1\sim5.0$ 进行间隔为 0.1 的连续变化，得到的测试结果如图 6.17 所示。从图 6.17 中的 9 组实验结果均可以找到第一个 STFC-QI 局部极小值所对应的 Eps_3，并且从这些结果中可以发现，当 Eps_1=20s/km、Eps_3=2.5 时所得到的 STFC-QI 最小，即[Eps_1, Eps_3]=[20s/km, 2.5]得到了划分最为细致的局部最佳结果。

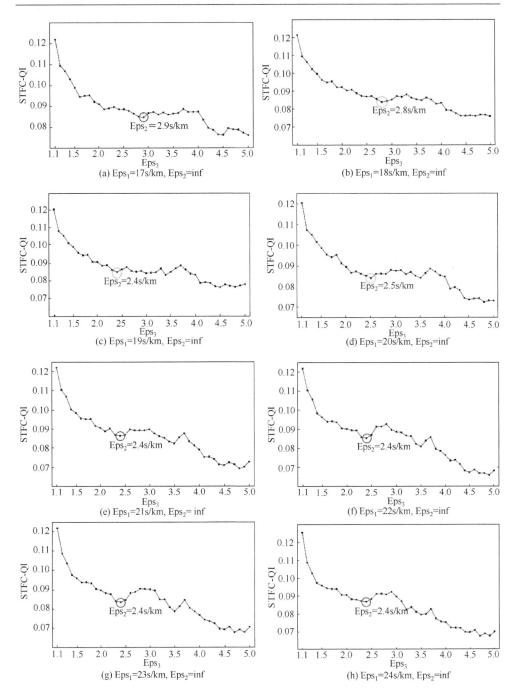

(a) Eps$_1$=17s/km, Eps$_2$=inf

(b) Eps$_1$=18s/km, Eps$_2$=inf

(c) Eps$_1$=19s/km, Eps$_2$=inf

(d) Eps$_1$=20s/km, Eps$_2$=inf

(e) Eps$_1$=21s/km, Eps$_2$= inf

(f) Eps$_1$=22s/km, Eps$_2$=inf

(g) Eps$_1$=23s/km, Eps$_2$=inf

(h) Eps$_1$=24s/km, Eps$_2$=inf

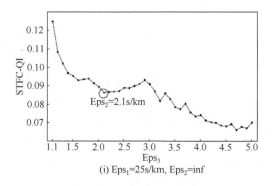

(i) Eps$_1$=25s/km, Eps$_2$=inf

图 6.17　参数 Eps$_3$ 测试

最后，通过设置[Eps$_1$, Eps$_3$]=[20s/km, 2.5]，使 Eps$_2$ 由 1～250s/km 进行间隔为 5s/km 的连续变化，得到的测试结果如图 6.18 所示。容易发现，STFC-QI 随 Eps$_2$ 增大呈近似线性增长，当 Eps$_2$=70s/km 时，指标 STFC-QI 经过细微的变化后趋于稳定，表明此时通过 Eps$_1$ 和 Eps$_3$ 可基本得到确定的聚类结果，而 Eps$_2$ 的作用仅在于排除参数 Eps$_1$ 和 Eps$_3$ 无法消除的少数极大属性差异。因此，对于 2009 年 1 月 5 日的交通流时空序列数据，将三个参数设置为[Eps$_1$, Eps$_2$, Eps$_3$]=[20s/km, 70s/km, 2.5]。利用相同的方法对 2009 年 1 月 10 日的交通流时空序列数据进行参数测试分析后，可得到[Eps$_1$, Eps$_2$, Eps$_3$]=[28s/km, 70s/km, 1.4]。

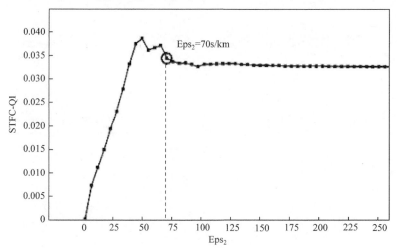

图 6.18　参数 Eps$_2$ 测试(Eps$_1$=20s/km, Eps$_3$=2.5)

2. 算例 I——伦敦市 2009 年 1 月 5 日交通流异常模式探测分析

为了进行对比实验分析，将经典的基于密度聚类的异常探测法 ST-DBSCAN (spatio-temporal density-based spatial clustering of applications with noise)作为对比组

(Birant & Kut, 2007)。根据文献中的参数选取准则,将路段邻域阶数 Eps_S 设置为 2,时间窗口大小 Eps_T 设置为 1 个单位采样间隔,交通流专题属性值差异阈值 Eps_UJT 设置为 48.6s/km,核点的时空邻域内单元数目阈值 MinPts 设置为 8,将探测时空异常时的标准差倍数阈值设置为标准正态分布中显著性水平为0.01时对应的分位数 2.575。根据以上参数设置,利用 ST-DBSCAN 法对 2009 年 1 月 5 日交通流序列数据进行异常拥堵探测,结果如图 6.19 所示。

图 6.19(a)为时空异常单元在交通流时空序列中的分布,黑色圆点表示时空异常单元,时空异常单元散乱地分布于各个时间段。在时空单元普遍分布的(0, 500s/km)范围内,同样遍布了大量时空异常单元。图 6.19(b)为时空异常单元所在路段分布,除 Road15、

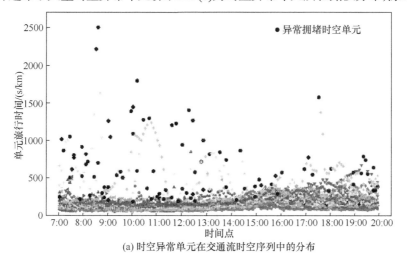

(a) 时空异常单元在交通流时空序列中的分布

(b) 时空异常单元所在路段分布

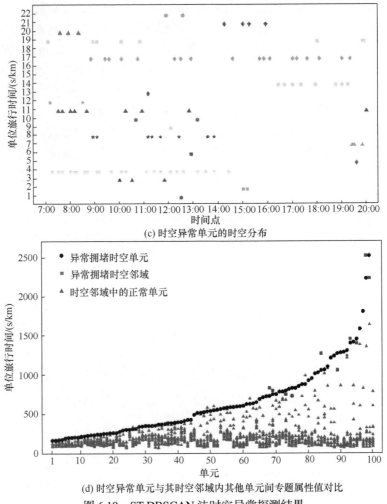

(c) 时空异常单元的时空分布

(d) 时空异常单元与其时空邻域内其他单元间专题属性值对比

图 6.19　ST-DBSCAN 法时空异常探测结果

Road16 和 Road18 以外的其他路段均存在时空异常。图 6.19(c)为时空异常单元的时空分布，时空异常密集分布于 7：00～13：00，在 13：00 以后时空异常主要存在于 Road14和 Road17。从整体分布来看，时空异常大多存在于 Road4 和 Road17，在其他路段时空异常呈零星分布状态。图 6.19(d)给出时空异常单元与其时空邻域内其他单元间的专题属性值对比。其中，X 轴的每个取值代表一个时空异常单元与其时空邻域内其他单元，对应的 Y 轴取值代表各单元的交通流专题属性值(这里为车辆单位旅行时间)，圆形表示异常拥堵时空单元，矩形表示异常拥堵时空邻域，三角形表示时空邻域中的正常单元。根据时空异常的交通流专题属性值进行升序排列，发现时空异常单元的交通流专题属性值越大，时空异常单元与其时空邻域内单元间的属性值差异越大。在大多数情况下，时空邻域内与该异常单元专题属性值接近的单元被判定为正常单元，甚至某些专题属性值大于该异常单元也被识别为正常单元，这类异常单元的识别是不准确的。

　　根据以上参数分析结果，利用动态时空建模法进行异常拥堵模式探测分析，得到的全局异常探测结果如图 6.20 所示。图 6.20(a)为不同显著性水平下全局异常簇在交通流时空序列中的分布情况。可以发现，全局异常簇中的时空单元属性值在整体分布中明显大于其他单元，其中显著性水平分别为 0.01、0.05 和 0.1 时，全局异常簇中时空单元的属性值下限分别约为 900s/km、750s/km 和 600s/km。图 6.20(b)为全局异常簇所在路段分布情况。当显著性水平为 0.01 时，异常发生

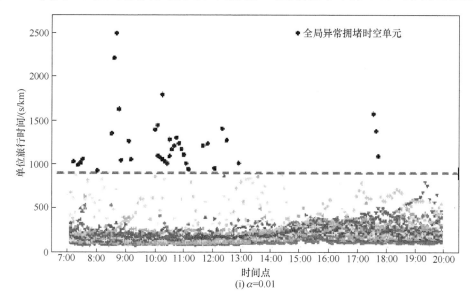

(i) $\alpha=0.01$

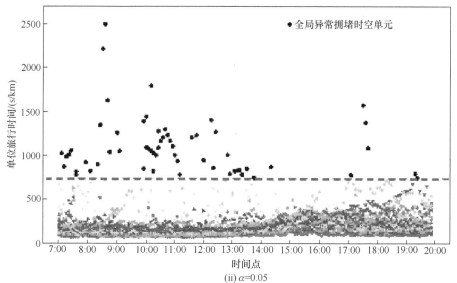

(ii) $\alpha=0.05$

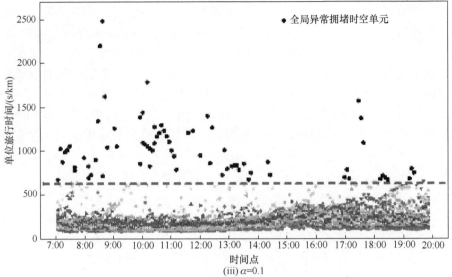

(iii) α=0.1

(a) 全局异常簇在交通流时空序列中的分布

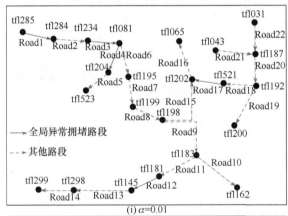

(i) α=0.01

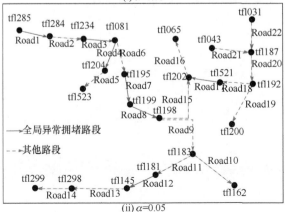

(ii) α=0.05

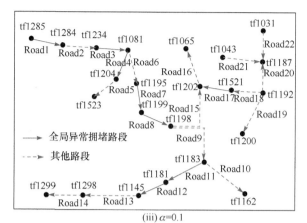

(iii) $\alpha=0.1$

(b) 全局异常蔟所在路段分布

路段 时间点	Road1	Road2	Road3	Road4 Road6	Road5 Road7	Road8	Road9 Road15	Road10 Road11 Road16	Road12 Road17	Road13 Road19 Road18	Road14 Road20	Road21 Road22
7:00												
7:05									•			
⋮												
7:15				•								
7:20				•								
7:25				•								
⋮												
7:55				•								
⋮												
8:25				•								
8:30				•								
8:35				•								
8:40				•								
8:45				•								
⋮												
9:00				•								
9:05				•								
⋮												
9:55			•									
10:00				•								
10:05									•			
10:10				•					•			
10:15									•			
10:20									•			
10:25			•									
10:30									•			
10:35									•			
10:40									•			
10:45									•			
10:50									•			
10:55									•			
11:00									•			
11:05									•			
⋮												

路段 时间点	Road1	Road2	Road3	Road4 Road6	Road5 Road7	Road8	Road9 Road15	Road10 Road11 Road16	Road12 Road17	Road13 Road19 Road18	Road14 Road20	Road21 Road22
11:35				●								
⋮												
11:45			●									
⋮												
12:00												
⋮												
12:15				●								
⋮												
12:25	●											
⋮												
12:50									●			
⋮												
13:25				●								
⋮												
17:30									●			
17:35									●			
17:40									●			
⋮												

(c) 全局异常簇的时空分布($\alpha=0.01$)

图 6.20　动态时空建模法探测全局异常结果

于 Road1、Road3、Road4、Road12 和 Road17；当显著性水平为 0.05 和 0.1 时，异常发生于 Road1、Road3、Road4、Road7、Road8、Road11、Road12 和 Road17。图 6.20(c)给出显著性水平为 0.01 时所有全局异常簇的时空分布。可以发现，全局异常簇主要分布于 Road4 和 Road17，其中 Road4 中的全局异常主要分布在早上时段(7：15～9：05)，Road17 中的全局异常主要分布在上午时段(10：00～11：05)，在下午时段(17：30～17：40)Road17 也出现了全局异常，Road1、Road3 和 Road12 中的全局异常则呈零星分布。这说明，Road4 和 Road17 中的拥堵现象可能属于一类日常规律，如上下班高峰期；而 Road1、Road3 和 Road12 中的拥堵异常则可能属于一种由其他原因导致的偶然现象。大多全局异常簇由孤立单元构成，但存在三个异常簇由连续单元构成：①(Road4, 7:15)→(Road4, 7:20)→(Road4, 7:25)；②(Road17, 10:00)→(Road17, 10:05)→(Road17, 10:10)→ (Road17, 10:15)→(Road17, 10:20)；③(Road17, 10:30)→(Road17, 10:35)。事实上，孤立单元构成的全局异常簇属于一类短暂的瞬时拥堵现象，而连续单元构成的异常则呈现了拥堵现象的时空传递，属于一种持久性拥堵现象，这些模式均无法通过传统时空异常探测法探测识别。

图 6.21 给出动态时空建模法探测局部异常拥堵结果。图 6.21(a)为异常共享拥堵断点所在簇在交通流时空序列中的分布情况。与全局异常探测结果相比，这些时空簇均为全局异常簇的子集，随着显著性水平的增加，部分全局异常簇仍然未被识别为局部异常，这说明大部分全局异常簇由交通流时空传递过程中的属性值突然增大而形成，仅有少量全局异常簇是由专题属性值的渐变形成。图 6.21(b)为

异常共享拥堵断点所在路段分布情况。当显著性水平为 0.01 和 0.05 时，在 Road1、Road3、Road4、Road12 和 Road17 探测到异常共享拥堵断点；当显著性水平为 0.1 时，除以上五条路段外，异常共享拥堵断点还出现在 Road8。图 6.21(c)给出显著性水平为 0.01 时所有异常共享拥堵断点所在簇的时空分布情况。可以发现，这些异常共享拥堵断点大多为流入断点，即位于端点时空传递的末端，如断点(Road4, 9:00)：[(Road1, 8:55)→(Road2, 8:55)→(Road2, 9:00)→(Road3, 9:00)]→(Road4, 9:00)和断点(Road17, 10:00)：[(Road21, 9:55)→(Road20, 9:55)→(Road18, 9:55)→(Road18, 10:00)]→(Road17, 10:00)→⋯；此外，还有一些异常共享拥堵断点既为流入断点又为流出断点，如断点(Road4, 9:05)：[(Road1, 9:00)→(Road2, 9:00)→(Road2, 9:05)→(Road3, 9:05)]→(Road4, 9:05)→[(Road4, 9:10)]和断点(Road3, 11:45)：[(Road1, 11:40)→(Road2, 11:40)→(Road2, 11:45)]→(Road3, 11:45)→[(Road3, 11:50)]。当异常共享拥堵断点为流入断点时，意味着时空簇传递到此断点，单位旅行时间突然增大演变为局部异常拥堵状态；当异常共享拥堵断点为流出断点时，意味着局部拥堵状态消失。该实例中异常共享拥堵断点所在的簇均为全局异常簇，从而剖析出全局异常簇的形成和消失过程，这些模式无法通过现有的时空异常探测法识别。

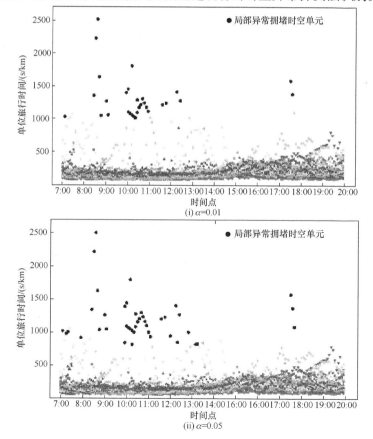

(i) $\alpha=0.01$

(ii) $\alpha=0.05$

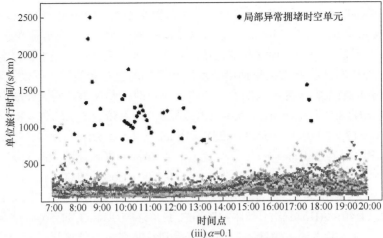

(iii) $\alpha=0.1$

(a) 异常共享拥堵断点所在簇在交通流时空序列中的分布

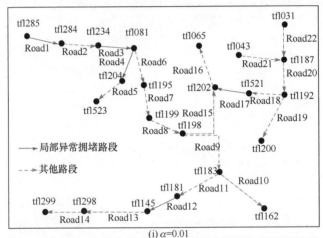

(i) $\alpha=0.01$

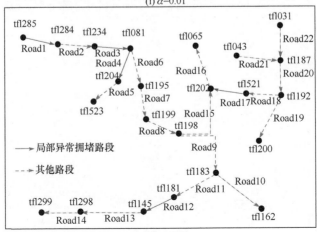

(ii) $\alpha=0.05$

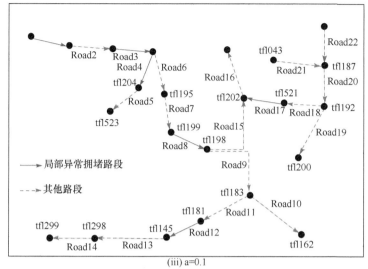

(iii) a=0.1

(b) 异常共享拥堵断点所在路段分布

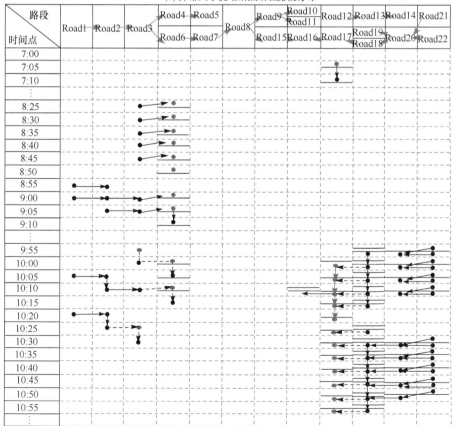

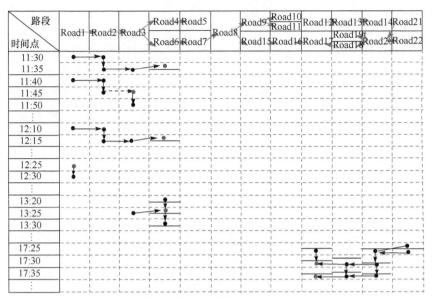

(c) 异常共享拥堵断点所在簇的时空分布(α=0.01)

图 6.21　动态时空建模法探测局部异常拥堵结果

3. 算例Ⅱ——伦敦市 2009 年 1 月 10 日交通流异常模式探测分析

为分析交通流时空异常模式在节假日与工作日的区别，进一步利用伦敦市 2009 年 1 月 10 日(周六)的交通流时空序列数据进行异常探测。

首先，根据参数分析结果，将显著性水平设置为 0.01，利用动态时空建模探测法得到的全局异常探测结果如图 6.22 所示。图 6.22(a)为全局异常簇在交通流时空序列中的分布情况。可以发现，全局异常簇中的时空单元专题属性值在整体分布中明显大于其他单元，全局异常簇中时空单元的专题属性值下限约为 900s/km。图 6.22(b)为全局异常簇所在路段分布情况，异常发生于 Road1、Road3、Road4 和 Road17。图 6.22(c)给出所有全局异常簇的时空分布。可以发现，全局异常簇主要分布于 Road4 和 Road17，其中 Road4 中的全局异常主要分布于下午和傍晚时段，即 14：15～16：05 及 17：00～19：15 中的部分时段，Road17 中的全局异常主要分布于早上和上午时段，即 7：30～10：00，Road1 和 Road3 中的全局异常则零星分布于下午和傍晚时段，如异常单元(Road3, 16:55)和(Road1, 19:25)。与算例Ⅰ类似，大多数全局异常簇属于孤立单元，但存在三个异常簇由连续单元构成：①(Road17, 9:30)→(Road17, 19:35)；②(Road17, 9:55)→(Road17, 10:55)；③(Road4, 14:15)→(Road4, 14:20)。

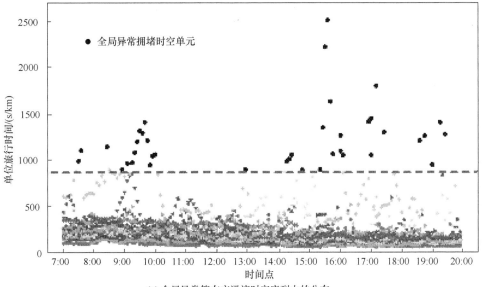

(a) 全局异常簇在交通流时空序列中的分布

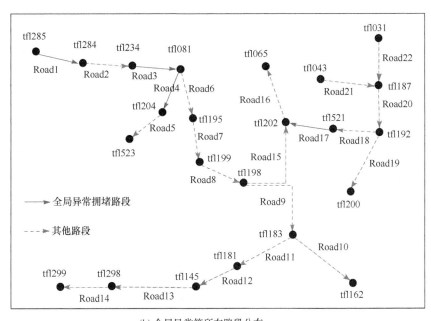

(b) 全局异常簇所在路段分布

路段 时间点	Road1	Road2	Road3	Road4 Road6	Road5 Road7	Road8	Road9 Road15	Road10 Road11 Road16	Road12 Road17	Road13 Road19 Road18	Road14 Road20	Road21 Road22
7:00												
⋮												
7:30									●			
7:35									●			
⋮												
8:25									●			
⋮												
8:55									●			
⋮												
9:05									●			
9:15									●			
9:20									●			
9:25									●			
9:30									●			
9:35									●			
9:40									●			
9:45									●			
9:50									●			
9:55									●			
10:00									●			
12:55									●			
14:15				●					●			
14:20				●								
14:25				●								
14:45				●								
15:20				●								
15:25				●								
15:30				●								
15:35				●								
15:40				●								
15:45				●								
16:00				●					●			
16:05				●								
⋮												

路段 / 时间点	Road1	Road2	Road3	Road4 / Road6	Road5 / Road7	Road8	Road9 / Road15	Road10·Road11 / Road17	Road12 / Road19·Road18	Road13 / Road20	Road14 / Road22	Road21
16:55			●									
17:00				● ──					── ●			
⋮ 17:10												
⋮ 17:25			●									
⋮ 18:35				● ──								
⋮ 18:45			●									
⋮ 19:00				● ──								
⋮ 19:15				● ──								
⋮ 19:25	●											

(c) 全局异常簇的时空分布

图 6.22　动态时空建模法探测全局异常结果(α=0.01)

图 6.23 给出动态时空建模法探测局部异常结果。图 6.23(a)为异常共享拥堵断点所在簇在交通流时空序列中的分布情况。可以发现，这些时空簇大都属于全局异常簇的子集，而部分全局异常簇仍然未被识别为局部异常(矩形框中单元)，但某些正常簇也被识别为局部异常(圆形框中单元)，这说明虽然这些簇的属性值大小不足以构成全局异常，但其中存在的局部异常拥堵断点导致这些簇存在局部拥堵。图 6.23(b)为探测得到的异常共享拥堵断点所在路段分布情况，主要分布于 Road1、Road3、Road4 和 Road17。图 6.23(c)给出异常共享拥堵断点所在簇的时空分布情况。可以发现，这些异常共享拥堵断点大多为流入断点，如断点(Road17, 7:30)：[(Road20, 7:25)→(Road20, 7:30)→(Road18, 7:30)]→(Road17, 7:30)和断点(Road3, 19:20)：[(Road1, 19:15)→(Road2, 19:15)→(Road2, 19:20)]→(Road3, 19:20)。还有一些异常共享拥堵断点既为流入断点又为流出断点，如断点(Road4, 18:35)：[(Road1,18:30)→(Road2,18:30)→(Road2,18:35)→(Road3,18:35)]→(Road4,18:35)→[(Road4,18:40)]和断点(Road3, 18:45)：[(Road1, 18:40)→(Road2, 18:40)→(Road2, 18:45)]→(Road3, 18:45)→[(Road3, 18:50)]。

通过观察 Road4 中的局部异常共享断点可以发现一种特殊的模式，例如，对于断点(Road4, 15:25)，相关时空传递过程为[(Road3, 15:25)]→(Road4, 15:25)→[(Road4, 15:30)]，其中(Road4, 15:30)同样属于局部异常共享断点，这说明断点(Road4, 15:25)所形成的局部拥堵呈现出一种交通流量递增模式，该局部拥堵直到 15：50 才开始

消失。局部异常共享断点(Road17, 16:05)和(Road3, 19:20)分别包括时空传递过程
[(Road20,16:05,112.6s/km)→(Road18,16:05,124.4s/km)]→(Road17, 16:05, 871.2s/km)
和 [(Road1, 19:15, 120.5s/km)→ (Road2, 19:15, 83.8s/km)→(Road2, 19:20,
88.4s/km)]→(Road3, 19:20, 845.2s/km)。虽然这两个断点在整体看来并不属于全局
异常拥堵，但与其相关的时空传递过程属于一类局部突变拥堵，这类特殊的局部
异常拥堵模式也是现有时空异常探测法难以探测获取的。

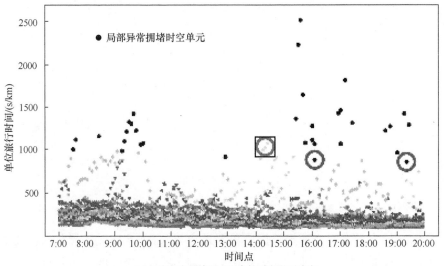

(a) 异常共享拥堵断点所在簇时空序列分布

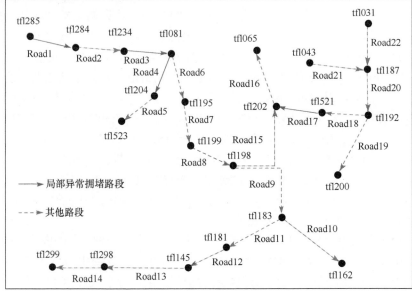

(b) 异常共享拥堵断点所在路段分布

路段＼时间点	Road1 Road2 Road3	Road4 Road5 / Road6 Road7	Road8	Road9 Road10 Road11 / Road15 Road16 Road17	Road12 Road13 Road14 / Road19 Road18 Road20	Road21 Road22
7:00						
⋮						
7:25						
7:30						
7:35						
⋮						
8:20						
8:55						
⋮						
9:15						
9:20						
9:25						
9:30						
9:35						
9:40						
9:45						
⋮						
9:55						
10:00						
⋮						
12:45						
12:50						
12:55						
⋮						
15:25						
15:30						
15:35						
15:40						
15:45						
15:50						
15:55						
16:00						
16:05						
16:10						
⋮						
16:55						
17:00						
17:05						
17:10						
17:15						
⋮						

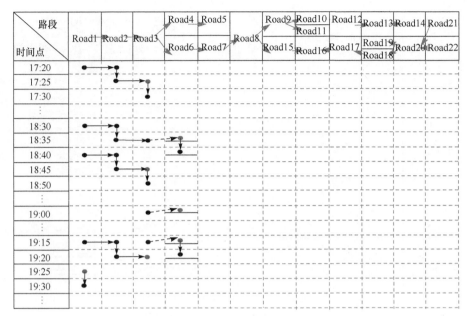

(c) 异常共享拥堵断点所在簇的时空分布

图 6.23　动态时空建模法探测局部异常结果(α=0.01)

4. 实验结论

通过对比算例Ⅰ和算例Ⅱ，可以得到伦敦市交通流状态在工作日和节假日既有相同之处也存在明显差异：①相同点。全局异常簇大多存在于几条固定路段，如 Road1、Road3、Road4、Road17，尤其是 Road4 和 Road17，这从侧面说明以上路段地处伦敦市核心；全局异常簇中大多由局部交通流突变而形成；局部异常共享拥堵断点以流入断点为主，也存在部分断点同时属于流入断点和流出断点。②不同点。对于 2009 年 1 月 5 日(周一)，Road4 中全局异常主要集中在上午时间段 7：15～9：05，Road17 中全局异常则主要分布在 10：00～11：05 和 17：30～17：40；对于 2009 年 1 月 10 日(周六)，Road4 中的全局异常主要分布在下午时间段 14：15～16：05 和 17：00～19：15，Road17 中的全局异常主要聚集在上午时间段 7：30～10：00。由此可见，两条主要拥堵路段 Road4 和 Road17 在周一和周六的拥堵时段分布具有明显差异，这种差异性与工作日和节假日居民的出行行为规律具有密切联系。对于 2009 年 1 月 5 日(周一)Road17 存在的局部异常共享拥堵断点，其上游时空簇范围涉及 Road22、Road21、Road20 和 Road18，而在 2009 年 1 月 10 日(周六)，其上游时空簇大多仅涉及 Road18。这说明，在周一交通流大多经过一系列较为流畅的时空传递过程到达 Road17 后突发拥堵；对于周六，在交通流到达 Road17 突发拥堵之前的时空传递过程并未形成均质的时空簇，与周一相比缺乏规律性。

动态时空建模异常探测法在实际中具有一定应用价值：①通过对时空簇进行深度聚类分析，可以从宏观角度提取一个城市路网系统中的交通流时空传递规律；②通过对大量历史数据进行训练分析，可以更加准确、稳定地获得该城市在一年中不同日期的主要拥堵路段及相应的拥堵时空区域，并且可以进一步获得突发交通拥堵的时空断点和相应的时空传递过程；③利用大量历史数据训练得到的结果，将挖掘得到的相关知识进行存储入库，随着数据不断更新进行参数调整，形成完整的城市交通拥堵在线探测系统，以便实时识别城市路网中发生的异常拥堵事件；④探测得到的局部异常突变模式可以提供交通拥堵的时空源头，从而帮助市民有效选取出行时间和路段，尽可能降低出行过程中的拥堵给工作生活带来的不便。

6.7 本 章 小 结

针对时空序列数据的异常探测问题，需要同时顾及并充分耦合空间位置和专题属性信息随时间的动态变化，学者已经提出了一系列时空序列异常探测法，这些方法大多针对静态时空序列数据(如降水时空序列)，而对动态时空序列数据(如交通流时空序列)缺乏有效的针对性研究。鉴于此，本章以时空序列数据为例，对现有时空序列异常探测法进行了详细回顾、系统分析和扩展应用，尤其对一些代表性方法进行了详细剖析。进而，针对现有方法存在的缺陷，以城市路网交通流时空序列数据为例，重点阐述了本书提出的一种基于动态时空建模的异常探测法，并在交通流异常拥堵时空探测方面对该方法进行了验证分析和实际应用。

参 考 文 献

刘启亮, 邓敏, 王佳璆, 等. 2011. 时空一体化框架下时空异常探测. 遥感学报, 15(3): 465-474.

骆剑承, 梁怡, 周成虎. 1999. 基于尺度空间的分层聚类方法及其在遥感影像分类中的应用. 测绘学报, 28(4): 319-324.

骆剑承, 周成虎, 梁怡, 等. 2002. 多尺度空间单元区域划分方法. 地理学报, 57(2): 167-173.

王佳璆. 2008. 时空序列数据分析与建模. 广州: 中山大学博士学位论文.

薛安荣, 鞠时光. 2007. 基于空间约束的离群点挖掘. 计算机科学, 34(6): 207-209, 230.

Agarwal D, McGregor A, Phillips J M, et al. 2006. Spatial scan statistics: Approximations and performance study//Proceedings of the 12th ACM SIGKDD International Conference on Knowledge Discovery and Data Mining, Philadelphia: 24-33.

Barua S, Alhajj R. 2007. Parallel wavelet transform for spatio-temporal outlier detection in large meteorological data. Intelligent Data Engineering and Automated Learning-IDEAL, 4881: 684-694.

Birant D, Kut A. 2006. Spatio-temporal outlier detection in large databases. Journal of Computing and Information Technology, 14(4): 291-297.

Birant D, Kut A. 2007. ST-DBSCAN: An algorithm for clustering spatial-temporal data. Data & Knowledge Engineering, 60: 208-221.

Cheng T, Li Z. 2004. A hybrid approach to detect spatio-temporal outliers//Proceedings of the 12th International Conference on Geoinformatics-Geospatial Information Research, Gavle: 173-178.

Cheng T, Haworth J, Wang J. 2012. Spatio-temporal autocorrelation of road network data. Journal of Geographical Systems, 14(4): 389-413.

Cheng T, Wang J, Haworth J, et al. 2014. A dynamic spatial weight matrix and localized space-time autoregressive integrated moving average for network modeling. Geographical Analysis, 46: 75-97.

Das M. 2009. Spatio-temporal anomaly detection. Columbus: The dissertation of the Ohio State University.

Deng M, Liu Q, Wang J, et al. 2013. A general method of spatio-temporal clustering analysis. Science China: Information Sciences, 56:1-14.

Fotheringtham A S, Brunsdon C, Charlton M E. 2002. Geographically Weighted Regression: The Analysis of Spatially Varying Relationships. Chichester: Wiley Press.

Getis A, Ord J K. 1992. The analysis of spatial association by use of distance statistics. Geographical Analysis, 24(3): 189-206.

Hauke J, Kossowski T. 2011. Comparison of values of Pearson's and Spearman's correlation coefficients on the same sets of data. Quaestiones Geographicae, 30(2): 87-93.

Isaaks E H, Srivastana R M. 1989. An Introduction to Applied Geostatistics. London: Oxford University Press.

Kolingerova I, Zalik B. 2006. Reconstructing domain boundaries within a given set of points using Delaunay triangulation. Computers & Geosciences, 32(9): 1310-1319.

Kulldorff M. 1997. A spatial scan statistic. Communications in Statistics-Theory and Methods, 26(6): 1481-1496.

Kumar V, Steinbach M, Tan P N. 2001. Mining scientific data: Discovery of patterns in the global climate system//Proceedings of the 2001 Joint Statistical Meeting, Athens, 1-10.

Leung Y, Zhang J, Xu Z. 2000. Clustering by scale-space filtering. IEEE Transactions on Pattern Analysis and Machine Intelligence, 22(12): 1396-1410.

Lu C T, Kou Y, Zhao J, et al. 2007. Detecting and tracking regional outliers in meteorological data. Information Sciences, 17: 1609-1632.

Macqueen J. 1967. Some methods for classification and analysis of multivariate observations //Proceedings of the 5th Berkeley Symposium on Mathematical Statistics and Probability, Berkeley: 281-297.

Min X, Hu J, Zhang Z. 2010. Urban traffic network modeling and short-term traffic flow forecasting based on GSTARIMA model//Proceedings of 13th International IEEE Conference on Intelligent Transportation Systems (ITSC), Funchal: 1535-1540.

Mu L, Wang F. 2008. A scale-space clustering method: Mitigating the effect of scale in the analysis of zone-based data. Annals of the Association of American Geographers, 98(1): 85-101.

Nalder I A, Wein R W. 1998. Spatial interpolation of climate normals: Test of a new method in the Canadian boreal forest. Cultural and Forest Meteorology, 92: 211-225.

Shekhar S, Lu C T, Zhang P S. 2001. Detecting graph-based spatial outliers: Algorithms and applications//Proceedings of the 7th ACM SIGKDD International Conference on Knowledge Discovery and Data Mining, San Francisco: 371-376.

Shekhar S, Lu C T, Zhang P S. 2003. A united approach to detecting spatial outliers. GeoInformatica, 7(2): 139-166.

Storch H, Zwiers F. 1990. Statistical Analysis on Climate Research. London: Cambridge University Press.

Sun Y, Xie K, Ma X, et al. 2005. Detecting spatio-temporal outliers in climate dataset: A method study//Proceedings of the 2005 IEEE International Conference on Geoscience and Remote Sensing Symposium, Seoul: 760-763.

Tan P, Steinbach M, Kumar V. 2001. Finding spatio-temporal patterns in earth science data// Proceedings of the 2001 KDD Workshop on Temporal Data Mining, San Francisco: 1-12.

Tan P N, Steinbach M, Kumar V. 2006. Introduction to Data Mining. Boston: Addison Wesley.

Telang A, Deepak P, Joshi S, et al. 2014. Detecting localized homogeneous anomalies over spatio-temporal data. Data Mining and Knowledge Discovery, 28(5-6): 1480-1502.

Wu E, Liu W, Chawla S. 2010. Spatio-temporal outlier detection in precipitation data. Knowledge Discovery from Sensor Data, 5840: 115-133.

第 7 章　地理空间异常的可靠性分析

7.1　引　　言

当前地理空间异常探测大多关注探测方法的研究，缺乏对异常探测得到的结果进行可靠性分析和评价。地理空间异常既包含数据采集的误差或噪声，也可能包含真实的、不同寻常的事件或过程。研究地理空间异常的可靠性有利于对异常探测结果进行去伪存真，从而帮助人们发现真正有意义的、深层次的、用户关心的异常，这已成为地理空间异常探测分析的重要研究内容。对于地理空间异常探测结果的可靠性分析，许多学者诉诸于空间数据的不确定性理论与方法研究(Fan et al., 2001; 何彬彬等, 2004)，如概率论、证据理论、空间统计学、模糊集理论、云理论、粗集理论、神经网络、遗传算法、决策树、归纳学习等(李德仁等, 2006)。然而，地理空间数据的不确定性通常无法解释数据中真实的、用户关心的代表某种特殊规律的异常。

地理空间异常探测本质上就是发现属性偏离、知识背离的数据对象。知识背离是指异常探测结果违背现有领域知识或规律。现有地理空间异常探测法大多关注属性偏离，并未充分考虑异常探测结果与领域知识的背离程度。Cheng 和 Li 认为探析候选地理空间异常需要充分借助领域知识(Adam et al., 2004; Sun et al., 2005; Cheng & Li, 2006; Birant & Kut, 2006)。当探测得到的异常符合领域知识或规律时，由于并未隐含事物潜在发展趋势，即使属性发生严重偏离也不能称其为有效异常。尽管领域知识可用来分析、评价地理空间异常的可靠性，但通常难以获取，从而阻碍了地理空间异常的有效筛选。

近年来，地理空间异常探测的可靠性分析研究主要基于时空关联模式挖掘的方法，根据不同类型数据特性和异常探测应用背景，可将这些方法分为以下类别：①时空邻域约束的关联规则挖掘。该类方法假设某空间实体仅能影响一定时空范围内异常的发生与否，关键在于如何构建时空邻域和挖掘事务表。②时空遥相关挖掘。与时空邻域约束的关联规则不同，该类方法主要关注地理事件在大尺度层次的关联关系，主要用于揭示地理事件在时间维度发生的次序和规律，不同地理事件之间没有严格受到空间距离约束。考虑到地理空间数据的自相关特性，Wu 等提出了一种基于空间聚类的地理异常事件关联分析挖掘(Wu et al., 2008)；为了尽可能消除地理空间数据分析过程中的空间多尺度效应影响，本书扩展了顾及空间多尺度效应的时空遥相关挖掘方法，具体包含融合层次聚类分区和时间延迟的遥相关挖掘方法(简称为层次聚类分区-时间延迟法)和融合尺度空间分区和滑动时间窗口的遥相关挖掘方法(简称为尺度空间分区-滑动时间窗口法)。下面将对这些方法进行详细阐述。

7.2　基于关联规则挖掘的地理空间异常可靠性分析

地理空间异常作为一种特殊的属性表现，同样与其时空邻域内其他要素密切相关。为探索异常的发生机制并进一步分析、评估异常的可靠性，采用时空关联规则挖掘作为有效工具(李光强, 2009)。时空关联规则挖掘的核心问题是时空邻域构建，这也是时空挖掘事务表构造的关键。如图 7.1 所示，"▲"和"●"分别表示降水监测站点和空气监测站点，为了探测与降水相关的时空变量对空气中 SO_2 浓度异常的影响，首先需要以降水监测站点 STE_1 为中心构建其时空邻域。例如，空气监测站点 $P_1 \sim P_6$ 构成了 STE_1 的空间邻域，若设置时间窗口 TW=2，则 t_i 时刻 STE_1 监测到的降雨强度对 $P_1 \sim P_6$ 在 t_i、t_{i+1}、t_{i+2} 时刻监测到的 SO_2 浓度均有影响。不妨设规则前件为降雨强度、降雨的时间滞后及空气监测站点到降水监测站点的距离，规则后件为 SO_2 浓度，可以得到相应的规则事务表，并且时空关联规则可以表示为：空气监测站点距离降水监测站点较近∧发生暴雨 1 天后⟹SO_2 浓度偏高。下面将具体阐述两种时空关联规则挖掘方法，即基于 Voronoi 图的空间关联规则挖掘方法(李光强等, 2008)和基于事件影响域的时空关联规则挖掘方法(李光强等, 2010)。

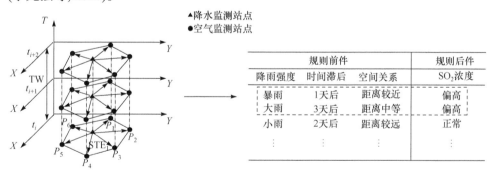

图 7.1　时空关联规则挖掘简例

7.2.1　基于 Voronoi 图的空间关联规则挖掘方法

设集合 $I = \{i_1, i_2, \cdots, i_k\}$ 是 k 个不同项目组成的集合，给定一个事务数据库 D，其中每个具有唯一标识的事务 T 是 I 中不同项目的集合，即 $T \subseteq I$。若项集 $X \in T$，$Y \in T$ 且 $X \cap Y = \varnothing$，则一条关联规则就是形如 $X \Rightarrow Y$ 的蕴涵式，X 和 Y 分别称为关联规则前件和后件。关联规则表明，当规则前件 X 发生时，规则后件 Y 也将伴随发生。空间关联规则是空间对象之间同时出现的内在规律,如空间对象之间相邻、相连、共生和包含等空间关联关系,通常采用逻辑规则来表达(李德仁等,2001)。其空间挖掘表的项集 I 至少包括 1 个空间关系项集 R(如距离、拓扑、方位等)和若干个专题属性项集 A(如测点编号、监测数据项等)。

　　Voronoi 图是平面划分和邻域构建的有力工具,在地学分析中具有广泛的应用。通常,平面上的 Voronoi 图是以一类地物集(图层)中的每个对象作为生长核,以相同速率向外扩张,直到彼此相遇。Voronoi 图将整个连续的空间划分成若干个区域,每个 Voronoi 图可看作生长核的势力范围, 或视为生长核的影响域(Gold, 1992)。给定空间数据库 SD=$l_0 \cup l_1 \cup l_2 \cdots \cup l_m$={$f_1, f_2, \cdots, f_n$},其中 f_k (k=1, 2, $\cdots$, n)为空间对象;l_i (i=1, 2, $\cdots$, m)为数据库中包含的图层,如图 7.2(a)所示;l_0 层为 Voronoi 图生长核空间对象所在图层;l_i.Attr 是层 l_i 的属性集。空间对象 f 可表示为一个三元组 $\langle$FID, l_j, $g\rangle$,其中 FID 为空间对象的标识码;l_j 和 g 分别表示该对象所在图层和相关几何数据。用 l_v 表示生长核空间对象生成的 Voronoi 图层,l_v 和数据库中各层的相交操作记为 l'_k =Intersect(l_v, l_k),那么 l'_k 的属性集可以表示为 l'_k.Attr={FID$_v$}$\cup$ {FID$_k$}$\cup l_k$.Attr;进而,Voronoi 图与所有图层相交组成的空间数据库 SD$_v$=$l'_0 \cup l'_1 \cup \cdots$ $\cup l'_m$。图 7.2(b)为相交操作结果,其中层 l'_0 中第 i 个生长核记为 c_i(用 "□" 表示),层内对应的用虚线围成的 Voronoi 图记为 v_i;垂直虚线围成的虚拟多棱柱包含的空间对象组成一个对象集,即 VD$_i$={$\forall f_k$: Contain(v_i, f_k)=True},Contain 是空间关系的 "包含" 操作算子。

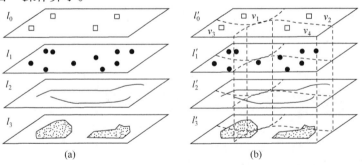

图 7.2　Voronoi 图与空间数据库中各层相交操作

　　Voronoi 图是构建空间挖掘表的基本单元,一个 Voronoi 单元可产生一条空间挖掘记录,同一 Voronoi 单元中的空间对象之间才有联系,即 $f_k \in$VD$_i$ 仅对 c_i 产生影响。记 F_{ij}={$\forall f_k$: Contain(v_i, f_k)=True$\wedge f_k \in l'_j$},用 O_{r_i} 表示空间关系项集 R 中第 i 个空间关系项集的操作算子,项目值 $r_i = O_{r_i}$ (c_i, F_{ij})。例如,某数据库中包含 "距离污染源"(与最近污染源的距离)空间关系项目,操作算子 min[Distance(c_i, $\forall f_k$: $f_k \in F_{ij}$)]返回 F_{ij} 对象集中与 c_i 最近的距离,其中 j 是污染源所在图层号;c_i 是土壤监测点空间对象;F_{ij} 是所有落入 v_i 的污染源对象集合。

此外，关联规则挖掘事务表中的项目应为离散型变量，对于空间挖掘表中的连续数值型项目(如距离)，需进行概念泛化处理。例如，"距离公路"可将距离 100m、200m 作为分组标准：小于等于 100m 的记为"近"，位于 100～200m 的记为"较近"，大于等于 200m 的记为"远"。

综上所述，基于 Voronoi 图的空间关联规则挖掘方法主要包括以下步骤：

(1) 确定空间挖掘表项目集 I；

(2) 确定 Voronoi 图生长核空间对象层 l_0；

(3) 创建 Voronoi 图并存储为层 l_v；

(4) 对 l_v 和数据库 SD 中各层执行相交操作生成 SD_v；

(5) 使用 Voronoi 图创建空间挖掘记录元组，并通过数据概念泛化构建空间事务数据库 STD；

(6) 使用经典关联规则挖掘方法 Apriori 对空间事务数据库进行挖掘，得到强空间关联规则。

7.2.2　基于事件影响域的时空关联规则挖掘方法

空间关联规则挖掘着眼于发现空间对象或事件间的相互关联和依赖关系，并未充分考虑空间对象或事件的时态信息，而地理空间关联规则挖掘的一项重要研究内容是发现时空事件间的关联关系。时空事件是指在时空位置上产生的具有一定时间和空间影响范围的事件，可以是时空对象的产生、消亡，或者是时空对象状态的改变，而且会在一定时间范围内对其空间邻域内其他对象产生一定影响。鉴于此，基于事件影响域的时空关联规则挖掘方法具体描述如下：

时空事件(记为 ste)是指对时空邻域产生显著影响的时空对象(记为 sto)集合，记录时空事件的数据表称为时空事件表(记为 STET)；记录时空对象的数据表称为时空数据表(记为 STDT)。时空事件影响的时间和空间范围称为时空影响域，时空影响域在时间上的投影称为时间影响长度(记为 w)，时空影响域在空间上的投影称为空间影响域(记为 s)。时空事件在时间上的影响是单向的，即从事件发生时刻起，开始向后延续，直到事件的影响彻底消除。为了简化计算，假定时空事件在空间上的影响是各向同质的，即时空事件对周围的影响是距离的函数，与方向无关。因此，时空事件的空间影响域是以时空事件发生位置为中心，以影响距离 r 为半径的圆。如图 7.3 所示，时空事件 STE_1 的时间影响长度 $w_1=3$，空间上影响对象 $O_1～O_5$，即 STE_1 在 $[t_p, t_p+3]$ 内对 $O_1～O_5$ 的属性变化产生影响；同样，时空事件 STE_2 在 $[t_q, t_q+5]$ 内对 $O_6～O_9$ 的属性变化产生影响。

时空事件影响域将时空研究区域划分为若干时空事务单元，进而在影响域中使用数据概念泛化方法构建时空数据挖掘记录。综合考虑时空数据集中的时空事件数据表和时空对象专题属性数据表(时空数据表)，时空数据概念泛化的步骤主

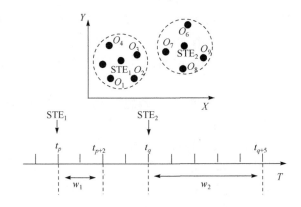

图 7.3　时空事件影响域示例

要包括：①时空事件数据表概念泛化；②时空数据表概念泛化；③时空事件与时空对象的空间关系概念泛化；④时空事件与时空对象的时间关系概念泛化。

　　时空事件数据表和时空数据表需要根据数据表中的一个或多个数据项，使用概念分层泛化技术将时空事件或时空数据归入相应概念格，从而实现数据概念泛化。时空事件泛化表(events generalized table，EGT)，时空数据泛化表(data generalized table，DGT)。

　　时空事件与时空对象的空间关系概念泛化、时间关系概念泛化较为复杂，需要数据表的连接和选择操作。时空事件与时空对象的空间关系概念泛化过程是先通过时空事件数据表与时空数据表的连接操作，计算时空事件与时空对象间的空间距离，再使用空间谓词表示空间距离关系，实现空间关系概念泛化。具体而言，可将时空事件与时空对象之间的空间距离泛化为空间谓词 IsFarTo(远)、IsMediumTo(中等)和 IsCloseTo(近)等概念。如果用 DG(·)表示距离泛化算子，那么时空事件与时空对象的空间关系泛化表(spatial generalized table, SGT)用关系代数表示为 SGT=DG $[\sigma_{\text{Dists(ste, sto)}\leqslant r}(\text{STET}\times\text{STDT})]$。其中，$\sigma$ 为关系代数中的选择运算；Dists(ste, sto)为时空事件与时空对象的空间距离；Dists(ste, sto)$\leqslant r$ 为选择条件，即过滤所有与时空事件 ste 的空间距离小于等于 r 的时空对象；×表示笛卡儿积运算符。

　　在对时空事件与时空对象的时间关系进行概念泛化时，使用时间谓词 Concurrent(同时)、Follow(相邻或随后)和 Behind$_i$(间隔，其中 i 表示间隔时刻数)表示时空事件与时空对象之间的时间关系。时间关系概念泛化过程与空间关系概念泛化过程类似，首先将时空事件数据表与时空数据表进行连接并计算时间距离，然后根据时间距离泛化得到时间关系泛化表(time generalized table, TGT)。如果时间关系泛化算子用 TG(·)表示，那么时间关系泛化表可用关系代数表示为 TGT=TG $[\sigma_{\text{Distt(ste, sto)}\leqslant w}(\text{STET}\times\text{STDT})]$。其中，Distt(ste, sto)$\leqslant w$ 从时空数据表中选择出所有与事件 ste 时间距离小于等于 w 的时空对象。

基于时空事件影响域的时空事务数据表是时空事件泛化表、时空数据泛化表、空间关系泛化表和时间关系泛化表连接和投影操作的结果，用关系代数表示为 STT=π_{Express}(EGT×DGT×SGT×TGT)。其中，π 为投影操作算子；Express 为数据项选择表达式，需要至少选择一个空间关系和一个时间关系数据项。

综上所述，基于时空影响域的时空关联规则挖掘方法主要包括：

(1) 根据用户需求提取时空事件 ste 和其他时空对象 sto；

(2) 确定时空事件的时空影响域大小，对时空数据表进行泛化处理，得到时空事件泛化表、时空数据泛化表、空间关系泛化表和时间关系泛化表；

(3) 生成基于时空事件影响域的时空事务数据表；

(4) 使用时空关联规则挖掘方法事务表进行挖掘，得到时空关联规则。

7.3　基于遥相关模式挖掘的地理空间异常可靠性分析

在现实世界中，某些地理现象之间的关联关系不受空间距离直接影响。例如，1997 年、1998 年发生的厄尔尼诺现象导致我国 1998 年长江流域、嫩江流域等地区发生严重洪涝灾害事件(许有鹏等, 2005)。在大尺度空间背景下，关联模式通常仅考虑对象之间的时间延迟影响，且对象之间距离遥远，又称为时空遥相关模式。该类关联模式的特征是空间跨度大，关联事件之间并未呈现明显的空间邻近，不同事件的关联关系主要表现为时间维度的次序和规律。如图 7.4 所示，空间区域 R_1 在 T_{i+1} 时刻发生了异常，在经过 2 个时间单位延迟后(T_{i+3} 时刻)，空间区域 R_2 也发生了异常，并且 R_1 和 R_2 之间距离遥远，这种时空遥相关模式可以表示为：空间区域 R_1 发生异常事件$\xrightarrow{\text{2个时间单位}}$空间区域 R_2 发生异常事件。时空遥相关模式通常存在于大尺度的时空现象中，如全球尺度的异常气象事件之间的关联。若直接采用原始时空数据进行关联分析，则时空自相关将导致大量冗余的关联模式(Tan et al., 2001)。例如，R_1 和 R_2 的空间邻域内其他区域可能与其具有相似的时间序列，进

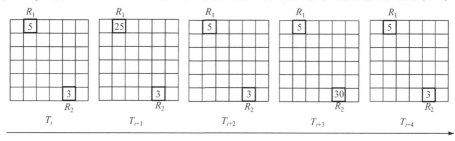

图 7.4　时空遥相关模式示例

而得到的关联模式也可能相似，将这类相似的区域进行合并，可以有效减少冗余的模式(Lin et al., 2007; Wu et al., 2008)。此外，还需要考虑时空数据的多尺度特性，在区域划分过程中顾及空间多尺度效应以获得客观合理的空间区域(Openshaw, 1972)。

下面具体介绍本书作者提出的两种时空遥相关模式挖掘方法，即层次聚类分区-时间延迟法和尺度空间分区-滑动时间窗口法(石岩等, 2014; Xu et al., 2017)。

7.3.1 层次聚类分区-时间延迟法

考虑到地理现象的空间多尺度效应，该方法采用顾及空间邻近约束的层次聚类方法捕获地理空间数据在多个分析尺度的聚类特征，从而降低聚类方法本身带来的不确定性，提升挖掘的可靠性。为此，融合层次聚类和时间延迟的遥相关挖掘方法主要包括以下步骤：

(1) 对观察数据序列进行预处理，使处理后的数据近似服从正态分布；

(2) 采用顾及空间邻域的层次聚类方法进行多尺度分区，采用伪 T 统计量分析得到层次结构中的折点，获得层次变化中从量变到质变的转折，即有效的特征空间尺度分区结果；

(3) 根据背景知识对观察数据进行离散化处理，提取感兴趣的地理事件；

(4) 结合有效空间分区，对提取的地理事件进行多重约束，实现时空遥相关模式挖掘分析。

其中，在关联模式挖掘过程中主要考虑以下约束：

(1) 应用背景约束。给定任一事件序列 ES，根据应用背景需要筛选出感兴趣事件，称为有效事件。例如，对于降水量时间序列，通常只保留降水量极多或极少的事件。

(2) 时间窗口宽度约束。给定任一事件集 EP 的项 EPI，若其时间窗口宽度 win_width ≤ Min_win，则认为此项有效，否则视其为无效，其中，Min_win 为给定的最小时间窗口宽度阈值。

(3) 时间延迟约束。给定任一规则 AR 的一个项 ARI，其前件和后件中最早事件发生时间分别记为 t_s 和 t_s'，最晚事件发生时间分别记为 t_e 和 t_e'，给定最大时间延迟阈值 time_lag，若满足 $0 < t_s' - t_s \leqslant$ time_lag 且 $t_e' - t_e > 0$，则认为 ARI 有效，否则视其为无效。

(4) 充分度约束。给定任一规则 AR，记其前件的有效项数目为 n，规则的有效项数目为 m，若给定最小充分度阈值 Min_Suf，则需要满足 $m/n \geqslant$ Min_Suf。

(5) 必要度约束。给定任一规则 AR，记其后件的有效项数目为 n'，规则的有效项数目为 m'，给定最小必要度阈值 Min_Nec，则需要满足 $m'/n' \geqslant$ Min_Nec。

结合以上约束，以海洋气象指数和陆地气象观察时空序列为例，时空遥相关模式挖掘方法可以描述如下：

输入：具有相同起止时间和时间分辨率的观察序列、最小时间窗口阈值 Min_win、时间滞后 time_lag、最小充分度阈值 Min_Suf 和最小必要度阈值 Min_Nec；

输出：海洋气象指数与陆地气象区域异常降水事件间的时空遥相关模式。

(1) 针对陆地气象时空序列中各空间实体构造 TIN，借助文献(Deng et al., 2011)的策略对 TIN 施加整体和局部约束，更为精确地构建每个点的空间邻域；

(2) 针对每个点实体，用 WARD 法度量与其空间邻域点之间的相似性；

(3) 对数据集中最相似的两个实体进行聚合成簇，用同一簇内所有实体属性均值作为簇的属性；

(4) 将聚合而成的簇视为一个新的点实体，重复步骤(2)和(3)，直到所有的点实体聚合为一个整体，从而得到层次树和每一层的聚合结果；

(5) 从层次树中选择合适的区间结果进行伪 T 统计量分析，并选取合适的聚合结果作为各陆地气象区域，其气象属性值为区域内各空间实体的时间序列平均值；

(6) 考虑相关应用背景和领域知识，从得到的各陆地气象区域时间序列及输入的海洋气象指数中提取感兴趣事件；

(7) 针对步骤(6)提取的感兴趣事件，探索性地施加时间窗口宽度约束，得到前、后件有效事件集；

(8) 根据步骤(7)得到有效后件事件集数目 n 及最小充分度阈值 Min_Suf 和最小必要度阈值 Min_Nec，保留数目位于区间$[n \cdot \text{Min\_Nec}, n/\text{Min\_Suf}]$的有效前件事件集，以减少无效规则的产生；

(9) 根据步骤(7)和(8)中处理得到的有效前、后件事件集，对其施加时间延迟约束及充分度和必要度约束，提取有效规则，并根据相关领域知识对规则进行有效性分析，从规则中提取出潜在的遥相关模式。

7.3.2　尺度空间分区-滑动时间窗口法

尺度空间理论可以模拟图像数据的多尺度特征。其基本思想是：在基于人类视觉系统模拟的图像信息处理模型中引入一个被视为尺度的参数，通过连续变化尺度参数获得不同尺度下的视觉处理信息，然后综合这些信息，深入地挖掘图像的本质特征。基于尺度空间理论，6.5.2 节阐述了本书提出的一种改进的尺度空间聚类分区方法。在此基础上，融合尺度空间分区与华东时间窗口的遥相关模式挖掘方法主要包括以下步骤：

(1) 对数据进行预处理，消除原始时空序列数据中的周期性和季节性特征；

(2) 计算去周期后时空序列的相似性，进行尺度空间聚类的梯度求解；

(3) 利用尺度空间聚类对气象时空序列进行聚类，得到不同空间尺度下的分区结果，结合尺度方差分析方法选择合适尺度下的分区结果；

(4) 对聚类得到的气象区域采用滑动时间窗口策略实现时空遥相关模式提取。

6.5.2 节详细阐述了尺度空间聚类的具体操作过程。本节利用尺度空间聚类对气象时空序列进行分区，得到不同空间尺度下的分区结果。为了有效挖掘不同区域间的时空遥相关模式，需要选择一个合适尺度下的分区结果。尺度方差分析可以描绘地理现象的空间尺度变化特征，用来指导选取合适空间尺度的气象区域。尺度方差分析的统计模型可表示为

$$X_{ijk\cdots z} = \mu + \alpha_i + \beta_{ij} + \gamma_{ijk} + \cdots + \zeta_{ijk\cdots z} \tag{7.1}$$

式中，$X_{ijk\cdots z}$ 为划分最详细尺度对应的各区域气象属性值(初始气象时空数据，每个序列自身为一个气象区域)；μ 为该尺度下所有气象区域的气象属性平均值；剩余项为其他空间尺度下的分区结果对该尺度的影响效应。针对某个尺度下的气象区域，尺度方差部分可以通过计算该区域在尺度变化过程中，其所在两相邻尺度下的区域气象属性值差异的平方和获得。根据每个尺度下得到的尺度方差，可以绘制尺度-尺度方差变化曲线图，其中局部峰值表明该尺度下各分区中区域之间具有很强的异质性，指示了地理现象的主要特征(Zhang & Zhang, 2011)。因此，选择峰值所对应的空间尺度，将利用该空间尺度得到的分区结果作为时空遥相关模式挖掘的对象。时空遥相关模式挖掘主要考虑两方面问题：一方面需要从各气象序列中提取特殊气象事件(这里特指异常事件)作为遥相关挖掘的对象；另一方面采用一种滑动窗口策略来度量两气象区域序列对应的异常事件间的关联强度(Mannila et al., 1997)。其具体描述如下：

(1) 异常事件。给定一个气象区域，气象属性序列记为 CT_i，将 CT_i 中各时间点的气象属性值进行降序排列，将排列在前 10%和后 10%的气象属性值对应的时间点分别定义为两类异常事件(如洪涝和干旱)，并记录所有异常事件类型为 ET。若 CT_i 中某个时间点 t_m 具有事件类型 $e_p \in ET$，则认为在时刻 t_m 气象序列 CT_i 发生了异常事件 e_p，记为 $CT_i\_E_{mp} = (t_m, e_p)$。

(2) 滑动时间窗口。对于气象属性序列 CT_i，将序列中的滑动时间窗口定义为 $STW_{st_l \to et_l} = (st_l, et_l, width)$，其中 st_l 和 et_l 分别表示该窗口的起始时间和结束时间；width 为窗口宽度，即 width=et_l-st_l+1，各滑动时间窗口具有相同的宽度。为了保证各时间点在所有滑动窗口中出现的频率相同，将第一个和最后一个滑动时间窗口分别设置为序列开始时间 T_s 和结束时间 T_e，滑动时间窗口的个数为 $T_e-T_s+width-1$。如图 7.5 所示，将窗口宽度设置为 3，虚线矩形框标识了三类滑动时间窗口——起始窗口 $STW_{1 \to 1}$ 和结束窗口 $STW_{17 \to 17}$(width=1)，与起始、结束时刻相邻的滑动相间窗口 $STW_{1 \to 2}$、$STW_{16 \to 17}$(width=2)，以及其他滑动时间窗口(如 $STW_{6 \to 8}$，width=3)。

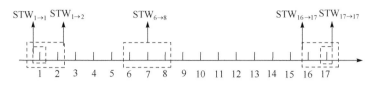

图 7.5　滑动时间窗口简例

(3) 时空遥相关模式。给定两个描述不同气象属性(如海表温度和陆地降水)的区域时间序列 CT_i 和 CT_j，两个序列具有相同起止时间和时间分辨率，通过预设滑动时间窗口宽度 width，可以将 CT_i 和 CT_j 划分为若干滑动时间窗口。令其中一个序列中提取的异常事件为前件，另一个序列中提取的异常事件为后件，若在同一滑动时间窗口中，前件发生的时间先于后件，则将时空遥相关模式表示为 $STTP_k : CT_i\_E_{.p} \overset{\text{width}}{\Longrightarrow} CT_j\_E_{.q}$。其中，$E_p$ 和 E_q 分别表示序列 CT_i 和 CT_j 中所有具有类型 e_p 和 e_q 的异常事件；$CT_i\_E_{.p}$ 和 $CT_j\_E_{.q}$ 分别为前件和后件。例如，假设预设滑动时间窗口宽度为 6 个月，则海洋气象区域 A 的海表温度异常高 $\overset{6个月}{\Longrightarrow}$ 陆地气象区域 A 的降水量异常大就是一种时空遥相关模式。这种时空遥相关模式主要是不考虑两个气象区域之间的空间距离，即使两者距离很远也可能存在较强的关联关系。

(4) 显著度。给定一个时空遥相关模式 $STTP_k$，将前件 $CT_i\_E_p$ 所在的滑动时间窗口个数记为 $|CT_i\_E_{.p}|$，$STTP_k$ 所在的滑动时间窗口个数记为 $|STTP_k|$，那么该时空遥相关模式 $STTP_k$ 的显著度可以表示为

$$SD(STTP_k) = \frac{|STTP_k|}{|CT_{i\_}E_{.p}|} \tag{7.2}$$

如果 $SD(STTP_k)$ 大于一个给定的阈值 Min_SD，那么称 $STTP_k$ 是显著的时空遥相关模式。

结合海洋和陆地时空序列数据，该方法可以具体描述如下。

输入：具有一维气象属性且具有相同起止时间与时间分辨率的海洋和陆地时空序列数据、滑动时间窗口阈值 width、时空遥相关模式显著度阈值 Min_SD。

输出：海陆气象区域异常气象事件间的时空遥相关模式。

(1) 利用月平均 Z-core 法对气象时空序列数据中各空间单元记录的属性时间序列进行去周期性处理；

(2) 针对气象时空序列数据中的各空间单元构建空间邻域，计算相邻空间单元间去周期后时间序列间的相似度，确定空间单元间的连接方向；

(3) 寻找一个局部极小序列作为聚类初始空间单元 S_0，从 S_0 开始根据连接方向进行扩展，直至扩展到某一局部极大序列 S_t，并将 S_0 到 S_t 路径上所有时间序列

归为一类，以终止单元 S_t 作为类别标志；

(4) 对未进行聚类的单元执行步骤(3)，直到所有存在连接方向的时间序列均归入某一类，进而，将同一个簇的时间序列进行合并，属性平均值构成新的时间序列，从而获得第一个尺度下的聚类结果；

(5) 针对新获得的时间序列重复步骤(2)～(4)，直到所有时间序列聚为一类，多尺度聚类操作终止，输出各个尺度的聚类结果；

(6) 对海洋和陆地气象时空序列各尺度的分区结果进行尺度方差统计分析，选取合适的分区结果作为海洋和陆地气象区域，其气象属性值为区域内各子区域的时间序列平均值；

(7) 分别从海洋和陆地气象区域对应的时间序列中提取异常气象事件，并根据先验知识定义前件和后件及时空遥相关模式；

(8) 根据滑动时间窗口阈值 width 对海洋和陆地气象区域时间序列构建滑动时间窗口，探索包含前件和时空遥相关模式的滑动时间窗口数目；

(9) 计算各时空遥相关模式的显著度，将显著度大于阈值 Min_SD 的模式进行可视化，并结合相关领域知识进行深入解释和分析。

7.3.3　实例分析

本节以层次聚类分区-时间延迟法和尺度空间分区-滑动时间窗口法为例，阐述时空关联模式挖掘在地理空间异常可靠性分析中的应用。

1. 基于层次聚类分区-时间延迟法的异常事件时空遥相关挖掘应用实例

本实验采用的海洋气象指数南方涛动指数(southern oscillation index，SOI)、太平洋十年涛动(pacific decadal oscillation，PDO)指数和多变量 ENSO 指数(multivariate ENSO index，MEI)来源于美国国家气象中心，中国陆地区域降水数据来源于中国气象局气象信息中心气象资料室，两者时间跨度均为 1982 年 1 月～2007 年 12 月，时间粒度均为月。其中，①SOI 用以反映厄尔尼诺现象的活跃程度；PDO 指数用于表征十年周期尺度变化的太平洋气象变化现象，特征为北纬 20°以北太平洋区域表层海表温度异常；MEI 具有与 ENSO 事件(厄尔尼诺和拉尼娜事件)更好的相关性。三者均为长时间序列，如图 7.6 所示，其中横坐标代表时间标签，纵坐标代表相应的气象指数值。②中国陆地区域降水原始数据包含 756 个气象站点，对数据缺失严重和西部地区较少气象站点进行必要删除后，可用气象站点为 554 个。

首先，采用顾及空间邻域的层次聚类方法对中国陆地区域降水进行气象分区，文献(Bezdek & Nikhil, 1998)证明簇为 $\sqrt{N}$(N 为气象站点数目)时是有效的，因而需要对

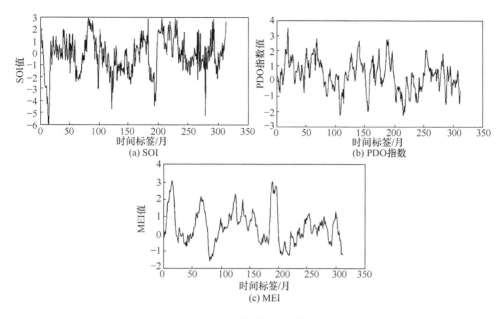

(a) SOI　　　　　　　　　　　　　(b) PDO指数

(c) MEI

图 7.6　海洋气象指数

簇数小于$\sqrt{N}$的各层次结果进行伪 T 统计量分析，并绘制折线图。如图 7.7 所示，包含 6 个转折点，相应的 6 组聚类结果反映了 6 个特征空间尺度的有效分区。尺度较大、簇数目过少说明已形成较大区域，掩盖了某些细节和特殊模式，研究意义不大，为此仅选择前 4 处特征空间尺度对应的分区结果。通过对比发现，尺度较小、簇数目过多使得某些区域之间仍然具有较大相似性，无法充分表达气象区域；尺度较大、簇数目过少则掩盖了一些特征小区域，进而影响特殊关联模式的挖掘。综上所述，从 4 处特征空间尺度分区结果中进行折中处理，选择 15 个簇的分区结果用于时空遥相关模式挖掘。

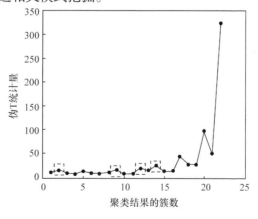

图 7.7　层次空间聚类结果伪 T 统计量折线图

通过分析 15 个簇的分区结果可以发现：①从地理空间分布角度考虑，此尺度下的分区结果将我国降水区域自西至东大致分为西部、中部和沿海地区，自北至南的区域划分也体现了我国降水的渐变特征；②从我国地形特征分布角度考虑，此分区结果体现了高原、盆地等不同地形对降水的影响，如云南位于高原地区，这使得该区域异于其他南方区域的多降水量，并时常发生干旱现象。这两个地理规律充分证明此尺度下的分区结果完整地描述了我国不同区域的降水特征，可作为进一步挖掘关联模式的对象。

针对陆地降水分区得到的每个区域计算 SPI，借鉴已有气象学研究成果，对海洋气象指数和 SPI 的事件进行离散化处理，结果列于表 7.1 和表 7.2。

表 7.1　海洋气象指数离散化

事件类型	A	B	C	D	E	F	G
SOI	$(-\infty,-1.5]$	$(-1.5,-1]$	$(-1,-0.5]$	$(-0.5,0.5)$	$[0.5,1)$	$[1,1.5)$	$[1.5,+\infty)$
PDO 指数	$(-\infty,-2]$	$(-2,-1.5]$	$(-1.5,-1]$	$(-1,1)$	$[1,1.5)$	$[1.5,2)$	$[2,+\infty)$
MEI	$(-\infty,-1.5]$	$(-1.5,-1]$	$(-1,-0.5]$	$(-0.5,0.5)$	$[0.5,1)$	$[1,1.5)$	$[1.5,+\infty)$

表 7.2　SPI 分类

事件类型	极端干旱	中度干旱	轻度干旱	正常	轻度洪涝	重度洪涝	极端洪涝
SPI	$(-\infty,-2]$	$(-2,-1.5]$	$(-1.5,-1]$	$(-1,1)$	$[1,1.5)$	$[1.5,2)$	$[2,+\infty]$

下面以干旱和洪涝事件为挖掘对象，从 SPI 中提取有效时间点，同时顾及多约束进行遥相关模式挖掘。挖掘过程涉及的各个阈值均根据先验领域知识进行设置，具体包括：前件时间窗口宽度阈值设置为 6 个月，后件采用时间尺度为 3 个月的 SPI，时间延迟设置为 6 个月，充分度和必要度阈值设置为 0.4。以云南地区所在气象区域为例，获取的遥相关模式列于表 7.3～表 7.5。

表 7.3　SOI 与云南地区异常降水事件遥相关模式

SOI	异常降水事件	充分度	必要度
$(-\infty,-1.5]$	轻度干旱	0.45	0.82
$(-1,-0.5]$	轻度干旱	0.59	0.8
$(-0.5,0.5)$	轻度干旱	0.73	0.72
$[1.5,+\infty)$	轻度干旱	0.49	0.71
$(-1,-0.5]$, $(-0.5,0.5)$	轻度干旱	0.55	0.67
$(-0.5,0.5)$, $[1.5,+\infty)$	轻度干旱	0.49	0.56
$(-\infty,-1.5]$	轻度洪涝	0.47	0.8

SOI	异常降水事件	充分度	必要度
(−1,−0.5]	轻度洪涝	0.5	0.7
(−0.5,0.5)	轻度洪涝	0.82	0.72
[1.5,+∞)	轻度洪涝	0.45	0.59
(−1,−0.5]，(−0.5,0.5)	轻度洪涝	0.58	0.61
(−0.5,0.5)，[1.5,+∞)	轻度洪涝	0.44	0.56

表 7.4　PDO 指数与云南地区异常降水事件遥相关模式

PDO 指数	异常降水事件	充分度	必要度
[1,1.5)	轻度干旱	0.48	0.8
[1,1.5)	轻度洪涝	0.44	0.7

表 7.5　MEI 与云南地区异常降水事件遥相关模式

MEI	异常降水事件	充分度	必要度
[1.5,+∞)	中度干旱	0.42	0.45
(−0.5,0.5)	轻度干旱	0.75	0.8
[0.5,1)	轻度干旱	0.45	0.82
(−0.5,0.5)	轻度洪涝	0.69	0.66
[0.5,1)	轻度洪涝	0.45	0.8

通过总结分析所有陆地降水区域挖掘得到的遥相关模式，可以发现：

1) SOI 与我国陆地异常降水事件的遥相关模式

(1) SOI 仅与我国陆地区域轻度干旱和洪涝事件关联性较强；

(2) C(−1,−0.5]和 D(−0.5,0.5)与我国大部分地区轻度异常降水事件关联性较强；

(3) A(−∞,−1.5)、B(−1.5,−1]和 G[1.5,+∞)与我国部分地区轻度异常降水事件关联性较强。

2) PDO 指数与我国陆地异常降水事件的遥相关模式

(1) D(−1,1)和 E[1,1.5)与我国大部分地区轻度异常降水事件关联性较强；

(2) A(−∞,−2]与江苏、安徽地区极端干旱事件关联性较强；

(3) A(−∞,−2]、B(−2,−1.5]与广东、广西一带极端干旱事件关联性较强；

(4) C(−1.5,−1]和 G[2,+∞)分别与内蒙古、宁夏、山西一带中度干旱和洪涝事件关联性较强；

(5) G[2,+∞)与内蒙古、新疆一带中度干旱事件关联性较强；

(6) C(−1.5,−1]与广东、福建一带中度干旱事件关联性较强。

3) MEI 与我国陆地异常降水事件的遥相关模式

(1) D(−0.5,0.5)和 E[0.5,1)与我国大部分地区轻度异常降水事件关联性较强；

(2) B(−1.5,−1]、C(−1,−0.5)和 F[1,1.5)与我国部分地区轻度异常降水事件关联性较强；

(3) G[1.5,+∞)与云南地区中度干旱事件关联性较强；

(4) C(−1,−0.5)与山东、辽宁一带及长江湖北段区域中度干旱事件关联性较强；

(5) F[1,1.5)与四川地区、海南地区中度干旱事件关联性较强。

根据气象领域知识可知，当 SOI 极大或极小时，容易造成我国降水的异常事件发生。因此，层次聚类分区-时间延迟法发现的遥相关模式与该先验知识高度吻合，这在一定程度上验证了该方法的有效性。从地理空间异常探测角度来看，挖掘得到的关联知识具有可解释性也说明了这些区域的异常降水事件实际上不属于真正有意义的异常事件。同时，从挖掘结果中也发现了一些新知识，尤其是 PDO 指数和 MEI 与我国某些区域的极端异常降水事件存在强关联，这些知识都为异常气象事件的预测提供了必要依据。

2. 基于尺度空间分区-滑动时间窗口法的异常事件时空遥相关挖掘

本实验采用的海洋气象时空序列数据来源于美国国家海洋大气局(National Oceanic and Atmospheric Administration, NOAA)，包括全球海表温度(sea surface temperature, SST)数据和全球海表气压(sea level pressure, SLP)数据。两组数据均为通过经纬度描述的规则格网数据，其中 SST 和 SLP 的空间分辨率分别为 1°×1°和 2.5°×2.5°。SST 和 SLP 的时间跨度分别为 1982 年 1 月～2010 年 12 月和 1982 年 1 月～2004 年 12 月，时间分辨率均为月。陆地气象时空序列数据包括全球陆地区域降水(land precipitation, LP)数据和中国陆地区域气温(land temperature, LT)数据，其中前者来源于 NOAA，后者来源于中国气象局，两组陆地气象数据的空间分辨率均为 1°×1°，LP 和 LT 的时间序列跨度分别为 1982 年 1 月～2010 年 12 月和 1982 年 1 月～2004 年 12 月，时间分辨率均为月。图 7.8 给出一个全球海洋温度数据样本，描述空间区域为[70°N～90°N, 0°E～20°E]，时间点为 1982 年 1 月，图中各数值表示相应海洋区域在 1982 年 1 月的月平均温度。例如，第一行第一列的数值(−1.7900)为被[89°N, 90°N]和[0°E, 1°E]所包围海洋区域在 1982 年 1 月的月平均温度；若数值为−99，则表示该区域为陆地。

1) 实验 I——海表温度与陆地降水遥相关模式分析

首先利用尺度空间分区方法分别对全球海表温度和全球陆地降水时空序列进行多尺度分区，消除时间自相关和空间正自相关。对各尺度分区结果进行尺度方差分析，并选取第一个峰值点所指示的尺度下分区结果为第一个特征尺度分区(Moellering & Tobler, 1972)。该尺度下得到的区域数目在所有特征尺度分区结果中最多，划分最为详细，因此采用该尺度下的分区结果作为时空遥相关模式的挖掘对象。这里，全球海表温度数据对应的特征尺度为 6，全球陆地降水数据对应的特征尺度为 7，相应的分区结果如图 7.9 所示。

	1	2	3	4	5	6	7	8	9	10	11	12	13	14	15	16	17	18	19	20
1	-1.7900	-1.7900	-1.7900	-1.7900	-1.7900	-1.7900	-1.7900	-1.7900	-1.7900	-1.7900	-1.7900	-1.7900	-1.7900	-1.7900	-1.7900	-1.7900	-1.7900	-1.7900	-1.7900	-1.7900
2	-1.7900	-1.7900	-1.7900	-1.7900	-1.7900	-1.7900	-1.7900	-1.7900	-1.7900	-1.7900	-1.7900	-1.7900	-1.7900	-1.7900	-1.7900	-1.7900	-1.7900	-1.7900	-1.7900	-1.7900
3	-1.7800	-1.7800	-1.7800	-1.7800	-1.7700	-1.7700	-1.7700	-1.7700	-1.7700	-1.7700	-1.7700	-1.7700	-1.7600	-1.7600	-1.7600	-1.7600	-1.7600	-1.7600	-1.7600	-1.7600
4	-1.7900	-1.7900	-1.7900	-1.7900	-1.7900	-1.7900	-1.7900	-1.7900	-1.7900	-1.7900	-1.7900	-1.7900	-1.7900	-1.7900	-1.7900	-1.7900	-1.7900	-1.7900	-1.7900	-1.7900
5	-1.7900	-1.7900	-1.7900	-1.7900	-1.7900	-1.7900	-1.7900	-1.7900	-1.7900	-1.7900	-1.7900	-1.7900	-1.7900	-1.7900	-1.7900	-1.7900	-1.7900	-1.7900	-1.7900	-1.7900
6	-1.7900	-1.7900	-1.7900	-1.7900	-1.7900	-1.7900	-1.7900	-1.7900	-1.7900	-1.7900	-1.7900	-1.7900	-1.7900	-1.7900	-1.7900	-1.7900	-1.7900	-1.7900	-1.7900	-1.7900
7	-1.7900	-1.7900	-1.7900	-1.7900	-1.7900	-1.7900	-1.7900	-1.7900	-1.7900	-1.7900	-1.7900	-1.7900	-1.7900	-1.7900	-1.7900	-1.7900	-1.7800	-1.7800	-1.7800	-1.7800
8	-1.7900	-1.7800	-1.7700	-1.7500	-1.7500	-1.7500	-1.7400	-1.7500	-1.7300	-1.7300	-1.7200	-1.6900	-1.5800	-1.5500	-1.5500	-1.5700	-1.5800	-1.6200	-1.6300	-1.6500
9	-1.4400	-1.2800	-1.1900	-1.1100	-1.0500	-1.0000	-1.0400	-1.08	-1.1200	-1.1100	-1.0600	-1.0900	-0.8700	-0.8800	-0.9700	-1.0600	-1.1700	-1.2300	-1.3000	
10	-0.6400	-0.3700	-0.2000	-0.0500	0.1600	0.2600	0.2800	0.1900	0.0300	-0.0600	-0.0800	-0.0900	-0.1800	-0.1900	-0.2400	-0.3700	-0.5400	-0.7000	-0.7800	-0.8800
11	0.3700	0.7100	0.9500	1.2200	1.6000	1.7800	1.8000	1.6100	1.3000	0.8000	0.7300	0.7100	-99	-99	-99	-99	-99	-99	-99	-1.1400
12	1.1200	1.4800	1.7600	2.1300	2.7400	3.0000	3.0200	2.7100	1.7900	1.4400	1.3500	1.3500	-99	-99	-99	-99	-99	-99	-99	-1.1800
13	1.3300	1.6600	1.9500	2.3900	3.2000	3.5100	3.5100	3.1400	1.9300	1.5000	1.4000	1.5600	2.3400	2.2800	2.1200	-99	-99	-99	-0.7500	-1.0000
14	0.8800	1.1400	1.4100	1.8800	2.8300	3.1800	3.1800	2.7500	1.4500	0.9700	0.8600	1.0400	1.7700	1.9600	1.8600	1.4400	0.1200	-0.3600	-0.5500	-0.7100
15	0.0300	0.2200	0.4500	0.8900	1.7500	2.2100	2.1700	1.7900	0.5900	0.1600	0.0600	0.2900	1.3700	1.6200	1.5600	1.2300	0.3400	0.0000	-0.0600	-0.0900
16	-0.0310	-0.1100	0.1300	0.6300	1.5400	2.0000	2.1400	1.8900	0.9000	0.6100	0.5600	0.8200	2.0400	2.3400	2.3100	2.0500	1.4200	1.1500	1.0800	1.1000
17	-0.0510	0.2100	0.5400	1.0000	2.0100	2.5300	2.6500	2.0400	1.8300	1.8200	2.0700	3.2900	3.5700	3.3500	3.3500	2.8600	2.5900	2.4900	2.4800	
18	0.7300	1.0200	1.3900	1.9300	2.7000	3.2200	3.5100	3.5600	3.3100	3.2500	3.3000	3.5000	4.5100	4.7300	4.7200	4.5000	4.0700	3.7700	3.6400	3.6100
19	1.8600	2.0900	2.4000	2.8100	3.1600	3.5800	3.8800	4.1000	4.4100	4.5400	4.6300	4.7200	4.8100	4.8100	4.6900	4.3600	3.8500	3.5300	3.4100	3.4200
20	2.8800	3.0300	3.2900	3.6100	3.7800	4.1000	4.3700	4.6100	4.9600	5.1300	5.2000	5.2300	4.9000	4.9800	4.8500	4.5100	3.9400	3.6200	3.4800	3.4700

图 7.8　全球海洋温度数据样本

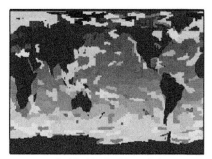
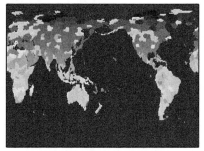

(a) 全球海表温度(特征尺度为6)　　　　(b) 全球陆地降水(特征尺度为7)

图 7.9　海陆气象时空序列特征尺度分区结果

将得到的全球海表温度区域与已知的四个厄尔尼诺区域(http://www.cpc.ncep.noaa.gov)进行相关性分析，与这四个海域海表温度序列相关性最大的海表温度区域即通过多尺度分区所得到的厄尔尼诺区域。表 7.6 给出通过多尺度分区识别的厄尔尼诺区域与已知厄尔尼诺区域的海表温度序列相关系数，两者间相关系数均大于 0.96。此外，图 7.10 分别对已知和识别的四个厄尔尼诺区域进行了可视化对比，发现两者间轮廓基本保持一致，这在一定程度上说明了通过多尺度分区得到的厄尔尼诺区域是合理的。

表 7.6　识别的 **EL NINO** 海域与已知 **EL NINO** 海域的海表温度序列相关系数

EL NINO 指数	EL NINO1+2	EL NINO3	EL NINO3.4	EL NINO4
Pearson 相关系数	0.9771	0.9714	0.97	0.9694

为了进一步探索识别四个 EL NINO 区域与全球陆地降水区域之间的显著时空遥相关模式，分别描述如下。

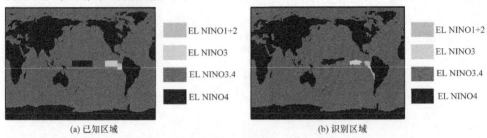

(a) 已知区域　　　　　　　　　　　　　　(b) 识别区域

图 7.10　四个 EL NINO 区域

模式Ⅰ：厄尔尼诺区域的海表温度异常高⇒陆地降水区域的降水异常多；

模式Ⅱ：厄尔尼诺区域的海表温度异常高⇒陆地降水区域的降水异常少；

模式Ⅲ：厄尔尼诺区域的海表温度异常低⇒陆地降水区域的降水异常多；

模式Ⅳ：厄尔尼诺区域的海表温度异常低⇒陆地降水区域的降水异常少。

其中，模式Ⅰ和模式Ⅱ与厄尔尼诺事件相关，模式Ⅲ和模式Ⅳ与拉尼娜事件相关。首先，设置滑动时间窗口宽度 width 和时空遥相关模式显著度阈值 Min_SD。为了探测有效的时空遥相关模式，需要通过不同的参数组合进行对比实验。这里，滑动时间窗口宽度 width 分别设置为 3 个月、6 个月和 9 个月，将 Min_SD 从 0.4 开始以 0.05 递增至 1 结束。通过实验发现，设置较大的 width 和 Min_SD 可以获得更多合理有效的模式，将得到的显著时空遥相关模式列于表 7.7～表 7.10。表中粗体表示的陆地区域即先验知识中降水受厄尔尼诺区域异常海表温度影响明显的陆地区域，同时说明这些可以解释的异常海表温度并不属于真正的异常。

表 7.7　模式Ⅰ

海洋区域	滑动时间窗口宽度 width	陆地区域	Min_SD
EL NINO1+2	3 个月	**南美洲西海岸**，**巴西南部**，**欧洲东南部**	0.4
EL NINO3	6 个月	**巴西南部**，美国西南部，**欧洲西部、北部和东南部**，非洲北部，亚洲中部和东北部，**中国长江中下游地区**	0.45
EL NINO3.4	6 个月	**巴西东南部**，美国中部和西北部，**欧洲西部**，非洲东部和北部，亚洲中部，**中国长江中下游地区**	0.5
EL NINO4	9 个月	北美洲北部，欧洲南部，非洲中部和赤道附近地区，亚洲东部和北部，**中国长江中下游地区**	0.45

表 7.8　模式 II

海洋区域	滑动时间窗口 宽度 width	陆地区域	Min_SD
EL NINO1+2	6 个月	**巴西东北部**，非洲南部和赤道附近地区，东南亚中部	0.5
EL NINO3	6 个月	**巴西东北部，南美洲中部**，非洲南部和赤道附近地区，东南亚大部分地区	0.45
EL NINO3.4	6 个月	**巴西东北部，南美洲中部**，北美洲北部，**非洲南部**和赤道附近地区，亚洲北部，印度中部和南部，东南亚中部	0.5
EL NINO4	9 个月	**巴西东北部，南美洲中部**，美国西北部和中部，欧洲北部，**非洲南部**和赤道附近地区，亚洲北部，东南亚北部和西部，**澳大利亚东部**和南部	0.45

表 7.9　模式 III

海洋区域	滑动时间窗口 宽度 width	陆地区域	Min_SD
EL NINO1+2	6 个月	南美洲中部和东北部，北美洲北部，南非洲中部，**印度中部和南部**	0.4
EL NINO3	6 个月	北美洲中部，欧洲东部，**非洲南部**和中部，亚洲北部，东南亚中部，澳大利亚东部	0.4
EL NINO3.4	6 个月	南美洲中部，北美洲北部，欧洲东部，非洲中部，**印度南部**，中国长江中下游地区，东南亚中部，澳大利亚东部、北部和西北部	0.45
EL NINO4	9 个月	**巴西东南部**，智利地区，南美洲中部，北美洲东部和西北部，欧洲东部，**非洲南部**，中国中部和南部，东南亚、澳大利亚大部分地区	0.5

表 7.10　模式 IV

海洋区域	滑动时间窗口 宽度 width	陆地区域	Min_SD
EL NINO1+2	9 个月	巴西南部，欧洲西部，**非洲赤道地区**和东南部，亚洲中部和西部	0.45
EL NINO3	6 个月	巴西南部，美国西部，**非洲赤道地区**和东北部，亚洲西部，印度中部，中国南部和东北部	0.4
EL NINO3.4	6 个月	南美洲南部，**美国东南部**，非洲赤道地区和东北部，亚洲中部和东部，印度中部，中国北部	0.45
EL NINO4	9 个月	巴西南部，阿根廷，**美国东南部**和中部，非洲赤道地区、东北部和东南部，亚洲中部，印度中部，中国北部和南部	0.5

　　此外，有关厄尔尼诺区域的海表温度和陆地区域降水的这四类时空遥相关模式具有一定的先验知识(或模式)，分别描述如下。

　　模式Ⅰ：厄尔尼诺区域的海表温度异常高 ⇒ 南美洲西海岸、巴西南部、美国南部、欧洲西部、非洲东部、中国长江中下游地区的降水异常多；

　　模式Ⅱ：厄尔尼诺区域的海表温度异常高 ⇒ 巴西东北部、南美洲中部、非洲南部、澳大利亚东部的降水异常少；

　　模式Ⅲ：厄尔尼诺区域的海表温度异常低 ⇒ 巴西东北部、非洲南部、印度地区的降水异常多；

　　模式Ⅳ：厄尔尼诺区域的海表温度异常低 ⇒ 美国东南部、非洲赤道地区的降水异常少。

　　通过对尺度空间分区-滑动时间窗口法得到的模式与以上先验知识比较分析可以发现，先验知识中涉及的模式可以全部提取，因此，尺度空间分区-滑动时间窗口法可以有效地挖掘海陆气象时空遥相关模式，同时能够发现一些先验知识中未涉及的未知模式。

　　2) 实验Ⅱ——海表气压与陆地气温遥相关模式分析

　　首先利用尺度空间分区方法分别对全球海表气压和中国陆地气温时空序列数据进行多尺度分区和尺度方差分析，与实验Ⅰ类似，选取尺度方差中第一个峰值对应的尺度分区结果作为海陆时空遥相关模式的挖掘对象，即特征尺度 4 下的全球海表气压分区结果和特征尺度 5 下的中国陆地降水分区结果，如图 7.11 所示。

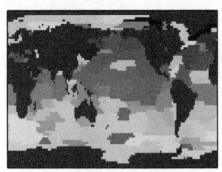 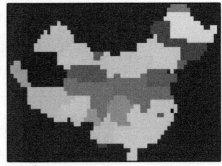

　　　　(a) 全球海表气压(特征尺度为4)　　　　　　　(b) 中国陆地气温(特征尺度为5)

图 7.11　海陆气象时空序列特征尺度分区结果

　　具体地，全球海表气压各区域与中国陆地气温各区域之间的显著时空遥相关模式可分类描述如下。

　　模式Ⅰ：全球海表气压异常高 ⇒ 中国陆地气温异常高；

　　模式Ⅱ：全球海表气压异常高 ⇒ 中国陆地气温异常低；

　　模式Ⅲ：全球海表气压异常低 ⇒ 中国陆地气温异常高；

　　模式Ⅳ：全球海表气压异常低 ⇒ 中国陆地气温异常低。

　　在实验过程中仍然通过不同的参数组合进行对比分析。这里，滑动时间窗口宽度 width 分别设置为 3 个月、6 个月和 9 个月，将时空遥相关模式显著度阈值 Min_SD 从 0.4 开始以 0.05 递增至 1 结束。

考虑到篇幅限制，这里仅给出几组较为明显的模式，即前件和后件分别具有面积较大的海洋和陆地区域，如图 7.12 所示。对应于定义的四类海陆时空遥相关模式，尺度空间分区-滑动时间窗口法得到的显著模式列于表 7.11。这些海陆时空遥相关模式均为未知，并且有些模式可能并非指示着真正的关联关系，但这些模式可以提供给气象学领域专家进行更加深入的分析，从而提取蕴含的海陆气象关联机制，并进一步辅助决策。

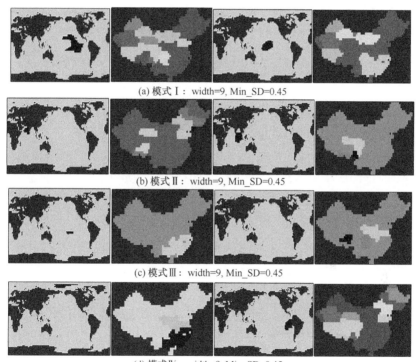

(a) 模式 Ⅰ：width=9, Min_SD=0.45

(b) 模式 Ⅱ：width=9, Min_SD=0.45

(c) 模式 Ⅲ：width=9, Min_SD=0.45

(d) 模式 Ⅳ：width=9, Min_SD=0.45

图 7.12　全球海表气压区域与中国陆地气温区域间的时空遥相关模式

表 7.11　全球海表气压区域与中国陆地气温区域间的时空遥相关模式

模式	海洋区域	滑动时间窗口宽度 width	陆地区域	Min_SD
Ⅰ	南美洲附近的东太平洋海域	9 个月	中国西部地区及山东半岛	0.45
	太平洋中部海域	9 个月	中国西北和东南地区	0.45

模式	海洋区域	滑动时间窗口 宽度 width	陆地区域	Min_SD
Ⅱ	印度西部海域	9个月	中国东北、山东半岛、甘肃和西藏地区	0.45
	印度与东南亚中间海域	9个月	中国西南地区	0.45
Ⅲ	太平洋中部海域	9个月	中国东南地区	0.45
	智利西部海域	9个月	中国中部和西南地区	0.45
Ⅳ	北冰洋中部海域	9个月	中国中部和东南地区	0.45
	南美洲西南部海域	9个月	中国西南、东北地区和山东半岛	0.45

7.4　基于环境相似性的地理空间异常可靠性分析

地理现象的空间模式是复杂的，其背后通常存在某种规律，表现为空间上的非独立关系(Sui, 2004)。地理现象受到多种内在驱动因素的影响，导致空间距离和属性相似度之间存在天然的作用关系，呈现出具有特定模式的地理格局(Cressie, 1990; Fotheringham & Rogerson, 2009)。空间格局通常是在多个相互独立的研究变量或特征因子共同作用下形成的，当特征因子间关系为线性时相互累加，为非线性时则呈现倍增或其他形式。作为一类特殊的地理现象，地理空间异常模式本质上是地理现象的目标变量与其他辅助地理变量间的相互作用关系(Janeja & Palanisamy, 2013)。由于构成地理现象的各种地理变量并不是独立出现的，因此它们的关系是复杂的，可能是相互抑制，也可能是相互促进 (陈江平和黄炳坚, 2011)。对地理现象的相关地理变量进行分析，有助于更好地挖掘地理空间数据中隐含的、潜在的有用信息。下面具体阐述基于地理环境相似性的异常显著性检验方法。

7.4.1　地理环境相似性

地理学第一定律是描述空间相关性的定律，其认为空间实体之间的相关性与距离有关，一般来说，距离越近，空间实体间相关性越强；距离越远，空间实体间相异性越大(Tobler, 1970; Sui, 2004)。地理学第二定律是描述空间异质性的定律，表现为空间数据间的差异性，即空间实体属性随着空间位置不同而发生变化，又称为空间非平稳性，其分为空间局域异质性和空间分层异质性(简称空间分异性)(Goodchild, 2004)。前者是指该点属性值与周围不同，如热点或冷点；后者是指多个区域之间互相不同，如分类和生态分区。此外，还有一个尚未得到普遍重视的重要地理学常识：地理环境越相似，地理变量值越相似(Hudson, 1992;

Mckenzie & Ryan, 1999; Zhu, 1997; Zhu et al., 2018)。其中，地理环境被定义为与目标变量相关的其他地理变量(又称为辅助地理变量)的集合(Zhu et al., 2015, 2018)，如图 7.13 所示，在参数空间采用不同的地理变量对地理环境进行表征。地理环境相似性是指两个空间位置在辅助地理变量上的综合相似程度，进而，可以认为具有相似地理环境的实体的目标变量在参数空间中是靠近的、相邻的，这与地理空间异常的内涵不谋而合，即明显偏离其他对象的实体集合。

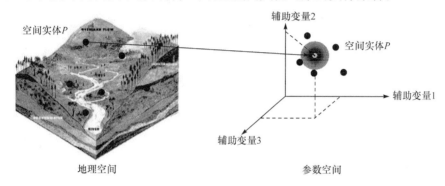

图 7.13 地理环境越相似，地理变量值越相似

7.4.2 地理空间异常显著性检验方法

基于地理环境相似性的异常显著性检验实际上是对目标变量与辅助变量间的相关关系进行建模。不仅目标变量与辅助变量间存在关联关系，辅助变量之间也可能存在相互作用关系，如高程和气温均影响空气质量指数，而高程对气温也存在影响，而且变量间的关系也存在空间非平稳性，因此地理空间异常显著性检验的关键在于如何对地理环境进行表征及变量关系如何定量表达。众所周知，地理加权回归是一种对空间区域上自变量和因变量之间关系随着位置变化进行建模的非参数局部空间回归分析方法，并且其估计结果有明确的解析表示，得到的参数估计还能进行统计检验，具有较为广泛的应用(Fotheringham et al., 1996, 1998, 2002; Brunsdon et al., 1996)。因此，本书借鉴地理加权回归模型处理多变量间的相关关系，定量表征空间实体的地理环境。

基于环境相似性的地理空间异常显著性检验方法主要包括三个步骤：①选择与目标变量相关的，具有不同层次、级别和量纲的辅助变量对空间实体的地理环境进行表征；②采用自适应带宽确定权重的地理加权回归模型对目标变量和辅助变量进行定量建模，计算目标变量的加权估计值；③采用目标变量的观测值与估计值的差异作为统计量，采用随机重排方法进行地理空间异常的显著性判别。下面对每个步骤进行详细阐述。

1. 地理环境的层序表征

地理现象受到多种内在驱动因素的影响，导致空间距离和属性相似度之间存在自然的作用关系。地理环境作为地理现象发生的背景与场所，是与目标变量相关的辅助地理变量的集合。为探测融合多变量特征的地理空间异常，首先需要选择与目标变量相关的辅助变量对空间实体的地理环境进行表征。随着大数据时代的到来，地理环境越来越精细地被刻画，同时可观测的地理变量越来越多，其中容易观测和采集的地理变量包括气象监测数据、地形地貌数据、土地利用数据、社会经济数据及基础地理信息数据等。因此，根据目标变量的特点，选择具有不同层次、级别和量纲的辅助变量，并用来刻画各空间实体的地理环境特征，其表达式为

$$Geo\_E_i = f(x_{i_1}, x_{i_2}, \cdots, x_{i_m}) \tag{7.3}$$

式中，Geo_E_i 为地理环境特征；x_{i_m} 为空间实体 i 的第 m 个辅助变量；f 为地理环境刻画函数。

2. 多变量自适应回归模型建模

该建模过程借鉴地理加权回归处理多变量间相关关系的策略，采用一种自适应带宽确定空间权重，定量表达目标变量与辅助地理变量间的关系。在进行参数估计时，首先需要确定权重矩阵，为此，需要综合考虑地理空间数据的分布密度特性，发展一种自适应的空间权重确定机制，以确保在密度较高的密集区域带宽较小，在密度较低的稀疏区域带宽较大。为了满足这一要求，Delaunay 三角网是一个合适的建模工具。Delaunay 三角网的边长在密度高的区域相对较短，而在密度低的区域边长相对较长，根据这个特性，自适应的带宽选择可以通过提取 Delaunay 三角网边长统计规律来实现(Liu et al., 2015; 李志林等，2017)。由于空间数据具有空间自相关性和空间异质性，因此通常呈现复杂分布，在这种情况下构建的 Delaunay 三角网会存在部分不合理边，尤其是在边界和空洞处，边长明显偏长。为了更精细地表达空间实体的分布特征，需要删除不合理边。通过定义不合理边约束条件有效移除超过平均边长一定倍数的边。

不合理边约束条件：给定包含 n 个空间实体的空间数据集，所有空间实体生成 Delaunay 三角网 DT，所有边按边长升序排列构成集合 $E=\{e_1, e_2, \cdots, e_n\}$，不合理边的约束条件为序列 E 中位于上、下四分位数之间边长的均值，表示为

$$Robust\_AvgLen(E) = \frac{\sum_{i=[(n+1)/4]}^{[3(n+1)/4]} Len_{e_i}}{[3(n+1)/4] - [(n+1)/4] + 1} \tag{7.4}$$

式中，Len_{e_i} 为边 e_i 的边长；n 为 DT 所有边的数目；$[\cdot]$ 为向上取整函数。在 DT 中，与约束条件明显偏大的边为不合理边，需要删除。

$$\text{Unreasonable\_E} = \{e_i \mid \mathrm{Len}_{e_i} \geqslant \lambda \cdot \text{Robust\_AvgLen}(E)\}, \quad \forall e_i \in E \tag{7.5}$$

式中，λ 为不合理边调节系数，用于调节不合理边约束条件的严格程度。通过模拟具有不同分布密度的数据进行实验分析，发现 λ 取[2,4]较为合适。通过删除不合理边，划分得到系列子图 SG，使得空间邻近关系表达更精细。不合理边约束处理后与 Delaunay 三角网边直接相连的空间实体作为直接邻接观测点，参与参数估计，记为 DP。没有隶属于任何子图的空间实体识别为空间位置孤立点，不参与后续的检测。在此基础上，针对各个子图空间实体 P_i，计算其影响半径，表达式为

$$R(P_i) = \mathrm{Mean}^2(P_i) + \frac{1}{k}\sum_{j=1}^{k}\mathrm{STD}(P_j), \quad \forall P_i, P_j \in \mathrm{SG}_m \tag{7.6}$$

式中，$\mathrm{Mean}^2(P_i)$ 为空间实体 P_i 二阶邻域内所有连接边的平均值；$\mathrm{STD}(P_j)$ 为子图 SG_m 中所有空间实体一阶邻域内边长标准差的平均值。落在空间实体 P_i 影响半径 $R(P_i)$ 范围内的空间实体为其半径邻域观测点，记为 RP。如图 7.14 所示，空间实体 P_i 参与回归的观测点是直接邻接观测点集合 DP 与半径邻域观测点集合 RP 的并集，表达式为

$$\text{Regre\_P}(P_i) = \mathrm{DP}(P_i) \bigcup \mathrm{RP}(P_i) \tag{7.7}$$

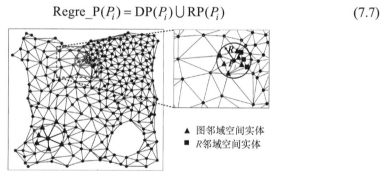

▲ 图邻域空间实体
■ R 邻域空间实体

图 7.14　基于约束 Delaunay 三角网的回归观测点的确定

根据每个空间实体获取的参与回归的观测点集合，对参与回归观测点离回归点的距离进行重新排序，观测点集合中与回归点最远的空间实体的距离作为该空间实体的带宽，记为 $\mathrm{Dist}_{P_i}^{\mathrm{Max}}$。令最近观测点(可以是回归点自身)的权重为 1，其他观测点的权重衰减函数描述为

$$w_{P_i \to P_j} = \begin{cases} \exp\left[-(\mathrm{Dist}_{P_i \to P_j} / \mathrm{Dist}_{P_i}^{\mathrm{Max}})^2\right], & \mathrm{Dist}_{P_i \to P_j} \leqslant \mathrm{Dist}_{P_i}^{\mathrm{Max}} \\ 0, & \mathrm{Dist}_{P_i \to P_j} > \mathrm{Dist}_{P_i}^{\mathrm{Max}} \end{cases} \tag{7.8}$$

式中，$w_{P_i \to P_j}$ 为回归点 P_i 与观测点 P_j 之间的权重。

地理加权回归模型适用的前提是满足局部平稳性假设，当参与回归的观测点存在目标变量异常的情况时，会对参数的估计造成很大影响，使得估计值明显偏大或偏小，因此在进行多变量建模时，需要考虑潜在异常值对模型参数的影响。从目标变量变化梯度入手，采用稳健统计量——中位数及中位数绝对偏差进行目标变量值的修复。该修复过程是针对每个空间实体建模时进行的，并不改变空间实体固有目标变量值，也不影响后续的建模。下面进行详细描述。

给定一个空间实体 P_i，其专题属性变化梯度表达式为

$$G(P_i, P_j) = \frac{|\,\text{Attr}_{\text{Tar}}(P_i) - \text{Attr}_{\text{Tar}}(P_j)\,|}{\text{Dist}_S(P_i, P_j)}, \quad \forall P_j \in \text{Regre\_P}(P_i) \tag{7.9}$$

式中，$\text{Attr}_{\text{Tar}}(\cdot)$ 为空间实体目标变量值；$\text{Dist}_S(P_i, P_j)$ 为空间实体之间的欧氏距离。首先令 $\text{Attr}_{\text{Tar}}(P_i)=0$，计算专题属性变化梯度，按升序排列得到序列 $G(P_i)$ 及其中位数 $M(P_i)$；然后，计算空间邻域空间实体专题属性变化梯度偏离 $\text{GD}(P_i, P_j)=|G(P_i, P_j)-M(P_i)|$，并按升序排列得到序列 $\text{GD}(P_i)$；最后，将空间邻域空间实体按专题属性变化梯度偏离划分为大、中、小三个等级，处于最大等级的 $(n+1)/3$ 个空间实体组成待修复集合 $R(P_i)$，采用专题属性变化梯度序列的中位数 $M(P_i)$ 进行修复，表达式为

$$\text{Attr}_{\text{Tar}}^R(P_j) = M(P_i) \cdot \text{Dist}_S(P_i, P_j), \quad \forall P_j \in R(P_i) \tag{7.10}$$

式中，$\text{Attr}_{\text{Tar}}^R(P_j)$ 为空间邻域空间实体 P_j 修复后的专题属性值。

3. 地理空间异常的显著性检验

通过采用与目标变量相关的辅助变量对地理环境进行层序表征，采用自适应地理加权回归的策略定量描述目标变量与辅助变量间的相关关系，得到目标变量的估计值，进而根据目标变量的估计值与实际观测值之间的差异来衡量空间实体的异常度，给出稳健空间异常度，表达式为

$$\text{RSOM}(P_i) = \left|\,\text{Attr}_{\text{Tar}}^{\text{Obs}}(P_i) - \text{Attr}_{\text{Tar}}^{\text{Est}}(P_i)\,\right| \tag{7.11}$$

式中，$\text{Attr}_{\text{Tar}}^{\text{Obs}}(P_i)$ 和 $\text{Attr}_{\text{Tar}}^{\text{Est}}(P_i)$ 分别为空间实体 P_i 的目标变量的观测值和地理加权估计值。空间异常度越大，意味着空间实体为空间异常的可能性越大。如何根据空间实体的稳健空间异常度来判别异常是研究的难点所在。

空间异常度实质上表示中心实体的目标变量值与其空间邻近实体的目标变量值之间的差异程度。一种合理的判别策略是对空间异常度采取统计推断的方式。首先，假设空间数据集中不存在空间异常(零假设)，对比原始分布与零假设下异常度量的差异，将显著偏离零假设的模式视为真实的空间异常。因此，本节从空间随机性的角度出发，给出零假设：任意空间位置上的目标变量值不依赖空间邻近位置上的目标变量值(王远飞和何洪林，2007；Janeja & Palanisamy, 2013)。构造

满足零假设的空间随机数据，并计算空间实体空间异常度的经验概率密度分布，采用随机重排方法进行统计判别(Anselin, 1995; Cressie, 2015)，具体步骤如下：

(1) 针对空间数据集，计算原始分布下的稳健空间异常度 $RSOM(P_1^0)$，$RSOM(P_2^0),\cdots,RSOM(P_n^0)$；

(2) 保持空间实体的空间位置和辅助变量不变，即空间实体的地理环境不变，且空间权重也不变，将所有空间实体的目标变量值进行随机重排(类似于无放回抽样)，构造模拟数据集，并计算模拟数据集中的空间异常度，记为 $RSOM(P_1^k)$，$RSOM(P_2^k),\cdots,RSOM(P_n^k)$，其中 k 表示第 k 次随机重排；

(3) 重复步骤(2)m 次，对于空间实体 P_i，其空间异常度的显著性 p-value 可表示为

$$\text{p- value}(P_i)=\frac{\left|\{RSOM(P_i^k)\,|\,RSOM(P_i^k)\geqslant RSOM(P_i^0)\}\right|+1}{m+1} \tag{7.12}$$

在给定的显著性水平 α 下，若空间实体 P_i 的空间异常度的显著性 p-value$<\alpha$，则该实体为显著空间异常，不会由异常度阈值的选取导致对正常模式的误判。

4. 算法描述

输入：地理空间数据集，包含目标变量和多种辅助变量，边长调整系数为 λ，显著性水平为 α。

输出：具有统计显著性的地理空间异常集合。

(1) 根据目标变量的特点，选择具有不同层次、级别和量纲的辅助变量来表征地理环境；

(2) 根据空间数据的分布特征，计算得到自适应带宽，构建地理加权回归模型，进行参数估计；

(3) 根据回归点的目标变量的观测值与地理加权估计值计算稳健的空间异常度；

(4) 采用随机重排方法生成 m 组模拟数据，计算零假设下空间异常度的经验概率密度分布，由此得到每个空间实体的显著性 p-value，若 p-value 小于显著性水平 α，则该空间实体为统计上显著的地理空间异常。

7.4.3　实例分析

本实验采用两组数据来验证分析基于环境相似性的地理空间异常显著性检验方法的有效性与实用性。一组是气温监测数据(目标变量：气温年平均数据；辅助变量：经纬度和海拔)；另一组是环保监测数据-土壤重金属采样数据(目标变量：土壤重金属 Cr；辅助变量：海拔，到河流的距离、到工厂的距离)。随机重排次

数设置为 999 次，显著性水平设置为 0.05。

1. 实验 I——气象监测数据异常模式分析

实验数据集来源于国家气象科学数据中心，共包含 593 个气象站点。实验采用 2008 年气温年平均数据，可以直观地发现我国陆地区域的气温具有明显的空间分异性，形成不同的分区，由北向南、由西向东不断增加，这与我国幅员辽阔、地形复杂相关联。已有研究表明，地势对气候的影响主要表现为：随着地势的增高，气温降低。一般情况下，每增高 100m，气温下降约 0.6℃。因此，本实验目标变量选择气温年平均数据，辅助变量采用各气象站点对应的海拔数据(单位：m)。探测异常多分布在不同温度带的分界处，而且异常点所在地形分布复杂，如分布在天山山脉、阴山山脉与燕山山脉交界处、横断山脉和四川盆地毗邻处。因此，复杂的地形地貌是造成异常的主要原因。

地理加权回归模型的一个重要特点是能够计算出表示局部关系的多组可地图化的统计量(随空间位置变化的参数)，定量地表达各辅助变量对地理环境的影响。通过分析各辅助变量的参数随空间位置的变化可以发现，不同的辅助变量与我国陆地区域气温关系的空间变化存在显著的关系。截距项的空间分布可解释为不包括所有因素影响的气温基本水平，呈现出南高北低的趋势，与气温的实际分布相吻合。高程系数的空间分布反映我国中东部地区江苏、上海、安徽、浙江等地，以及中南部地区湖北、湖南等地具有较高的高程系数，说明高程差异对这些区域的影响较大，而对全国其他大部区域的影响较小。

2. 实验 II——土壤重金属数据异常模式分析

采用我国华南某市的环保监测数据——土壤重金属采样数据进行实例分析。土壤重金属含量主要受自然因素和人为因素的影响，经分析，该市的 Cr 污染比较严重，且对人体危害较大，土壤中 Cr 主要来源于含 Cr 矿石的加工、水泥厂、电镀厂、皮革厂等工厂排放，因此以 Cr 元素为研究对象，探究工厂、河流和地形地貌对重金属分布特征的影响。其中，目标变量为土壤重金属 Cr 的采样值，辅助变量包括与主要工厂的最近距离 Dist_Factory、与主要河流的最近距离 Dist_River、高程 Ele 和坡度 Slope。土壤重金属采样数据共包含 103 个采样点，空间分布如图 7.15(a)所示，其中距离数据是采用 ArcGIS10.0 中距离量算等空间分析功能计算得到的。

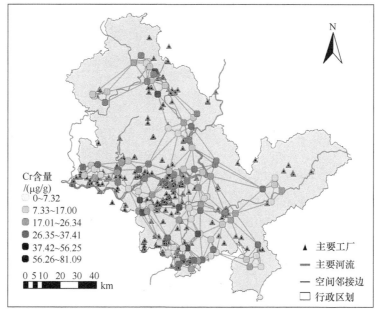

Cr含量
/(μg/g)
▢ 0~7.32
▢ 7.33~17.00
▢ 17.01~26.34
▢ 26.35~37.41
▢ 37.42~56.25
▢ 56.26~81.09

0 5 10   20   30   40
━━━━━━━━━━ km

▲　主要工厂
━━━　主要河流
━━━　空间邻接边
▢　行政区划

(a) 采样点及主要工厂空间分布

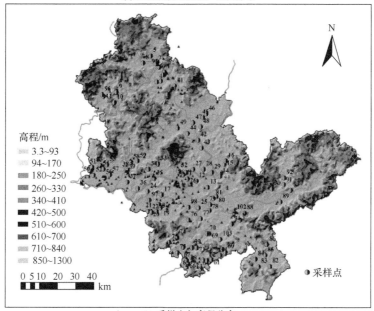

高程/m
▢ 3.3~93
▢ 94~170
▢ 180~250
▢ 260~330
▢ 340~410
▢ 420~500
▢ 510~600
▢ 610~700
▢ 710~840
▢ 850~1300

0 5 10   20   30   40
━━━━━━━━━━ km

◉ 采样点

(b) 采样点与高程分布

图 7.15　华南某市土壤重金属采样数据(见彩图)

图 7.15(a)中约束 Delaunay 三角网表达了土壤重金属采样点间的邻近关系及稀疏程度。根据图 7.15(b)中的高程计算坡度，并采用 ArcGIS10.0 中的空间分析功能"提取值到点"，获取采样点的坡度属性值。图 7.16 描述了土壤重金属 Cr 观

测值与估计值之间的回归关系。通过对比可以发现，本节所提出的自适应权重计算机制的估计结果更接近观测值，R^2 达到了 78%，明显优于固定带宽机制的 25%，而且均方根误差较小，这表明自适应权重构建方法在空间分布不均匀时效果更好。

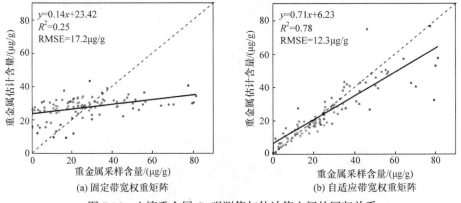

图 7.16　土壤重金属 Cr 观测值与估计值之间的回归关系

　　图 7.17(a)是截距项的空间分布，表示去掉其他因素影响后的 Cr 含量的基本水平，呈现一定的区域特征。如图 7.17(b)所示，高程系数的空间分布反映了北部和中部部分区域具有较高的高程系数，意味着高程差异对这些区域影响较大。如图 7.17(c)所示，与河流距离系数的空间分布反映出中南部区域系数较大，受河流流域的影响较大。如图 7.17(d)所示，与工厂的距离系数空间分布呈现出多个聚集，这可能是由工业园区的规划造成的。

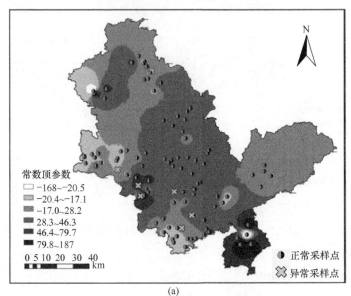

(a)

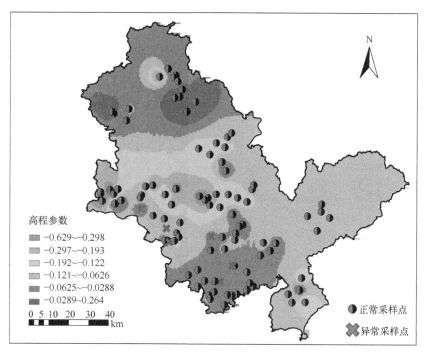

(b)

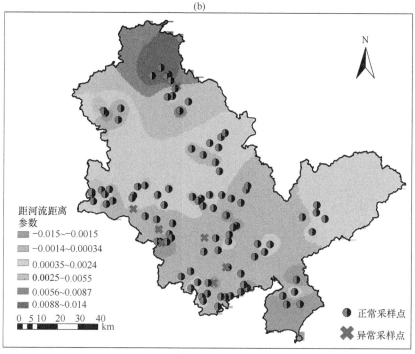

(c)

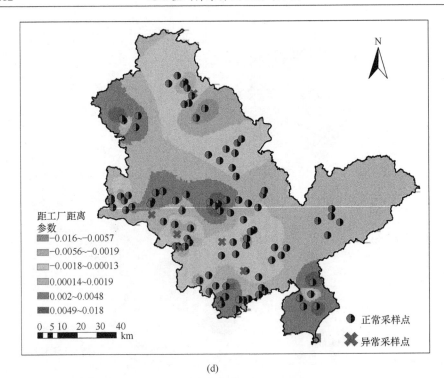

(d)

图 7.17　辅助解释变量的空间分布图(见彩图)

探测结果如图 7.18 所示。从回归参数(表 7.12)的空间分布、土壤使用类型等角度对空间异常产生的主要原因进行分析。高程参数取 1、37、71、97、98；与

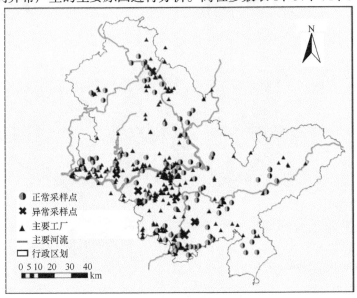

图 7.18　地理空间异常探测结果

河流的距离参数取 1、37、71；与工厂的距离参数取 1、22、97、98。可以发现：
①空间实体与其邻域内实体的高程差异是产生空间异常的最主要因素，对土壤重
金属含量的分布具有明显的影响；②空间异常的土地类型大多为水稻土和菜地，
这可能与农药、化肥等的过量使用具有密切关系；③异常的邻近土地类型多为菜
地和水稻土，土壤的重金属含量也相对较高，异常点的重金属含量很可能受邻近
土地类型的影响。

表 7.12　探测得到的地理空间异常信息

编号	土地类型	Cr 浓度/(μg/g)	高程/m	编号	土地类型	Cr 浓度/(μg/g)	高程/m
1	水稻土	81.09	77.96	23	菜地	13.36	69.92
2	菜地	47.19	95.11	24	水稻土	21.74	98.12
3	菜地	29.88	165.78	24	水稻土	21.74	98.12
4	水稻土	55.72	121.17	24	水稻土	21.74	98.12
5	菜地	47.88	90.41	25	水稻土	22.67	13.95
6	水稻土	25.35	77.51	26	菜地	36.02	20.61
7	水稻土	22.69	92.64	34	菜地	5.97	152.07
8	水稻土	16.03	126.77	35	水稻土	55.05	16.27
12	水稻土	42.09	17.19	36	荔枝地	20.51	73.06
13	菜地	11.80	48.27	36	荔枝地	20.51	73.06
17	菜地	12.21	94.00	37	水稻土	50.12	88.49
17	菜地	12.21	94.00	38	水稻土	4.91	51.52
18	菜地	25.13	20.80	39	菜地	10.47	11.99
18	菜地	25.13	20.80	40	菜地	77.21	331.32
19	水稻土	29.80	25.52	41	水稻土	37.41	148.92
19	水稻土	29.80	25.52	55	荔枝地	1.32	45.19
20	玉米地	17.68	64.32	56	菜地	12.72	4.33
20	玉米地	17.68	64.32	57	菜地	26.34	8.59
21	菜地	10.66	30.73	58	菜地	11.91	28.56
21	菜地	10.66	30.73	60	水稻土	23	20.71
22	菜地	67.64	79.89	61	荔枝地	6.27	21.78
22	菜地	67.64	79.89	62	菜地	9.33	89.55
23	菜地	13.36	69.92	63	荔枝地	6.26	53.67

续表

编号	土地类型	Cr 浓度/(μg/g)	高程/m	编号	土地类型	Cr 浓度/(μg/g)	高程/m
69	菜地	17.86	74.12	79	水田	12.10	50.95
70	菜地	70.01	92.23	81	果园地	24.94	19.01
70	菜地	70.01	92.23	95	菜地	28.40	94.56
71	菜地	79.16	38.49	97	菜地	79.92	56.57
76	菜地	14.23	175.04	97	菜地	79.92	56.57
76	菜地	14.23	175.04	98	菜地	63.92	50.00
77	菜地	20.90	23.31	99	菜地	25.01	43.21
77	菜地	20.90	23.31	100	菜地	6.84	166.13
78	水田	2.59	223.52	101	荔枝地	20.17	105.42
78	水田	2.59	223.52				

7.5　本 章 小 结

地理空间异常模式的可靠性分析是地理空间异常挖掘的一个重要研究内容。地理空间异常模式的产生与发展通常蕴藏着某种关联或诱导机制。本章从地理空间异常模式发生的关联机制出发，探讨地理空间异常可靠性分析。本章阐述了关联模式挖掘技术在地理空间异常可靠性分析中的应用价值，对现有的基于关联模式挖掘的地理空间异常可靠性分析方法进行了归纳总结，结合实际应用情景和数据类型差异，将现有方法分为时空邻域约束的关联规则挖掘方法和时空遥相关模式挖掘方法。并以海洋-陆地气象事件关联分析为例，阐述了不同方法的具体实现和应用分析，论证了关联模式挖掘在地理空间异常可靠性分析方面的有效性。

参 考 文 献

陈江平, 黄炳坚. 2011. 数据空间自相关性对关联规则的挖掘与实验分析. 地球信息科学学报, 13(1): 109-117.

何彬彬, 方涛, 郭达志. 2004. 空间数据挖掘不确定性及其传播. 数据采集及处理, 19(4): 475-480.

李德仁, 王树良, 史文中, 等. 2001. 论空间数据挖掘和知识发现. 武汉大学学报(信息科学版), 26(6): 491-499.

李德仁, 王树良, 李德毅. 2006. 空间数据挖掘理论与应用. 北京: 科学出版社.

李光强, 邓敏, 张维玲, 等. 2010. 利用事件影响域挖掘时空关联规则. 遥感学报, 14(3): 1-7.

李光强, 邓敏, 朱建军. 2008. 基于 Voronoi 图的空间关联规则挖掘方法研究. 武汉大学学报 (信息科学版), 33(12): 1242-1245.

李光强. 2009. 时空异常探测的理论与方法. 长沙: 中南大学博士学位论文.

李志林, 刘启亮, 唐建波. 2017. 尺度驱动的空间聚类理论. 测绘学报, 46(10): 1534-1548.

石岩, 邓敏, 刘启亮, 等. 2014. 海陆气象事件关联规则挖掘方法. 地球信息科学学报, 16(2): 182-190.

王远飞, 何洪林. 2007. 空间数据分析方法. 北京: 科学出版社.

许有鹏, 于瑞宏, 马宗伟. 2005. 长江中下游洪水灾害成因及洪水特征模拟分析. 长江流域资源与环境, 14(5): 638-643.

Adam N R, Vandana P J, Atluri V. 2004. Neighborhood based detection of anomalies in high dimensional spatio-temporal Sensor Datasets//Proceedings of the 2004 ACM Symposium on Applied Computing, New York: 576-583.

Agrawal R, Imielinski T, Swami A. 1993. Mining association rules between sets of items in large databases//Proceedings of the 1993 ACM SIGMOD Conference on Management of Data, Washington: 207-216.

Anselin L. 1995. Local indicators of spatial association-LISA. Geographical Analysis, 27(2): 93-115.

Bezdek J C, Nikhil R P. 1998. Some new indexes of cluster validity. IEEE Transactions on Systems, Man, and Cybernetics, Part B, 28(3): 307-310.

Birant D, Kut A. 2006. Spatio-temporal outlier detection in large databases. Journal of Computing and Information Technology, 14(4): 291-297.

Brunsdon C, Fotheringham A S, Charlton M E. 1996. Geographically weighted regression: A method for exploring spatial nonstationarity. Geographical Analysis, 28(4): 281-298.

Cheng T, Li Z L. 2006. A multiscale approach for spatio-temporal outlier detection. Transactions in GIS, 10(2): 253-263.

Cressie N. 2015. Statistics for Spatial Data. New York: John Wiley & Sons.

Cressie N. 1990. The origins of kriging. Mathematical Geology, 22(3): 239-252.

Deng M, Liu Q L, Cheng T, et al. 2011. An adaptive spatial clustering algorithm based on delaunay triangulation. Computer, Environment, Urban and Systems, 35(4): 320-332.

Fan W, Lu H, Madnick S. 2001. Discovering and reconciling value conflicts for numerical data integration. Information Systems, 26: 635-656.

Fotheringham A S, Brunsdon C, Charlton M. 2002. Geographically Weighted Regression: The Analysis of Spatially Varying Relationships. New York: John Wiley & Sons.

Fotheringham A S, Charlton M E, Brunsdon C. 1996. The geographically of parameter space: An investigation of spatial nonstationarity. International Journal of Geographical Systems, 10(3): 605-627.

Fotheringham A S, Charlton M E, Brunsdon C. 1998. Geographically weighted regression: A natural evolution of the expansion method for spatial data analysis. Environment & Planning A, 30(11): 1905-1927.

Fotheringham A S, Rogerson P. 2009. The SAGE Handbook of Spatial Analysis. London: Sage Publication .

Gold C M. 1992. The meaning of "neighbor". Lecture Notes in Computing Science, 39: 220-235.

Goodchild M F. 2004. The validity and usefulness of laws in geographic information science and geography. Annals of the American Geographers, 94(2): 300-303.

Han J W, Kambr M. 2000. Data Mining: Concepts and Techniques. San Francisco: Morgan Kaufmann Publishers.

Hudson B D. 1992. The soil survey as paradigm-based science. Soil Science Society of America Journal, 56(3): 836-841.

Janeja V P, Palanisamy R. 2013. Multi-domain anomaly detection in spatial datasets. Knowledge & Information Systems, 36(3): 749-788.

Lin F, Jin X X, Hu C, et al. 2007. Discovery of teleconnections using data mining technologies in global climate datasets. Data Science Journal, 6: 749-755.

Liu Q, Tang J, Deng M, et al. 2015. An iterative detection and removal method for detecting spatial clusters of different densities. Transactions in GIS, 19(1): 82-106.

Mannila H, Toivonen H, Verkanmo A. 1997. Discovery of frequent episodes in event sequences. Data Mining and Knowledge Discovery, 1: 259-289.

Mckenzie N J, Ryan P J. 1999. Spatial prediction of soil properties using environmental correlatio. Geofisica Internacional, 89(1/2): 67-94.

Moellering H, Tobler W. 1972. Geographical variances. Geographical Analysis, 4: 34-50.

Openshaw S. 1972. A geographical solution to scale and aggregation problems in region-building, partitioning and spatial modeling. Transactions of the Institute of British Geographers, 2(4): 459-472.

Sui D Z. 2004. Tobler's First Law of Geography: A big idea for a small world? Annals of the Association of American Geographers, 94(2): 269-277.

Sun Y X, Xie K Q, Ma X J. 2005. Detecting spatio-temporal outliers in climate dataset: A method study//Proceedings of the IEEE International Conference on Geoscience and Remote Sensing Symposium, Seoul: 760-763.

Tan P, Steinbach M, Kumar V. 2001. Finding spatio-temporal patterns in earth science data //Proceedings of the 2001 KDD Workshop on Temporal Data Mining, San Francisco: 1-12.

Tobler W. 1970. A computer movie simulating urban growth in the Detroit region. Economic Geography, 46: 234-240.

Wu T S, Song G J, Ma X J, et al. 2008. Mining geographic episode association patterns of abnormal events in global earth science data. Science in China Series E: Technological Sciences, 51: 155-164.

Xu F, Shi Y, Deng M, et al. 2017. Multi-scale regionalization based mining of spatio-temporal teleconnection patterns between anomalous sea and land climate events. Journal of Central South University, 24: 2438-2448.

Zhang N, Zhang H. 2011. Scale variance analysis coupled with Moran's I scalogram to identify hierarchy and characteristic scale. International Journal of Geographical Information Science, 25: 1525-1543.

Zhu A X. 1997. A similarity model for representing soil spatial information. Geoderma, 77(2-4): 217-242.

Zhu A X, Hudson B, Burt J, et al. 2001. Soil mapping using GIS, expert knowledge, and fuzzy logic.

Soil Science Society of America Journal, 65(5):1463-1472.

Zhu A X, Liu J, Du F, et al. 2015. Predictive soil mapping with limited sample data. European Journal of Soil Science, 66(3): 535-547.

Zhu A X, Lu G, Liu J, et al. 2018. Spatial prediction based on Third Law of Geography. Annals of GIS, 24(4): 225-240.

第 8 章　总结与展望

8.1　总　　结

地理空间异常主要表现为偏离整体或局部空间/时空分布的地理实体，通常表征地理现象和地理过程的特殊发展变化规律。地理空间异常是一类重要的地理空间模式或知识，发展地理空间异常探测的模型与方法一直是地理空间数据挖掘的核心研究内容之一，并且在极端气候事件发现、环境污染监测、城市交通拥堵识别、犯罪和流行病爆发热点提取等众多应用领域发挥着不可替代的作用。近年来，随着对地观测技术和多源传感器协同观测技术的快速发展，时空数据呈现爆炸性增长，如何从多源、异构、动态、海量地理空间数据中准确探测地理空间异常模式成为一个难题。鉴于此，本书以地理空间异常为研究对象，系统探讨地理空间异常探测的模型与方法，具体内容阐述如下。

(1) 对国内外地理空间异常探测的相关研究工作进行了系统归纳和分类，提出一种崭新的地理空间异常分类体系。对事务型数据异常进行了定义和分类描述，结合不同类型的地理空间数据的特性，扩展定义了空间或时空异常模式，进行了详细分类和特征描述，明确了地理空间异常探测的主要任务。通过从多视角对地理空间数据的类型进行划分，扩展了地理空间异常探测任务，凝练出一个全新的地理空间异常探测框架。

(2) 对事务型数据的异常探测法进行了分类描述与评价，发现这些方法可以用来探测具有位置标签的空间点事件异常，对于分布复杂的空间点事件数据，则无法全面、准确地识别各种类型异常；此外，现有方法不能探测两种或多种类型点事件的空间交叉异常。为此，本书以 Delaunay 三角网为分析工具，详细探析了作者提出的一种基于层次约束 TIN 的空间点事件异常探测法，在极端气候事件异常分布探测、植被群落异常分布探测及城市犯罪事件空间交叉异常探测等方面进行了实际应用。

(3) 对基于位置和属性信息的空间异常探测法进行了系统分类和描述，发现现有方法难以适用于空间分布和专题属性值分布复杂的空间采样数据，容易产生大量误判和漏判现象，无法准确识别若干异常实体构成的空间异常区域。鉴于此，本书在空间层次约束 TIN 的基础上进一步考虑专题属性距离，纳入基于局部密度估计的异常度量思想，详细阐述了作者提出的一种融合图论与密度思想的空间异常探测法，并在降水空间异常分布探测和土壤重金属浓度的空间异常分布探测方面进行了实际应用。

(4) 针对时空轨迹数据的异常探测问题，人们相继提出了很多方法，但缺乏对这些方法的归纳分类。本书将时空轨迹异常分为形状异常和分布异常两大类，分别对其中具有代表性的异常探测法进行了详细描述和分析。针对时空轨迹分布异常，作者提出了一种基于核密度估计的时空聚类法以探测城市居民出行时空热点区域，可为深入探测分析城市交通热门路线、挖掘居民日常出行规律提供有价值的信息。

(5) 对时空序列异常探测法进行了分类描述与评价。现有方法大多以静态时空序列(如降水时空序列)为研究对象，难以适用于如交通流等动态时空序列的异常探测。本书重点阐述了作者提出的一种基于动态时空建模的异常探测法，并在交通流异常拥堵识别方面进行了实际应用，这也是对时空序列异常探测研究的有力补充。

(6) 从地理空间异常发生的机制出发，本书采用关联模式挖掘作为地理空间异常可靠性分析的一种手段，并对现有顾及时空邻近的关联规则挖掘方法和仅顾及时间延迟的时空遥相关模式挖掘方法进行了归纳总结。同时，考虑到时空序列数据的空间多尺度效应，本书融合了多尺度空间聚类思想与时间序列关联规则挖掘，详细阐述了作者提出的一种融合层次空间聚类和时间延迟的时空遥相关挖掘方法和一种融合尺度空间聚类和滑动时间窗口的时空遥相关挖掘方法，并在海陆异常气象事件的可靠性分析方面进行了实际应用，这种时空关联模式可以辅助挖掘海陆气象事件的关联机制。

8.2 研 究 展 望

随着地理空间数据的获取手段愈加丰富，数据的来源更加广泛、时间和空间分辨率更加精细、数据类型和结构更加复杂多变，迫使需要不断发展新的方法来准确探测地理空间数据中潜在的各种异常。本书较为深入系统地开展了空间或时空异常探测、地理空间异常可靠性分析等研究工作，取得了一些研究成果，但受限于地理空间数据的复杂性及不同领域的具体应用需求，对相关问题的研究还不够深入透彻，还有许多问题需要进一步研究，主要包括如下方面。

(1) 地理空间异常的有效性评价。从统计学的角度，对地理空间数据进行建模分析，从而更加客观地估计地理空间数据中隐藏的异常实体数量，并进一步借助不确定性理论、误差传播模型等研究时空异常的有效性评价方法。

(2) 应用驱动的地理空间异常探测。在不同应用领域，地理空间异常的定义不尽相同，需要根据相关领域的具体应用需求，融合必要的领域先验知识，研究先验知识约束下的地理空间异常探测，从而使地理空间异常具有更高的实际应用价值。

(3) 顾及多变量关联的时空异常探测。地理空间实体的同一专题属性及不同专题属性之间均存在着相关性，在这种情况下，某些异常可通过相关性分析得到合理解释，如海拔较高的地方气温异常低，这类异常通常没有实际应用价值。因此，需要研究顾及多变量关联的异常探测，以获得真正未知的地理空间异常。

(4) 地理空间多尺度异常探测。更加深入地分析地理空间数据的时空多尺度效应，并将时空多尺度效应与时空数据挖掘方法进行有机融合，研究时空多尺度下的地理空间异常探测问题，深入分析地理现象和地理过程的时空多尺度变化规律。

(5) 城市大数据时空异常探测。随着传感网技术的发展，城市积累了大量各种各样的时空数据，如何从城市大数据中充分挖掘地理空间异常模式是大数据时代地理空间异常探测研究的一个主要方向。例如，在城市范围内，通过 GPS 记录的车辆运行轨迹、手机用户出行轨迹及微博等社交媒体记录的文本数据可以很好地反映城市居民的各类行为，如何从这些数据中发现城市居民的异常行为特征是非常值得研究的问题。

彩　　图

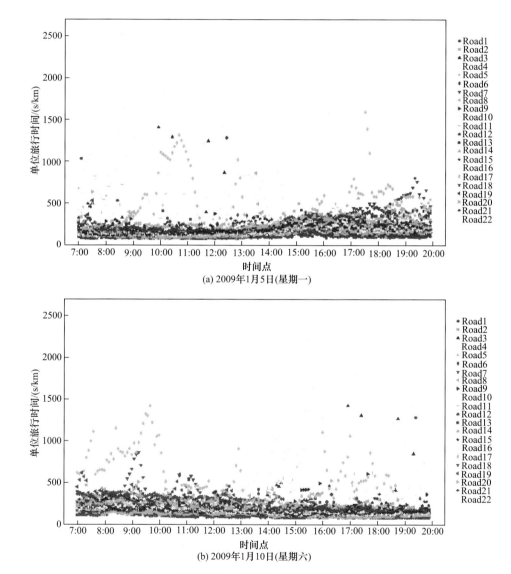

(a) 2009年1月5日(星期一)

(b) 2009年1月10日(星期六)

图 6.15　伦敦市中心路网交通流单位旅行时间序列

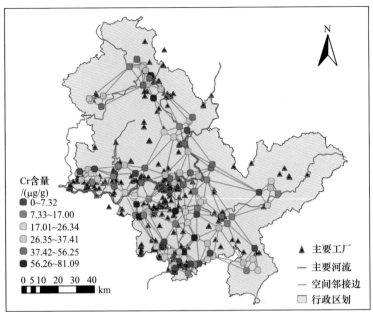

Cr含量
/(μg/g)
- 0~7.32
- 7.33~17.00
- 17.01~26.34
- 26.35~37.41
- 37.42~56.25
- 56.26~81.09

0 5 10   20   30   40
km

▲ 主要工厂
— 主要河流
— 空间邻接边
▨ 行政区划

(a) 采样点及主要工厂空间分布

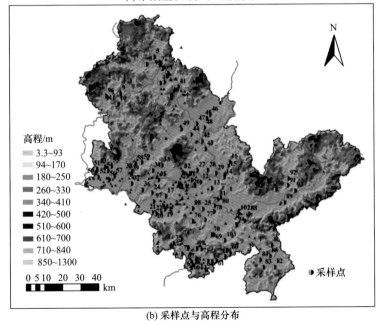

高程/m
- 3.3~93
- 94~170
- 180~250
- 260~330
- 340~410
- 420~500
- 510~600
- 610~700
- 710~840
- 850~1300

0 5 10   20   30   40
km

● 采样点

(b) 采样点与高程分布

图 7.15 华南某市土壤重金属采样数据

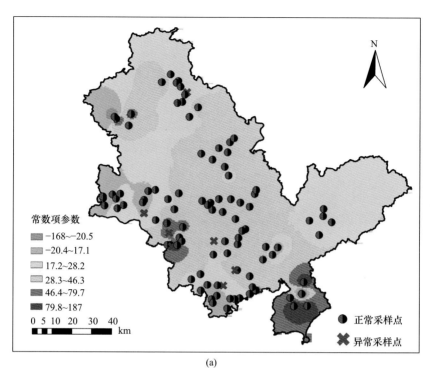

(a)

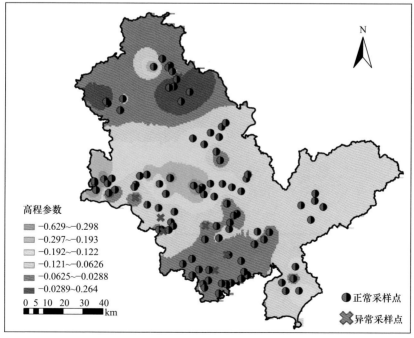

(b)

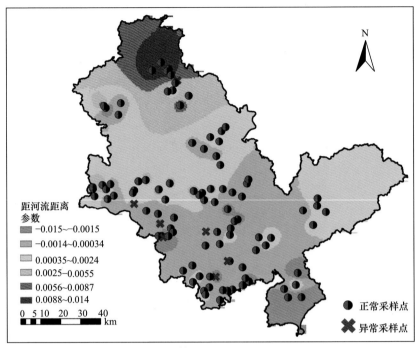

(c)

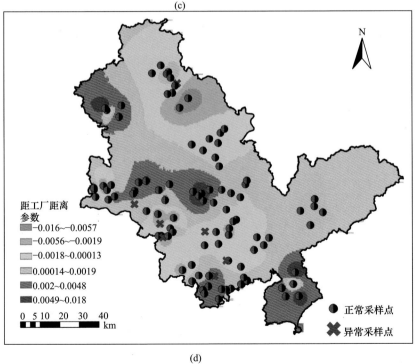

(d)

图 7.17　辅助解释变量的空间分布图